安防专业“1+X”证书制度系列教材

综合安防系统建设与运维 初级

杭州海康威视数字技术股份有限公司 ◎ 组编

马伯康 杨和林 ◎ 主编

人民邮电出版社

北京

图书在版编目（ＣＩＰ）数据

综合安防系统建设与运维 : 初级 / 杭州海康威视数字技术股份有限公司组编 ; 马伯康, 杨和林主编. -- 北京 : 人民邮电出版社, 2024.5
ISBN 978-7-115-59015-2

Ⅰ. ①综… Ⅱ. ①杭… ②马… ③杨… Ⅲ. ①智能化建筑－安全防护－职业教育－教材 Ⅳ. ①TU89

中国版本图书馆CIP数据核字(2022)第052008号

内 容 提 要

本书为职业教育安防技术专业初级教材，从综合安防系统的概念到实践，从软件使用到硬件施工，对综合安防系统建设与运维的初级职业技能进行详细的讲解

本书共 9 章，主要讲解综合安防系统概述、综合安防技术基础、视频监控系统、门禁管理系统、停车场安全管理系统、入侵报警系统等的实践，以及常用软件介绍、综合安防工程的布线和安全生产等方面的知识。

本书适合作为中等职业院校、高等职业院校、应用型本科院校相关专业的教材，也适合从事安防相关工作的读者阅读，以提高设计、施工与运营维护的水平。

◆ 组　　编　杭州海康威视数字技术股份有限公司
主　　编　马伯康　杨和林
责任编辑　贾鸿飞
责任印制　王　郁　胡　南

◆ 人民邮电出版社出版发行　　北京市丰台区成寿寺路 11 号
邮编　100164　　电子邮件　315@ptpress.com.cn
网址　https://www.ptpress.com.cn
固安县铭成印刷有限公司印刷

◆ 开本：787×1092　1/16
印张：17.75　　　　　　2024 年 5 月第 1 版
字数：360 千字　　　　　2025 年 4 月河北第 11 次印刷

定价：79.90 元

读者服务热线：(010)81055410　印装质量热线：(010)81055316
反盗版热线：(010)81055315

本书编委会

编委会技术委员（杭州海康威视数字技术股份有限公司）

前 言

综合安防系统有机结合了具备防入侵、防盗窃、防抢窃、防破坏或防爆炸等功能的软硬件，在现代社会的重要性不言而喻。建设综合安防系统在保障人员财产安全，增强相关单位 / 企业的安全防范能力、信息处理能力，以及提升组织 / 个人的安全意识等方面具有重要意义。

综合安防相关产业飞速发展，产业链不断完善，而在人工智能技术的发展与应用推动下，智能安防系统也初具规模。另外，对综合安防方面的需求也在不断增加与变化。在此背景下，培养专业的、高素质的综合安防系统人才得到了越来越多的认同。

2019 年，教育部等四部门印发《关于在院校实施“学历证书 + 若干职业技能等级证书”制度试点方案》，部署启动“学历证书 + 若干职业技能等级证书”（简称 1+X 证书）制度试点工作。方案指出，培训评价组织按照相关规范，联合行业、企业和院校等，依据国家职业标准，借鉴国际国内先进标准，体现新技术、新工艺、新规范、新要求等，开发有关职业技能等级标准。职业技能等级证书是 1+X 证书制度设计的重要内容，该证书不仅与学历证书有机结合，而且是对学历证书的强化和补充。另一方面，职业技能等级证书是推动“三教”改革、“岗课赛证”综合育人、教育质量提升、学分银行建设等多项改革任务的一种全新设计，在健全多元办学格局，细化产教融合，落实校企合作政策，探索职业教育特点，推动职普融通，增强职业教育适应性，加快构建现代职业教育体系，培养更多高素质技术技能人才、能工巧匠、大国工匠等方面发挥重要作用。

2021 年，教育部印发的新版《职业教育专业目录（2021 年）》中增设了安全防范类专业。作为智能物联网解决方案和大数据服务提供商，杭州海康威视数字技术股份有限公司取得教育部批准的“1+X”职业技能证书颁发资格，并制定了《综合安防系统建设与运维职业技能等级标准》。

为帮助广大师生更好地明确综合安防系统建设与运维职业技能等级认证要求，海康威视公司成立了“安防专业‘1+X’证书制度系列教材编委会”，根据《综合安防系统建设与运维职业技能等级标准》和考核大纲，组织编写了安防专业“1+X”证书制度系列教材。

本书为《综合安防系统建设与运维（初级）》，根据《综合安防系统建设与运维职业技能等级标准》中对初级技能的要求进行编写。本书共 9 章，分别是综合安防系统概述、综合安防技术基础、视频监控系统、门禁管理系统、停车场安全管理系统、入侵报警系统、常用软件介绍、综合安防工程的布线及安全生产。本书适合作为职业院校、应用型本科院校相关专业的教材，也适合从事安防相关工作的读者阅读。

由于编者水平有限，书中难免存在不妥和疏漏之处，敬请业界同人和广大读者不吝指正，发送电子邮件至 jiahongfei@ptpress.com.cn，以帮助本书渐臻完善。编者也会实时关注行业发展趋势，不断学习与总结，与时俱进。我们希望学生因对综合安防系统建设的兴趣而学习职业技能，也希望能为培养出更多高素质复合型专业人才尽一份心力。

编者

2023 年 10 月

目　录

第1章

综合安防系统概述

本章从安防的基本概念入手，逐步深入，带领读者了解安防的相关概念、防范手段、技术标准等知识，并引入综合安防的概念，对综合安防的组成及特点进行介绍。

1.1 安全防范

- **关键知识点**

✓ 安防的定义

✓ 安防的基本要素

✓ 安防的基本手段

✓ 安防的技术领域标准

1.1.1 安防的定义

GB 50348—2018《安全防范工程技术标准》定义安全防范系统（security system）是以安全为目的，综合运用实体防护、电子防护等技术构成的防范系统。它将具有防入侵、防盗窃、防抢劫、防破坏、防爆炸功能的软硬件组合成有机整体，构造具有探测、延迟、反应等综合功能的信息网络。

1.1.2 安防的基本要素

安防的 3 个基本要素是探测（detection）、延迟（delay）和反应（response）。

探测是指对显性和隐性风险事件的感知，为防范工作赢得时间上的主动。

延迟是指延迟或推迟风险事件发生的进程，为安防人员争取宝贵的反应时间，以便及时处置风险事件。

反应是指为应对风险事件发生所采取的行动，阻止危险的发生。

一般来说，所有安防的手段都要围绕这 3 个基本要素展开，以预防和阻止风险事件的发生，实现安全的目的。这 3 个基本要素相互联系、缺一不可。一方面，探测要准确无误，延迟时间长短要合适，反应要迅速；另一方面，反应的总时间应小于（至多等于）探测和延迟的总时间。

1.1.3 安防的基本手段

安防包括人力防范（personnel protection）、实体防范（physical protection）和电子防范（electronic protection）这 3 个基本防范手段。

人力防范是指具有相应素质的人员有组织地开展防范、处置等安全管理行为，简称人防。

实体防范是指利用建（构）筑物、屏障、器具、设备或其组合，延迟或阻止风险事件的发生的实体防护手段，又称物防。

电子防范是指利用传感、通信、计算机、信息处理及其控制、生物特征识别等技术，提高探测、延迟、反应能力的防护手段，又称技防。

1.1.4 安防的技术领域标准

安防技术领域标准是安防行业发展的技术基础，标准化工作对行业的规范和引领是保障综合安防技术可持续发展的关键因素。标准体系根据发布者不同，可分为国家标准、行业标准、地方标准、团体标准和企业标准。

在安防技术领域中，国家标准作为安全防范顶层设计，具体到重点行业中就产生了行业标准，落地到省、自治区、直辖市范围内可以制定地方标准，在企业范围内可以制定企业标准。近几年来，团体标准作为其他类型标准的补充而出现。随着新技术的发展和其在安防行业中的应用，将来会有更多的标准来规范和推动行业发展。常见安防建设标准如表 1-1 所示。

表 1-1 常见安防建设标准

标准类型	标准号	标准名称
国家标准	GB 55029—2022	《安全防范工程通用规范》
	GB 50348—2018	《安全防范工程技术标准》
	GB/T 28181—2022	《公共安全视频监控联网系统信息传输、交换、控制技术要求》
行业标准	GA/T 1992—2022	《公安监管场所安全防范与信息管理系统技术要求》
	GA 1766—2021	《公安视频图像信息系统验收规范》
	GA 38—2021	《银行安全防范要求》

续表

标准类型	标准号	标准名称
地方标准	DB32/T 4433—2022	《物联网 智慧小区安防信息系统安全技术要求》 注：江苏省地方标准
	DB33/T 2487—2022	《公共数据安全体系建设指南》 注：浙江省地方标准

1.2　综合安防系统

- **关键知识点**

✓ 综合安防系统的定义与组成

✓ 综合安防系统的特点

1.2.1　综合安防系统的定义与组成

综合安防系统是以安全防范为目的，综合运用传统安防、信息技术（information technology，IT）、物联网、人工智能（artificial intelligence，AI）和大数据技术构成的可视化管理系统。它涵盖视频监控、门禁管理、车辆管控、报警检测等业务。其中，视频监控业务主要利用视频技术监视园区入口、楼道等区域，并实时显示、记录现场的视频图像；门禁管理包括门禁管理、可视对讲等，利用识别技术或可视对讲等方式对出入口目标进行识别，确认访客身份，从而实现人员进出管理；车辆管控业务用于对停车场出入口进出车辆和场内停泊车辆进行监控与管理；报警检测业务主要利用传感器技术和电子信息技术来探测非法入侵行为，实现防区的入侵报警。综合安防系统通过综合安防管理平台软件，对上述业务进行统一管理。

综合安防系统业务架构如图 1-1 所示。

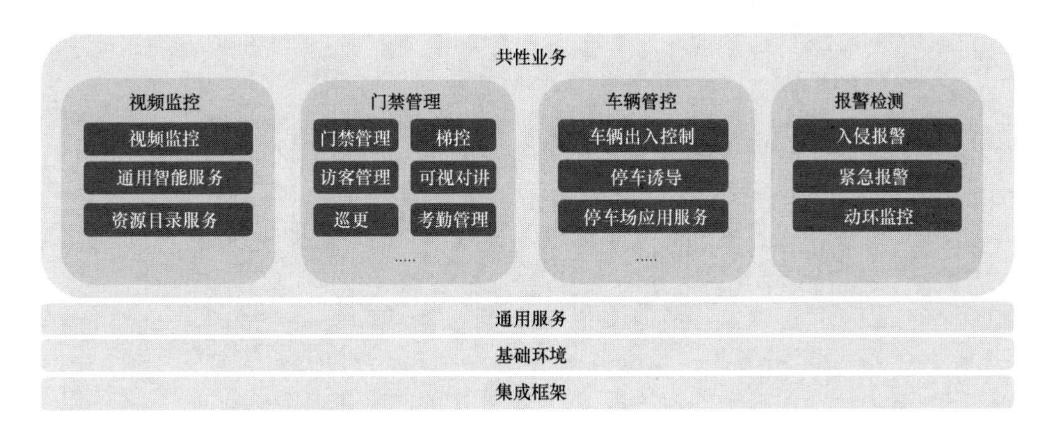

图 1–1

1.2.2 综合安防系统的特点

综合安防系统主要有如下 4 个特点。

一是子系统的融合。综合安防系统将各子系统视为平台的管理模块，将分散的、相互独立的子系统用相同的环境、相同的软件界面进行集中管理，从而实现人员、组织、资源等基础数据的统一管理。

二是智能化的运行管理。综合安防系统的交付及维护人员，可以通过平台的运行管理中心，实时获知软件的运行状态，并根据运行管理中心提供的信息定位并解决问题，保障系统的正常运行。

三是智能化的应用。综合安防系统以各类功能与应用整合和集成为核心，从单纯的图像监控向基于深度学习算法的车牌识别、人脸结构化分析等智能应用领域广泛拓展与延伸。

四是开放的对接模式。项目运作中，常需要不同品牌合作共建一套智能化弱电系统。综合安防系统基于软件集成框架和统一规范，实现应用接口的开放，支持第三方应用快速集成。

第2章

综合安防技术基础

本章将介绍综合安防系统中涉及的各类技术（如多媒体技术、探测技术、网络技术、存储技术、显示及解码控制技术等），并带领读者探索综合安防新技术应用，以帮助读者熟悉并掌握综合安防系统相关的常见技术，对综合安防技术的组成、应用与发展形成初步认知。

2.1 多媒体技术

· 学习背景

随着多媒体网络技术日新月异的发展，综合安防系统与多媒体的结合应用也日益广泛和深入。无论是视频监控系统、入侵报警系统、门禁系统还是停车场管理系统，多媒体技术在综合安防系统中可以说是无处不在，准确了解多媒体技术的概念和相关参数含义对日后学习相关综合安防系统应用有积极的意义。

· 关键知识点

✓ 图像、视 / 音频的概念与基础知识

✓ 图像处理技术

✓ 音频处理技术

2.1.1 图像、视 / 音频的概念与基础知识

广义的图像是对客观世界物体记录与反映的合集，照片、绘画、地图、书法作品、X 光片、卫星图等都是图像。综合安防行业所说的图像特指经由光学系统采集物体反射或者投射光线后，形成的反映客观世界的画面。而当连续的图像变化超过每秒 24 帧（frame）画面时，由于人眼的“视觉暂留”原理，人眼无法辨别单幅的静态画面，连续的图像看上去具有平滑、连续的效果。这样连续的画面称为视频。因此，视频本质上就

是连续的图像。

音频信息是指自然界中各种音源发出的可闻声和由计算机通过专门设备合成的语音或音乐。按照表示媒体的不同，音频可以分为语音、音乐和效果声。下面主要介绍图像和声音的相关基础知识。

1. 图像

（1）图像的色彩模型

色彩模型也叫颜色空间或色域。从本质上看，图像就是各种颜色的组合。在多媒体系统中常涉及用不同的色彩模型来表示图像的颜色，如计算机显示时采用RGB色彩模型，彩色全电视数字化系统中采用YUV色彩模型，彩色印刷时采用CMYK色彩模型等。不同的色彩模型对应不同的应用场合，在图像生成、存储、处理及显示时，可能需要做不同的色彩模型处理和转换。下面将重点介绍综合安防领域较为常用的RGB色彩模型和YUV色彩模型。

① RGB色彩模型。RGB色彩模型是根据颜色的发光原理设计的，任何一种颜色都可以由红色（red）、绿色（green）、蓝色（blue）3种颜色按不同比例混合而成，这3种颜色也被称为三基色。在图像中，每一个像素的颜色可以由不同亮度的红色光、绿色光、蓝色光组合而成。三基色混色效果如图2-1所示。

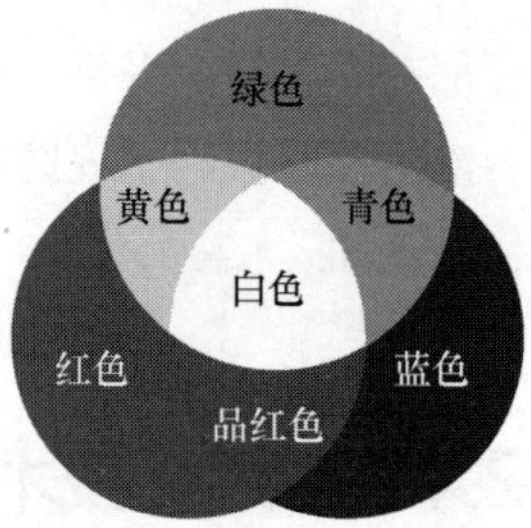

图2–1

② YUV色彩模型。YUV色彩模型的特点是将亮度和色度分开，从而更适用于图像处理领域。在YUV色彩模型中，Y代表明亮度，是灰阶值；U和V表示色度，作用是描述图像色彩和饱和度。YUV色彩模型中分量之间的独立性原理很好地解决了黑白和彩色显示设备之间的兼容问题。

（2）图像的参数

亮度、对比度、饱和度和锐度是描述画面质量是否符合人眼对真实环境的感官的参数。亮度即画面的明暗程度；对比度描述的是图像暗部与亮部的对比程度；饱和度是图像色彩的纯度；锐度指的是图像物体边缘的锐利程度。

2. 声音

声音是物体振动产生的声波，是通过介质（气体、固体、液体）传播并能被人的听觉器官所感知的波动现象。人耳不仅能够分辨声音的强度、音调及音色，还能够分辨出声音的方向和深度，并感受到空间感和纵深感。通常将人耳对声音的主观感受，即响度、音调和音色称为声音的三要素。

（1）响度

物理学中，把人耳感觉到的声音的强弱叫作响度。响度又被称为音量或声量。在声学上，通常用分贝（dB）来计量声音的强弱。

（2）音调

声音的高低叫作音调，发声体在1s内振动的次数叫作频率，单位是赫兹（Hz）。频率决定音调。物体振动得快，发出的声音音调就高。物体振动得慢，发出的声音音调就低。人耳能听到的声音频率范围为20Hz～20000Hz，低于20Hz的声音叫作次声波，高于20000Hz的声音叫作超声波。

（3）音色

音色，可以理解为声音的特征。不同的发声体由于其材料、结构等不同，所发出的声音在波形方面会有自己的特点。例如不同的乐器发出的声音不一样，每个人的声音也不一样。

2.1.2　图像处理技术

综合安防系统一般通过摄像机来完成图像的采集，摄像机通常由镜头、图像传感器（image sensor）、图像信号处理器（image signal processor，ISP）、数字信号处理器（digital signal processor，DSP）组成，主要功能是将被摄物体反射的光学信号转变成数字信号。

光线透过小孔形成倒立的图像——“小孔成像”原理是摄像机图像采集技术的本质。如图2-2所示，在摄像机系统中，镜头相当于小孔，光线经镜头在传感器上形成倒立的实像。

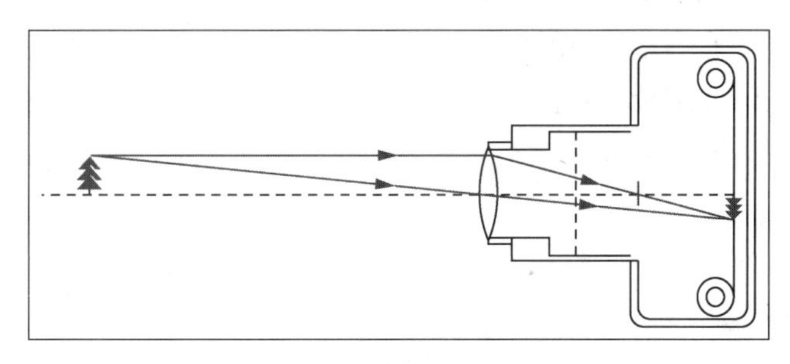

图2-2

目前主流的网络视频监控系统使用的前端编码设备是网络摄像机（network camera/IP camera，IPC）。它处理信号的流程：被摄物体反射的光信号传播到镜头，经镜头成像在图像传感器（CCD/CMOS）表面；图像传感器会根据光的强弱积累相应的电荷，在相关电路控制下，积累电荷逐点移出，经过滤波、放大后输入数字信号处理器（DSP）进行图像信号处理（ISP），然后进行网络编码压缩（NET），形成数字信号输出，如图2-3所示。

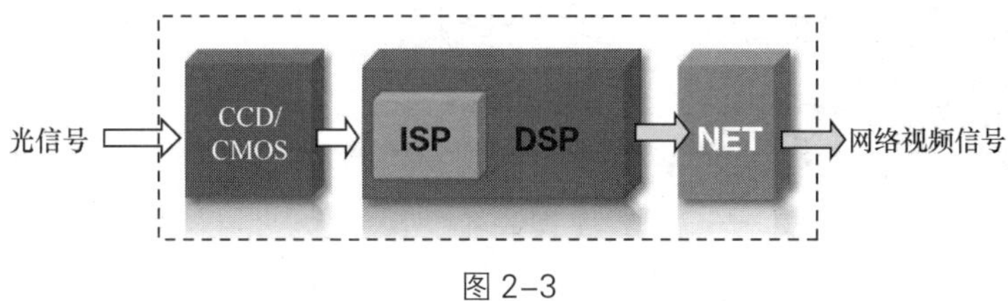

图2-3

自第一台摄像机问世以来，摄像机所能呈现的图像质量已经实现了质的飞跃，这其中离不开光学镜头制造技术与传感器制造技术的快速发展。除了通过调节摄像机镜头参数来改变图像基本参数（比如调节镜头光圈来改变图像亮度等）之外，大多数情况下，图像质量的提高还要依靠摄像机的传感器以及内部图像处理芯片的处理技术。

1. 增益

增益即将图像信号利用放大电路进行放大。在环境亮度较低的情况下，图像传感器输出的电平信号较低，利用信号放大电路进行处理可以提升画面整体亮度。但盲目提升增益，会带来图像噪声[1]问题。

自然场景的光线亮度变化范围非常大，晴天太阳光下的照度[2]有几千勒克斯，到夜晚可能会小于 0.01 勒克斯。通过增益的自动调节可以将曝光度调整至合理范畴。

2. 白平衡校正

白平衡校正是摄像机在不同色温下仍能将白色还原为纯白（灰）色的能力。

人眼所看到的白色，是物体在一束包含全部可见光光谱的光线照射下，全反射形成的“颜色”，但在实际的环境中存在大量非全光谱光线补光的情况（例如常见钨丝灯泡，其光源是暖色偏黄的，在该情况下，原来白色的纸会出现偏黄的情况）。

对于各类非全光谱的光源，我们以色温表征其特性。当某一光源所发出的光的光谱分布与不反光、不透光、完全吸收光的黑体在某一温度时辐射出的光谱分布相同时，我们就把理想黑体的温度称为这一光源的色温，单位为“开尔文”（K）。低色温光源的特征是能量分布中红辐射相对较多，此时的光通常称为“暖光”；色温提高后，能量分布集中，蓝辐射的比例增加，此时的光通常称为“冷光”，色温（单位：K）阶梯如图 2-4 所示。

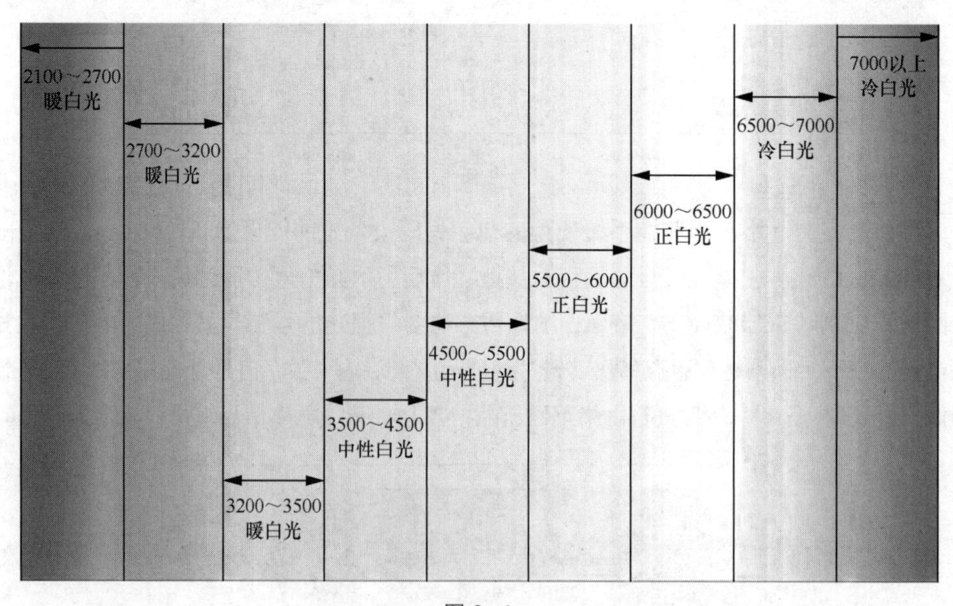

图 2-4

1 图像噪声：图像中一种亮度或颜色信息的随机变化（被拍摄物体本身并没有），通常是电子噪声的表现。

2 照度：光照度，单位为“勒克斯”（lx），表示被照明物体表面单位面积上所接收到的光通量。

白平衡校正有两大基础理论：白色世界理论、灰度世界理论。

白色世界理论是目前主流使用的理论。它认为当物体亮度增大时，各颜色通道区域饱和，即图像中最亮的点应该趋于灰色，即图像上 Rmax、Gmax、Bmax 这 3 个值应该相等。因此通过找到最亮的点，将其假设成灰色，可以反算出各通道的增益。该校正模型对大多数图像场景有效。

灰度世界理论认为 RGB 色彩模型各通道的总能量应该是相同的，即通过白平衡校正后图像的 RGB 三分量的比例为 1∶1∶1。它对于色彩丰富的图像能实现准确的校正，如图 2-5 所示为白平衡校正前后的对比图。但当图像的 RGB 三分量有一种或两种缺失或图像的 RGB 三分量比例关系严重失调时，无法根据灰度世界假设理论来校正图像的色偏。

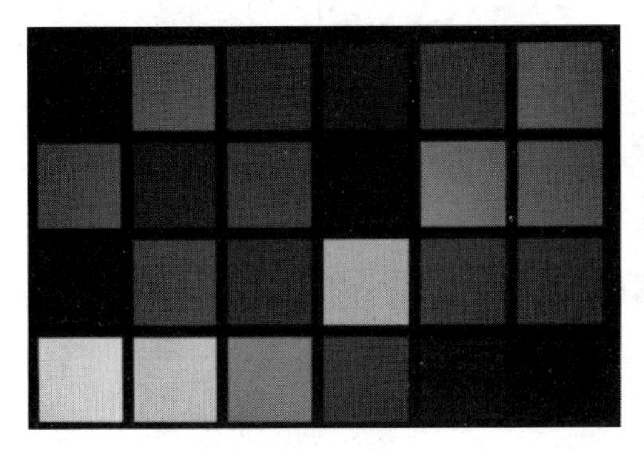
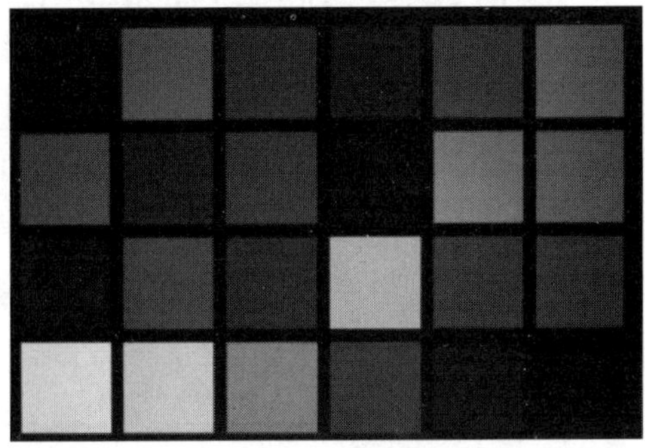

图 2-5

3. 宽动态

宽动态技术是为了解决在明亮背景下，画面主体过暗而丢失细节的问题，分为数字宽动态和真宽动态。

数字宽动态利用图像信号处理技术，使得画面暗部提亮，画面过曝处变暗，是一种纯软件处理的方式。它能处理的情况有限，对于完全过曝或欠曝区域的处理会带来严重的噪点情况。

真宽动态利用多帧曝光、图像融合技术和软硬件同时对图像进行处理。它在极短的时间周期内，对场景进行不同曝光参数的调整，获得多帧画面，再进行融合，从而使画面的背景与主体都处在合适的亮度范围内。如图 2-6 所示，在长帧[3]中，人物主体清晰，但背景过曝；在短帧[4]中，背景细节清晰，主体较暗；中帧效果则处于这两者之间。对 3 帧画面进行合成，可以提取到清晰的背景与主体。利用真宽动态进行曝光参数调整与融合输出均需要一定的处理时间，故如主体运动速度过快，则会导致 3 帧画面中主体的位置有一定偏移，融合后的图像会产生一定的虚影问题。

3　长帧：曝光时间长的一帧画面，通常整体画面较正常画面亮，可以将画面中的暗部提亮。

4　短帧：曝光时间短的一帧画面，通常整体画面较正常画面暗，可以将画面中的亮部压暗。

图 2–6

4. 透雾

透雾是在大雾天气下拍摄让画面清晰的技术手段，分为算法透雾与光学透雾，图 2-7 所示为透雾技术效果图。

图 2–7

算法透雾是依赖于图像信号处理的纯软件技术。它通过增强画面的物体边缘、提升画面对比度等手段，使物体的轮廓更清晰。算法透雾保留了画面的颜色信息。

光学透雾是一种软硬件结合的图像处理技术。在大雾环境中，它通过滤光片截取特定近红外波段光线，并采用针对红外波段成像特殊优化的镜头，利用雾气中的红外光进行成像。尽管画面只能是黑白图像，但整体透雾的效果有较大提升。

5. 降噪

硬件处理电路由于其性能限制，在各类处理环节无法将噪声信号完全过滤，或在处理过程中引入新的噪声信号，最终图像呈现出不规则运动的图像噪点，导致图像清晰度下降。降噪技术就是对图像噪点进行去除和优化的技术，其基本原理是使各类噪声信号的加权平均和为零。

2D 降噪即空域降噪技术，是对单帧画面中相关性较大的像素点进行加权平均。由于 2D 降噪对有效像素进行了加权平均，因此有效像素间差异减小，当 2D 降噪程度过大时，容易导致画面模糊。

3D 降噪即时域、空域降噪同时作用的降噪技术。时域降噪是取视频中前后两帧相关性较大的像素点进行加权平均。任一像素点是由有效信号 X 和噪声信号 N 组合形成的，故而可描述为有效信号 $Y=X+N$。对于静止画面的视频，前后两帧的同一像素可表述为：

$$Y_1=X_1+N_1$$

$$Y_2=X_2+N_2$$

两次信号加权即：

$$Y=Y_1+Y_2=(X_1+X_2)+(N_1+N_2)$$

由于画面静止，$X_1 \approx X_2$，噪声信号加权后约等于零，故而 $Y \approx 2X_1$。3D 降噪效果对静止画面的降噪效果很好，但当画面运动时，X_1 和 X_2 相差较大，容易产生画面拖影问题。

6. 图像拼接技术

图像拼接技术是指通过检测并提取图像的特征和关键点，进行算法比较，匹配两个画面内最接近的特征和关键点，并通过估算单应矩阵以及透视变换等算法处理，找到重叠的图片部分完成连接。如图 2-8 所示，左右两个镜头的画面完全无法直接拼接到一起，但是存在部分重叠的画面。

图 2–8

如果我们将这些重叠部分缝合到一起，就可以获得全景画面了。算法处理就是将这两个画面缝合到一起的“针”。图 2-9、图 2-10、图 2-11 所示的是算法处理的实现过程。

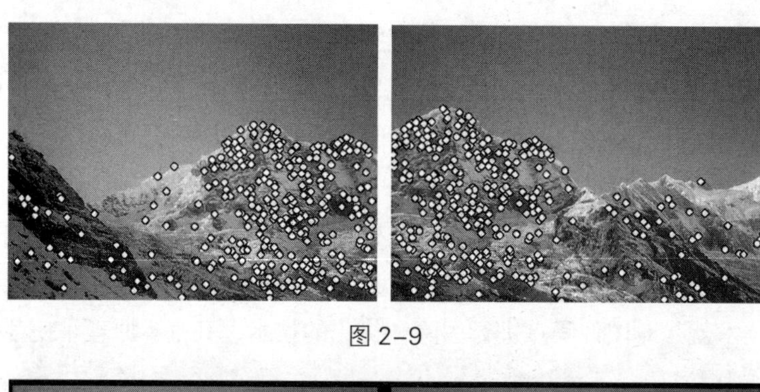

图 2-9

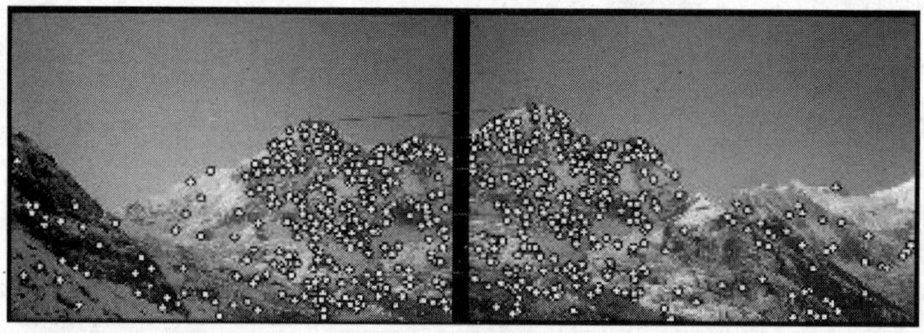

图 2-10

图 2-11

图像拼接技术目前在行业内的常见应用是鹰眼镜头、双拼双舱等设备，如图 2-12 所示为鹰眼镜头效果图，呈现出广角的预览画面。

图 2-12

7. 双光融合技术

双光融合技术能够在低照度的情况下保证画面的彩色，同时提高画面亮度、降低噪点。它在综合安防行业内的典型应用是黑光摄像机，所以双光融合技术也被称为黑光技术。

黑光摄像机有两个传感器（也叫双 sensor 架构），用于处理可见光和红外光其中的棱镜用于将可见光与红外光分离。可见光和红外光的波长存在差异，可见光波长通常在 390nm ～ 760nm，而红外光的波长一般在 760nm ～ 1mm。因此，通过棱镜，将两束不同波长的光线分离，经过两个传感器处理，可以得到可见光和红外光单独处理的效果。将两种效果进行融合即用算法合成，就可以输出一份清晰度高，同时也有色彩的图像，我们称之为黑光融合状态成像。图 2-13 所示为双光融合技术实现流程。

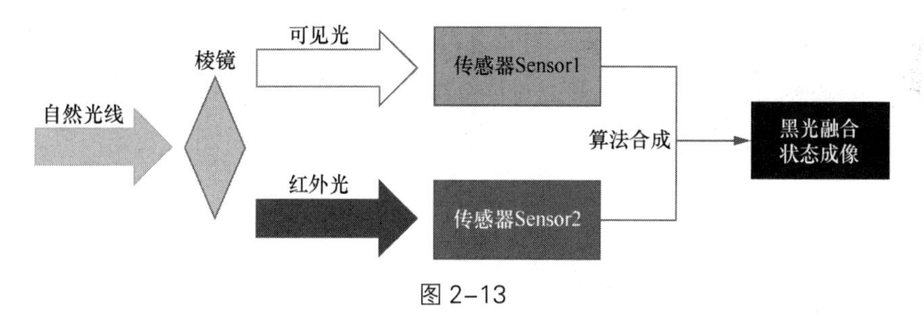

图 2-13

双光融合技术无法应用于无光环境。无光环境中没有可见光，融合出来的画面只有红外光效果，呈现黑白色。而弱光环境中，可以采集一定的色彩，再配合红外光的清晰度与亮度，能够最大限度体现双光融合效果。

2.1.3　音频处理技术

在综合安防系统中，除了能看到，还需要听到。计算机想要处理自然界中的声音，需要通过专门的设备对声音进行采集。声音在采集的过程中被转换为计算机可以理解的二进制形式（即声音的数字化），用于后续的处理与存储。拾音器是常用的音频采集设备，它由话筒和音频放大电路构成，可以将自然界中的声音转换成电信号。在综合安防系统中拾音器常用于采集摄像机所处环境的声音。

1. 噪声抑制

在语音通话的过程中，存在背景噪声太大无法听清正常话音的问题，音频系统对音频信号中含有的噪声进行抑制，以提高音频质量。

2. 回音消除

在两方对讲的场景中，调度员在监控中心讲话，声音通过话筒传到室外摄像机外接的扬声器，扬声器发出的声音又被摄像机外接的拾音器拾取，传回到监控中心的音响，这样调度员就会听到自己讲话的回音。

回音消除技术采用回波抵消方法，通过自适应方法估计回波信号的大小，然后在接收信号中减去此估计值以抵消回波。

3. 自动增益控制

自动增益控制是使音频放大电路的增益自动地随信号强度变化而调整的自动控制方法。当输入信号较强时，减小增益，使输出信号的强度减弱；当输入信号较弱时，增大增益，使输出信号的强度增强。

2.2 视 / 音频压缩编码技术

• 学习背景

由于原始视音频的信息量巨大，对其进行传输及处理将占用大量的网络资源，导致网络拥塞或瘫痪。因此，需要对其进行压缩编码。视音频的压缩编码可以在保证质量的前提下，最大限度地减少数据量，以减少数据存储量，提高网络效率，节约传输的时间。

• 关键知识点

✓ 常见的视频压缩编码方法

✓ 常见视频压缩编码标准及其应用与特点

✓ 常见的音频压缩编码方法

✓ 常见音频压缩编码标准及其应用与特点

2.2.1 视频压缩编码技术

在不压缩的情况下，传输一幅 1280px × 720px 分辨率的彩色视频图像，每个像素有 24 位，其数据量要达到 1280 × 720 × 24 ≈ 22.12Mbit；如果是以每秒 25 帧的速度播放的运动图像，则视频信号传输速率约为 553Mbit/s。如此大的数据量在有限的计算机网络中难以传输，也会占用大量的存储空间。

因此在传输之前，为节省网络传输带宽和存储空间，需要对视频信号进行压缩编码。视频压缩编码要满足两个要求：一是必须压缩在一定的带宽内，即视频压缩编码应具有足够的压缩比；二是视频信号压缩之后，应保持一定的视频质量。

1. 视频压缩编码方法

视频压缩编码的原理是：原始视频图像中存在很大的冗余度，在传输之前先处理数据冗余[5]问题，达到压缩效果。基本的视频压缩编码方法有预测编码、变换编码和熵编码。

5 数据冗余：指数据库系统中一个数据在一个数据集合中重复出现。

（1）预测编码

预测编码是十分简单实用的视频压缩编码方法。同一幅图像的邻近像素之间有着相关性，而邻近像素之间发生突变或很不相似的概率很小，可以利用这些性质进行预测编码。预测编码后传输的并不是像素本身的取样幅值，而是该取样幅值的预测值和实际值之差。

预测编码分为帧内预测编码和帧间预测编码。

帧内预测编码也称空间压缩编码，这是在每一个块中某个像素可由先前已编码的像素的不同加权和来预测，比如在 4×4 块中第 16 个像素可由前面 15 个像素预测。

帧间预测编码也称时间压缩编码，这是利用视频中的前后两帧具有很大相关性的特性，减小相邻帧之间的冗余量，进一步提高压缩量。一般而言，帧间预测编码的效率比帧内预测编码的高。

帧间预测编码又可分为单向预测编码、双向预测编码和重叠块运动补偿编码。单向预测编码利用前一帧画面经过运动矢量位移作为预测值。双向预测编码不只利用前一帧预测（即前向预测），还需利用后一帧的像素（即后向预测），由于后向预测在当前帧预测之后进行，会引入编码时延的问题，因此无法应用在如会议电视、可视电话等实时通信中，但可以应用在广播电视系统中。重叠块运动补偿编码的原理是，由于活动图像邻近帧中的景物存在一定的相关性，可将活动图像分成若干宏块，并设法搜索出每个宏块在邻近帧图像中的位置，得出两者之间空间位置的相对偏移量，该相对偏移量就是运动矢量，而得到运动矢量的过程被称为运动估计。通过运动估计可以减小帧间冗余度，使得视频传输的比特数大为减少。

（2）变换编码

预测编码是直接在空域对图像进行压缩处理，而变换编码相当于在频域对图像进行压缩处理。变换编码的基本原理是通过正交函数把图像从空域转换为能量比较集中的变换域，然后对变换系数进行量化和编码，从而达到减小码率[6]的目的。因此变换编码也称为正交变换编码。

在变换编码时，初始数据要从初始空域进行数学变换，变换为一个更适于压缩的变换域。经过变换后，信息中特征最明显的部分更易于识别，并可能成组出现。变换编码要选择一个最佳的变换，以便对特定数据实现最优的压缩，常用的数学变换是离散余弦变换（discrete cosine transform，DCT）。

变换编码实现比较复杂，预测编码实现相对容易，但预测编码的误差会随着时间增大而增大。现实中，往往采用混合编码方法，即对图像先进行带有重叠块运动补偿的帧间预测编码，再对预测后残差信号[7]进行离散余弦变换。这种混合编码方法已成为许多

6　码率：数据传输时单位时间传送的数据位数，常用单位是 kbit/s，即千比特每秒。通俗一点地理解就是取样率，单位时间内取样率越大，数据精度就越高，处理出来的文件就越接近原始文件。

7　残差信号：像素预测值与实际值之差，前后帧的图像差异部分。

视频压缩编码国际标准的基本框架。

更多详细信息，请参阅拉斐尔·C. 冈萨雷斯（Rafael C. Gonzalez）和理查德·E. 伍兹（Richard E. Woods）的《数字图像处理（第四版）》。

（3）熵编码

利用信源的统计特性进行码率压缩的编码称为熵编码（或统计编码）。熵编码常用的有两种：变长编码（或哈夫曼编码）和算术编码。

变长编码是对出现概率大的符号分配短字长的二进制码，对出现概率小的符号分配长字长的二进制码，从而得到符号平均码长最短的二进制码。

算术编码不采用一个码字代表一个输入信息符号的方法，而采用一个浮点数来代表一串输入符号，经算术编码后输出一个小于 1、大于或等于 0 的浮点数，在解码端被正确、唯一地解码，恢复原符号序列。

熵编码的特点是无损编码，但是压缩比较低，一般用在变换编码后面进行进一步压缩。

2. 视频压缩编码标准

国际标准化组织（International Organization for Standardization，ISO）根据视频通信的发展，制定了一系列图像处理国际标准，例如 JPEG 标准、H.26X 系列标准、MPEG 标准等。下面我们将简单介绍 MPEG 标准、H.264 和 H.265。

（1）MPEG 标准

MPEG（Moving Picture Expert Group）标准是国际上制定视频编码标准两大组织之一的 ISO 建立的。该组织制定了可用于数字存储介质上的视频及其相关的音频的国际标准，这些标准简称为 MPEG 标准。

MPEG 标准具有兼容性好、压缩比较高（最高可达到 200:1）和音视频失真小的特点，被广泛使用。

（2）H.264 标准

国际电信联盟电信标准部（International Telecommunication Union-Telecommunication Standard，ITU-T）是制定视频编码标准的另一个国际组织部门，成立于 1992 年，它的前身是国际电报电话咨询委员会（International Telegraph and Telephone Consultative Committee，CCITT）。ITU-T 研究和制定包括与无线电系统的接口标准的电信网络标准，已通过的建议书有 2600 多项。

ITU-T 的视频压缩标准包括 H.263 和 H.264，此类标准主要应用于实时视频通信领域，如会议电视、视频监控等。相对于先期的视频压缩标准，H.264 引入了很多先进的技术，包括 4×4 整数变换、16×16 亮度块预测、基于空域的帧内预测技术、高精度的运动估计等。新技术带来了较高的压缩比，但同时大大提高了算法的复杂度。

H.264 不仅比 MPEG-4 节约了 50% 的码率，并且在网络传输方面具有更好的支持功能，有利于网络中视频的流媒体传输，获得平稳的图像质量。因此 H.264 在综合安防领域中被广泛使用，网络摄像机和硬盘录像机基本都支持H.264标准编码。

H.264标准使用I帧、P帧、B帧来表示传输的视频画面。其中I帧称为帧内编码帧，是一种自带信息的独立帧，无须参考其他图像便可独立解码显示。在视频序列中第一个帧始终为I帧，因此I帧又称为关键帧。

P帧称为帧间预测编码帧，与I帧不同，P帧需要参考前面的I帧或P帧才能进行编码，表示的是当前帧画面与前一帧（I帧或P帧）画面的差别，因此P帧占用更少的数据位。

B帧称为双向预测编码帧，记录的是本帧与前、后帧的差别。在解码B帧时，需要对前后两帧都进行解码，叠加本帧的数据才获得最终的画面。因此B帧是这3种帧中压缩比最高的，对解码性能要求也更高。

（3）H.265标准

在2013年，ITU-T和ISO通力合作，发布了新一代的高效视频编码标准（high efficiency video coding，HEVC或H.265）。H.265包含最新的视频编码技术，与H.264相比，H.265在相同的编码质量下能够节约50%左右的码率，其软硬件实现也具有更好的实用性。H.265已经逐步取代H.264，在各种视频业务中获得广泛的应用。

2.2.2 音频压缩编码技术

一般来说，采样频率越高和量化位数越多，声音质量就越高，保存这段声音所用的空间也就越大。音频文件大小的计算公式：

文件大小（B）= 采用频率（Hz）× 录音时间（s）×（量化比特数 /8）× 通道数（单声道为1，立体声为2）

例如，当采样频率为44.1kHz、量化比特数为16位、立体声的标准录音，录制10s的文件大小为44100 × 10 × (16/8) × 2=1764000B，约1.68MB。这样一张容量为700MB的光碟（compact disc，CD），一般最多只能存放17首歌，根本无法满足现代人对于音乐数量的要求。

因此对数字音频进行压缩是有必要的，同视频压缩情况一样，对音频进行压缩的同时，需要尽量减少受损的程度，让听者感觉不出来。

1. 音频压缩编码方法

在实际应用中，音频压缩编码方法的选择需要综合考虑音频质量、压缩比、计算复杂度等因素。常用的音频压缩编码方法主要有波形编码、参数编码、混合编码和感知编码等。对于不同的音频编码方式，其运算复杂度、重构信号的质量、压缩比、编码和解码的延迟都会有很大的不同，因此它们的应用场景也会不同。

（1）波形编码

波形编码是基于信号统计特性进行音频压缩的编码方法。首先通过傅里叶变换，将音频信号数学化地转换为频率分量，然后以最小的方式对每个分量的强度进行编码，保留信号的各种特征，使重建的音频波形尽可能与原波形一致。典型的波形编码包括脉冲编码调制（pulse code modulation，PCM）、差分脉冲编码调制（differential pulse code modulation，DPCM）、自适应差分脉冲编码调制（adaptive differential PCM，ADPCM）等。

波形编码是十分简单也是应用非常早的音频压缩编码方法，具有实施简单、适应性强、音频质量好等优点，其不足之处是压缩比不高，数据量较大。由于波形编码损耗较低，常见的 Audio CD、数字通用光碟（digital versatile disc，DVD）就采用了 PCM 编码，以提供保真的听音享受。

（2）参数编码

人类发声器官产生声音的过程可以用一个数学模型来模拟，我们称之为语音信号模型。参数编码方法基于语音信号模型中的参数，将提取的参数进行采样、量化、编码，最后合成数据发送。接收端接收合成的数据后，通过语音生成模型重构出语音信号。

参数编码的优点是压缩比高，可适用于窄带信道[8]的语音通信，如航空通信等。但缺点是计算量大、重构的信号质量差。常用的参数编码方法是线性预测编码（linear predictive coding，LPC）。

（3）混合编码

混合编码将波形编码的高质量与参数编码的低码率结合起来，可以在较低码率下获得较高的音质。它将综合滤波器引入编码器，得到一种可变的激励信号，使得产生的波形尽可能与原信号的波形接近。

这种编码方法克服了波形编码和参数编码的弱点，可取得较好的编码效果。常见的混合编码包括码激励线性预测编码（code excited linear prediction，CELP）、多脉冲激励线性预测编码（multi-pulse LPC，MPLPC）等。

（4）感知编码

感知编码利用了人类听觉系统中的某些特定缺陷，通过消除不被感知的冗余信息来实现编码。感知编码一方面运用信号的统计特性减小了信号之间的冗余度，另一方面利用心理声学中的掩蔽特性去掉了人耳系统无法感知的部分，从而实现更高效率的音频压缩。

我们熟知的 MP3（MPEG Audio Layer 3）和高级音频编码（advanced audio coding，AAC）格式都基于感知编码技术，如 MP3 能够在 1:12 的压缩比下达到近似 CD 的音质。

2. 音频压缩编码标准

当前音频压缩编码的国际标准主要有针对多媒体通信制定的 G.7xx 语音编码系列、MPEG 音频系列。

（1）G.7xx 语音编码标准

G.7xx 是综合安防领域使用的主流标准之一。国际电报电话咨询委员会（CCITT）先

8 窄带信号：信源信号通常需要一个载波信号来调制它，才能发送到远方。带宽远小于载波中心频率的信源信号是窄带信号，反之，二者大小可比拟的称为宽带信号。

后提出一系列语音编码标准：1972年首先制定了G.711标准（包括G.711a和G7.11u），码率为64kbit/s，采用PCM编码；1984年公布了G.721标准（于1986年修订），它采用的是ADPCM编码，码率为32kbit/s。这两个标准实际已用于200Hz～3400Hz话音信号。

针对宽带（50Hz～7kHz）语音，CCITT制定了G.722编码标准，它的码率有64kbit/s、56kbit/s、48kbit/s，可用于综合业务数字网（integrated service digital network，ISDN）的B通道上传输音频数据；之后公布的G.723.1中码率有5.3kbit/s和6.3kbit/s；G.726中的码率有40kbit/s、32kbit/s、24kbit/s、16kbit/s。CCITT于1990年通过了镶嵌式ADPCM标准G.727。

低码率、短时延、高质量是人们期望的目标，CCITT分别在1992年和1994年公布了浮点和定点算法的G.728标准，算法时延小于2ms，话音质量平均意见评分（mean opinion score，MOS）可达4分以上。

（2）MPEG音频编码标准

MPEG在制定运动图像编码标准的同时，也为图像伴音制定了音频编码标准，包括MPEG-1、MPEG-2、MPEG-4等音频编码标准。

① MPEG-1。MPEG-1是世界上第一个高保真音频数据压缩标准，采用了MUSICAM和ASPEC两种编码算法，以这两种算法为基础形成了3个不同层次的音频压缩算法，即层Ⅰ（简化的ASPEC）、层Ⅱ（MUSICAM，又称MP2）和层Ⅲ（又称MP3）。

MPEG-1的3个层次的音频编码对应不同的应用要求，具有不同的编码复杂度。层Ⅰ，即简化的MUSICAM，典型比特率为192kbit/s。层Ⅱ等同于MUSICAM，典型比特率为128kbit/s，广泛应用于数字音频广播、数字演播室等音频专业领域的制作、交流、存储和传送。层Ⅲ是在综合MUSICAM和ASPEC两种算法的优点基础上提出的混合压缩方法，它的编码复杂度较高，不利于实时应用，典型比特率为64kbit/s，能在低比特率下保持很高的音质，因而在网络上得到了广泛应用。

② MPEG-2。MPEG-2音频标准包括MPEG-2 BC和MPEG-2 AAC两种。

MPEG-2 BC是在MPEG-1和CCIR Rec.755的基础上发展起来的，与MPEG-1相比，MPEG-2主要在两方面做了重大改进，一是支持多声道声音形式，二是为某些低比特率应用场合，如体育比赛解说等，进行的低采样率扩展。同时，标准规定的码流形式可与MPEG-1的层Ⅰ和层Ⅱ前、后向兼容，并可依据CCIR Rec.755与双声道、单声道形式向下兼容，还能够与杜比环绕（Dolby surround）形式兼容。MPEG-2 BC中采用了多种新技术，如动态传输通道切换、动态串音、自适应多声道预测、中央声道幻像编码（phantom coding of center）、预矫正（predistortion）等，数字音频广播（DAB）系统中的多声道扩展采用的就是MPEG-2 BC编码。

MPEG-2 AAC也是综合安防领域使用的主流标准之一。它是MPEG-2标准中的一种非常灵活的声音感知编码标准，主要利用听觉系统的掩蔽特性来减少音频数据量，并把量化噪声分散到各个子带中，通过全局信号把噪声掩蔽掉。在正式的MPEG-2听音测试中，数据传输比特率为320kbit/s的AAC可提供比数据传输比特率为640kbit/s的MPEG-2 BC更好的音质。因此，MPEG-2 AAC是一种比MPEG-2 BC编码算法更好的音频压缩算法，其主要缺点是兼容性差。

③ MPEG-4。MPEG-4不仅适用于音频，也适用于视频，具有高度的灵活性和可扩展性，其目标是提供未来的交互多媒体应用（如视频电话等）。相对MPEG-1、MPEG-2而言，MPEG-4将以前发展良好但相互独立的高质量音频编码、计算机音乐、合成语音等应用合并在一起，扩展了通信用途，并可以应用于各种信息压缩比、各种传输线路形式。

2.3 探测技术

· 学习背景

探测技术是一门多学科综合的应用技术，在综合安防领域的应用非常广泛，比如小区的门禁，机场的安检门、安检仪，高速公路的雷达测速仪器等。因此，了解并掌握探测技术原理及应用特点十分必要。

· 关键知识点

✓ 红外探测技术的特点及应用
✓ 射频识别技术的特点及应用
✓X射线检测技术的特点及应用
✓ 电磁感应技术的特点及应用
✓ 毫米波技术的特点及应用
✓ 生物识别技术的特点及应用

2.3.1 红外探测技术

任何高于绝对零度的物体都会向外辐射红外线，红外探测技术就是基于对红外线的检测来判断目标温度的技术。红外探测技术分为主动红外探测技术和被动红外探测技术两种。

主动红外探测一般是对射类型，也就是由一端发射红外线，另一端接收红外线。发射端与接收端之间有一条或几条红外光束，当有人或物体阻挡时，会将红外光束切断，使接收端接收不到红外光束而反馈信号。在报警系统中，主动红外探测技术可以应用在红外对射探测器，用于周界防范[9]；在门禁系统中，可以应用在人员通道，检测人员是否通过闸机。

9 周界防范：利用各种探测技术对区域的边界做防护和报警。

被动红外探测本身不发射红外线，而是通过探测人或探测物向外发射的红外辐射来反馈信号。在报警系统中，被动红外探测技术主要用于红外幕帘探测器，检测区域内是否有人。同时，被动红外探测器技术经常搭配微波探测技术用于双鉴探测器中，以提高探测准确度。

2.3.2 射频识别技术

射频识别（radio frequency identification，RFID）技术，利用射频方式进行非接触双向通信，以达到识别与数据交换的目的。

RFID 应用系统主要由读写器和 RFID 卡两部分组成。其中，读写器一般用来实现对 RFID 卡的数据读取和存储，它由控制单元、高频通信模块和天线组成。而 RFID 卡则是一种无源的应答器，主要由一块集成电路（IC）芯片及其外接天线组成，其中 IC 芯片通常集成有射频前端、逻辑控制、存储器等电路，如图 2-14 所示，有的甚至将天线一起集成在同一芯片上。

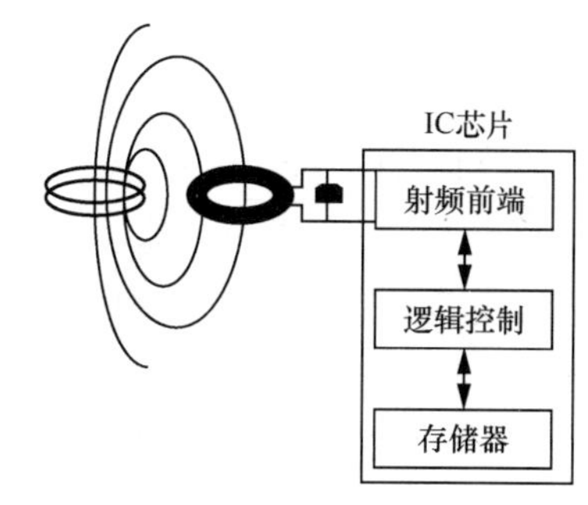

图 2-14

RFID 应用系统的基本工作原理是 RFID 卡进入读写器的射频场后，由其天线获得的感应电流经升压电路作为芯片的电源，同时带信息的感应电流通过射频前端电路检测得到数字信号，数字信号送入逻辑控制电路进行信息处理，所需回复的信息则从存储器电路中获取，经由逻辑控制电路送回射频前端电路，最后通过外接天线发回给读写器。

RFID 技术主要应用于门禁、考勤系统中，例如，通过刷卡完成对出入口的控制和考勤的管理。

2.3.3 X 射线检测技术

X 射线（X-ray）技术，基于 X 射线的特性，使射线源发射到物体上的 X 射线能够根据透过物体的 X 射线的变化计算并成像，在处理后得到高质量的图像。

X 射线之所以能使物品在屏幕上形成影像，一方面是基于 X 射线的特性，即穿透性、荧光效应和摄影效应；另一方面是基于物品的密度和厚度的差别，X 射线透过物品后，探测板接收到的 X 射线能量产生强弱差异，根据物质的不同原子系数，计算后赋予物质不同的颜色。

X 射线技术在综合安防系统中主要应用于安检机中，例如，在地铁站、高铁站、机场等场合，对行李、包裹中的危险物品进行识别探测。

2.3.4 电磁感应技术

电磁感应技术，是当金属物体进入交变电磁场探测范围后，在物体内部会产生涡流电流，该涡流电流又发射一个与原磁场频率相同但方向相反的磁场，从而改变原本的电磁场分布，设备检测到电磁场变化而产生报警。

在报警系统中，电磁感应技术主要用于门磁探测器，例如检测门的开关状态；在安检系统中主要应用于安检门等产品中，例如检测人体随身携带的金属物品。

2.3.5 毫米波技术

毫米波是 30GHz ～ 300GHz 频域（波长为 1mm ～ 10mm）的电磁波，它位于微波的波长范围，拥有带宽宽、波束窄的特点。在综合安防系统中主要应用于毫米波雷达中。

毫米波雷达通过发射机天线把毫米波能量射向空间某一方向，在遇到遮挡物体时毫米波会被反射回来，雷达天线接收此反射波后，提取并处理这些信息，来判断目标物体至雷达的距离、位置和体积等。

2.3.6 生物特征识别技术

生物特征识别（biometric recognition）技术，是利用人体所固有的生理特征，例如指纹、静脉、人脸等特征，进行取样，提取其唯一的特征并且转化成数字代码，并进一步将这些代码组合成特征模板。进行身份认证时，识别系统获取其特征并与预先下发的数据库中的特征模板进行比对，完成相似度匹配。

以指纹特征为例，进行指纹采集时，首先进行指纹图像采集，内部处理器将采集到的指纹图像进行去噪等预处理，提高指纹图像质量，然后提取指纹特征点，建立指纹特征数据后存储。进行指纹识别时，仍然先进行指纹图像采集，处理后提取特征点，将指纹特征与指纹模板库进行匹配，将计算出的匹配结果与预先设置的阈值比对，超过阈值则认为匹配成功。

生物特征识别技术可代替刷卡，通过比对指纹、静脉等方式完成对出入口的管控。

2.4 网络技术

· **学习背景**

随着互联网技术的普及应用，综合安防系统可通过 IP 网络连接实现功能应用。了解网络基础知识，掌握主流的网络技术，已成为作业人员的基本要求。

• 关键知识点

✓ 网络基础技术

✓ 监控网络常用技术

2.4.1　网络基础技术

网络是把分布在不同地理位置的具有独立功能的网络设备通过通信线路连接起来，在网络操作系统、管理软件及网络通信协议的管理和配合下，实现资源共享和信息传递的系统。

伴随着网络的快速发展，网络设备厂商为了能更好兼容市场、开发网络产品、进行网络设计并建立互联网络，在标准组织、研发机构及市场磨合的推动下，逐渐形成一些通用的网络基础技术。

1. OSI 参考模型和 TCP/IP 模型

（1）OSI 参考模型

在 20 世纪 80 年代国际标准化组织（ISO）提出了开放系统互连（open system interconnection，OSI）参考模型，该模型很快发展成计算机网络互联通信的基础模型。如图 2-15 所示，OSI 参考模型将网络通信协议分为 7 层：物理层、数据链路层、网络层、传输层、会话层、表示层、应用层。

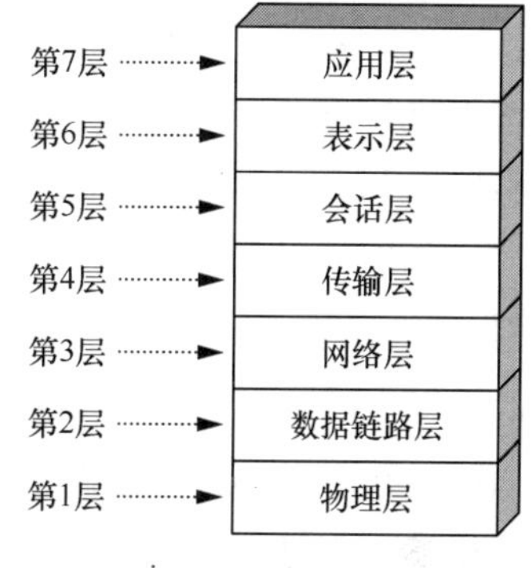

图 2-15

物理层主要接收和发送比特流。物理层直接与各种介质“交流”，规定了如何将数据编码成不同介质信号以及介质连接头的各种特征，它定义了传输数据需要满足的电气、机械和功能等需求。

数据链路层主要传输数据帧，它提供了对物理层的控制、检测并纠正错误通知、进行流量控制等功能。数据链路层将含有目标硬件地址和源硬件地址的报头封装在数据帧内，以确保报文能被传输到正确的设备，其也需要把来自网络层的报文转换成比特流，供物理层传输。

网络层管理设备编址，确定设备在网络中的位置，并决定传输的最佳路径。常见的路由器即工作在网络层，通过路由协议为数据包从源端到目的端传输提供路由选择。

传输层负责接收来自会话层的数据，并根据情况进行分段和重组，再传输到网络层，确保传输的各段信息正确无误。

会话层负责在不同机器之间建立、管理和终止会话，它能使每个应用知道其他应用的状态，并协调和组织不同应用之间通信。

表示层负责向应用层提供数据，及其编码、格式转换等功能，以保证来自应用层的数据能被对端设备准确地理解。

应用层是最接近用户的一层，但它并不是直观的 Word、Web 等应用程序，而是充当了应用程序和下一层之间的网络服务接口，如文件传输、文件管理和网页访问等网络服务。

OSI 参考模型中，终端主机的每一层都是通过下一层提供的服务逐级实现与对端主机的对等层次进行通信的。而这种数据的逐层向下传输过程，都会先把数据装到对应的特殊协议报文中，这个过程叫封装，逆向过程叫作解封装。

（2）TCP/IP 模型

OSI 参考模型虽然能帮助我们清晰地理解互联网、网络设计和开发网络产品，但在实际使用中还是偏复杂，因此在实际使用中并没有发展出完全遵守 OSI 参考模型的协议族。广泛使用的还是更早提出来并不断完善的 TCP/IP 模型，如图 2-16 所示为 OSI 参考模型和 TCP/IP 模型的层次结构关系。

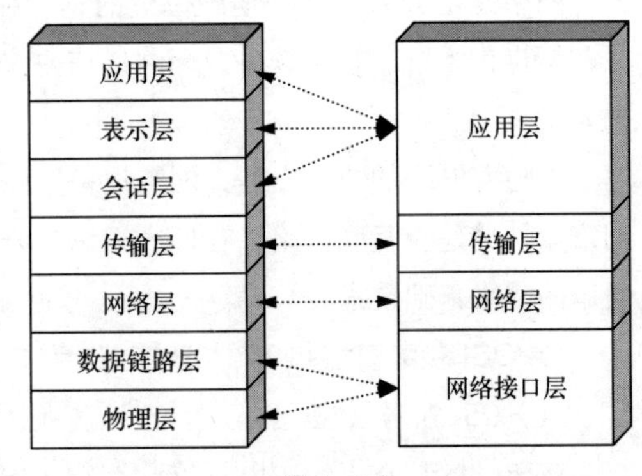

图 2-16

TCP/IP 模型也是采用层次化逻辑层，但其简化了层次设计，只采用 4 层设计，即应用层、传输层、网络层和网络接口层。

TCP/IP 模型本身对网络层及以下没有严格描述，但其同样必须使用多种下层协议，以连接到网络，并进行通信。如图 2-17 所示，通过分层画出具体的协议来对应 TCP/IP 协议族，它的结构特点是两头大中间较小，所有协议向下汇聚到一个 IP 中。因此 TCP/IP 协议族表明：TCP/IP 模型可以为各式各样的应用提供服务，同时也允许 IP 在各式各样的网络构成的互联网上运行。

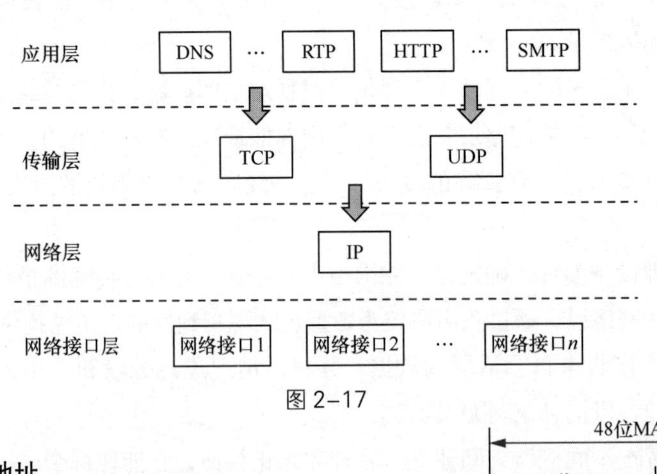

图 2-17

2. MAC 地址

以太网中的硬件用介质访问控制地址（media access control address，MAC 地址）作为自己的唯一访问标识。如图 2-18 所示，MAC 地址为二进制 48 位，也常用 12

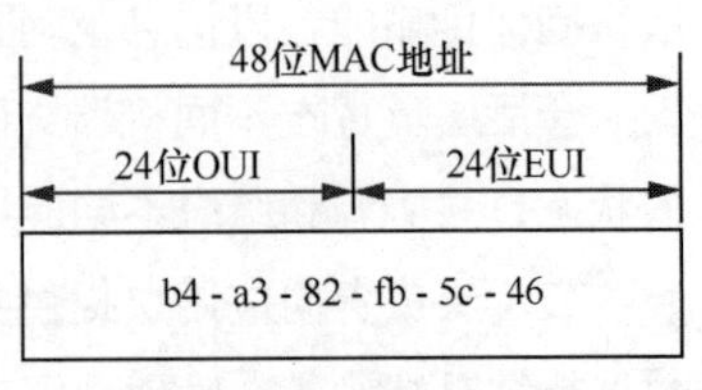

图 2-18

位十六进制数来表示。

MAC 地址的法定管理机构 IEEE 注册机构（registration authority，RA），负责分配前 24 位的组织唯一标识符（organizationally unique identifier，OUI），而后 24 位的扩展唯一标识符（extended unique identifier，EUI）则由组织自行分配。MAC 地址固化在网卡的只读存储器（read-only memory，ROM）中，也称为硬件地址，每块网卡的 MAC 地址在全世界范围内都是唯一的。

3. IP 基本原理

（1）IP 概述

互联网协议（internet protocol，IP）是 TCP/IP 协议族中网络层的核心协议，主要负责网络寻址、路由选择、分段及包重组等。此外，网络层定义的配套协议还有 ARP、RARP、IGMP、ICMP 等。

（2）IP 地址

IP 地址的主要作用是标识节点和链路，用唯一的 IP 地址标识每一个节点，用唯一的 IP 网络号标识每一个链路。如图 2-19 所示，IP 地址长度为二进制 32 位，实际使用中，通常采用十进制点分方式表示，即一串以小数点分开的 4 个十进制数字，如 192.168.5.123。

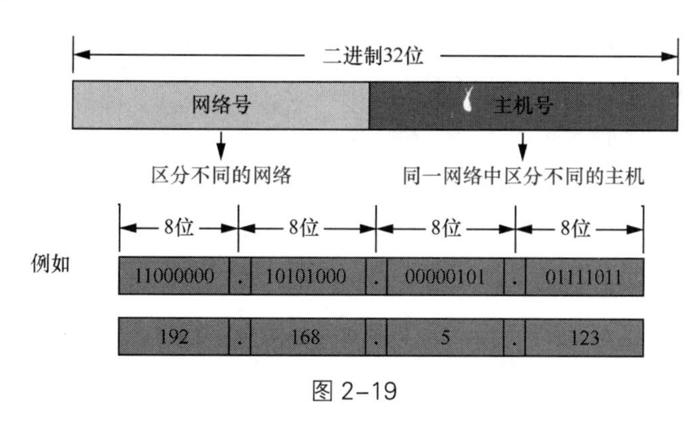

图 2-19

按照国际规定，把所有的 IP 地址划分为 A、B、C、D、E 类。

A 类地址：范围从 1.0.0.0 到 126.255.255.255（网络位为 127 的是测试地址）。

B 类地址：范围从 128.0.0.0 到 191.255.255.255。

C 类地址：范围从 192.0.0.0 到 223.255.255.255。

D 类地址为组播地址，E 类地址为预留地址。

需注意的是，每个网段上都有两个特殊地址不能分配给主机或网络设备。第一个是该网段的网络地址，即该 IP 地址的主机位为全 0；第二个是该网段中的广播地址，主机位为全 1。

（3）子网划分

在实际的使用中，为了减少 IP 地址浪费、节省网络流量、管理和优化网络，往往会将大的网络划分为按实际主机数量需求的小网络，这就需要对网络进行子网划分。子网划分需要将部分主机号定义为子网地址，而子网掩码用于协助判断主机号中哪部分是子网地址。

子网掩码的长度也是 32 位，左边是网络位，用二进制数字“1”表示，1 的数目等于网络位的长度；右边是主机位，用二进制数字“0”表示，0 的数目等于主机位的长度。

如图 2-20 所示，IP 地址为 192.168.1.6，子网掩码为 32 位（C 类地址的缺省掩码），从中我们可以判断该主机位于 192.168.1.0/24 网段。将 IP 地址中的主机位全部置为 1，转换为十进制数，即可得到该网段的广播地址 192.168.1.255。网段中支持的主机数为 2^n，n 为主机位的个数，本例中 n=8，2^8=256，减去本网段的网络地址和广播地址，可知该网段支持 254 个有效主机地址。

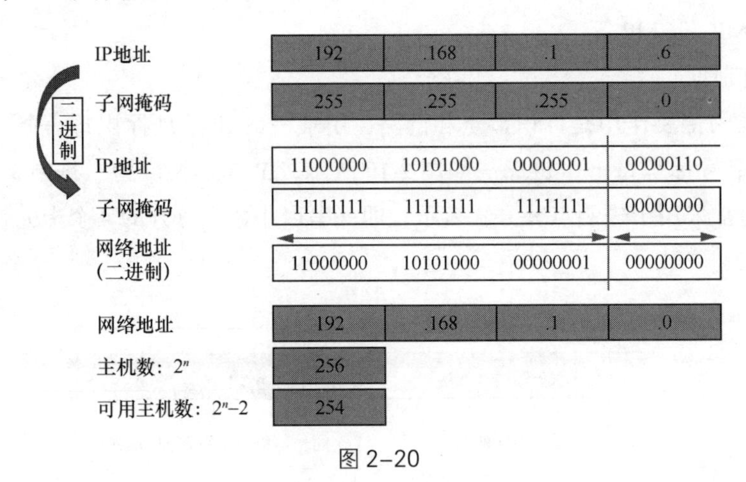

图 2-20

4. TCP/UDP

（1）TCP

传输控制协议（transmission cotrol protocol，TCP）是一种面向连接的、端到端的可靠连接方式。它有以下主要特点。

① 三次握手，以确保建立可靠连接。

② 通过端口号标识上层协议与服务，以实现网络通道的复用。

③ 通过对协议和载荷数据计算校验和，确保接收方能识别出传输的数据是否完整。

④ 发送的每个段（segment）均有唯一序列号标识，序列号明确了该段在整个数据中的位置，以供接收方能进行丢失确认、乱序重排等。

⑤ 接收方对正确接收的数据，会答复发送方，当超出一定时间未收到确认回复，发送方会重传对应的段数据。

⑥ 流量控制，即通过可调节的窗口机制，接收方可以通告发送方的发送速度。

（2）UDP

用户数据报协议（user datagram protocol，UDP）提供的是无连接的、不可靠的数据报服务。使用 UDP 传输数据时，应用程序根据需要提供报文到达确认、排序、流量控制等功能。

UDP 的主要特点是不提供重传机制，占用资源小，处理效率高。一些时延敏感的流量，如语音、视频等，通常使用 UDP 作为传输层协议。

（3）TCP 与 UDP 的对比

如图 2-21 所示，对比 TCP 与 UDP 可见，UDP 数据传输过程没有可靠性保证机制。基于 UDP 的服务往往对网络环境要求较高，但允许一定程度的数据传输错误。

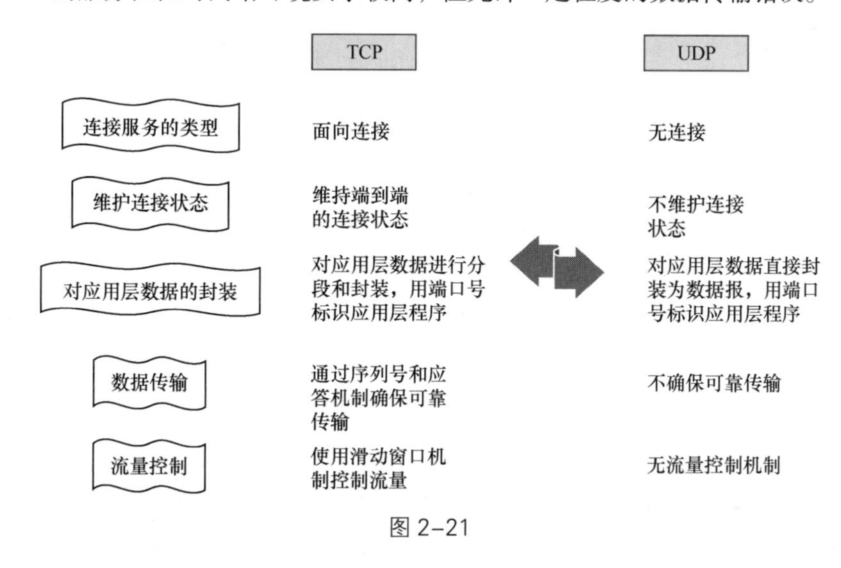

图 2–21

当然，UDP 的传输也有一些优势。

① 实现简单，资源占用少：机制简单，无须维护连接，也省去发送缓存。

② 延迟小：由于不考虑确认回复，也不用考虑窗口流量，可以持续快速地发送数据。

5. 常用网络协议与端口

TCP 和 UDP 必须使用端口号与上层通信，不同的通信会话有各自对应的端口号，如图 2-22 所示为常用应用层协议及其端口号。

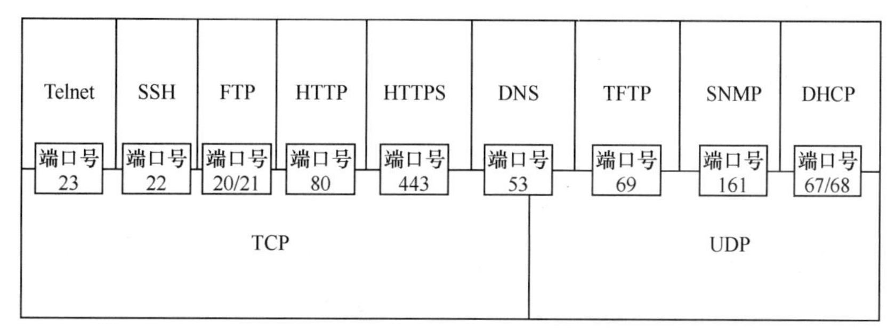

图 2–22

Telnet：远程上机协议。允许远程客户端的用户通过服务器的命令行界面访问其资源。通过 TCP 的 23 端口建立，不支持加密，以明文方式发送密码。在实际使用中，一些交换机的配置、网络端口畅通的验证等均可以通过在命令行输入“Telnet+IP+端口”的方式来实现。

SSH：安全外壳（secure shell，SSH）协议。客户 - 服务器结构（client/server，C/S），允许远程客户端的用户通过服务器的命令行界面访问其资源，通过 TCP 的 22 端口建立数据连接，其连接是加密的，从而保证会话的安全。

FTP：文件传送协议（file transfer protocol，FTP）。负责将文件从一台计算机传送到另一台计算机上，并且保证其传输的可靠性。客户端提出文件传输请求，服务器接收请求并提供服务。

HTTP：超文本传送协议（hypertext transfer protocol，HTTP）。用于管理 Web 浏览器和 Web 服务器之间的通信，例如网站上的图形、文本、视频等，使用 TCP 的 80 端口。

HTTPS：超文本传输安全协议（hypertext transfer protocol secure，HTTPS）。在 HTTP 的基础上通过传输加密和身份认证增加了传输过程的安全性，提升了用户访问网页安全水平，适用于有敏感信息保存等相关需求的应用。

DNS：域名服务（domain name service，DNS）。将域名解析为 IP 地址，域名服务器在查找到域名后，把对应的 IP 地址放在回答报文中返回，应用进程获得主机的 IP 地址后即可与之通信。访问具体网站时，输入的网站地址会自动转换成为 IP 地址，其转换解析是由若干个域名服务器程序完成的。

TFTP：简易文件传送协议（trivial file transfer protocol，TFTP）。一个用来在客户机与服务器之间进行简单文件传输的协议，提供不复杂、开销不大的文件传输服务。TFTP 是 FTP 的简化版本。

SNMP：简单网络管理协议（simple network management protocol，SNMP）。用于在 IP 网络中管理网络节点（路由器、交换机等）的一种标准协议。

DHCP：动态主机配置协议（dynamic host configuration protocol，DHCP）。通常用于局域网络环境中，集中地管理、分配 IP 地址，使网络环境中的主机动态地获得 IP 地址、网关地址、DNS 服务器地址等信息。

2.4.2 监控网络常用技术

1. VLAN 技术

在交换式以太网中，所有交换机端口均处于一个广播域，任何一台设备发出广播后，其他设备均能够接收到，这使局域网中有限的网络资源被无用广播信息占用。为了解决这一问题，交换机通过虚拟局域网（virtual local area network，VLAN）技术进行隔离广播，减小广播域范围。VLAN 技术有以下优点。

① 可有效控制广播域范围：广播域被限制在 VLAN 内，可有效控制带宽占用情况，提升网络性能。

② 安全性：对不同 VLAN 间报文进行隔离，可以很好地增强局域网使用的安全性。

③ 工作组构建灵活及可扩展：VLAN 划分不受物理位置限制，一台交换机可以有多个 VLAN，一个 VLAN 也可以跨越多台交换机，网络构建和维护都非常方便灵活。

（1）VLAN 的类型

根据划分的方法不同，VLAN 主要可以分为 4 种：基于端口的 VLAN、基于 MAC 地址的 VLAN、基于协议的 VLAN 和基于子网的 VLAN。

① 基于端口的 VLAN：按照交换机端口来定义 VLAN 成员，将指定端口划分到指定 VLAN 中，该端口就可以转发该 VLAN 的数据帧。

② 基于 MAC 地址的 VLAN：根据每台终端的 MAC 地址进行划分，同时交换机维护一张 VLAN 映射表，表内记录 MAC 地址和 VLAN 的对应关系。其优点是当终端位置任意变换时，其 VLAN 划分无须重新配置；其缺点是所有设备的 MAC 地址需要完成收集并逐个配置进 VLAN，整体效率较低。

③ 基于协议的 VLAN：根据端口接收到的报文所属的协议类型来给报文分配不同的 VLAN ID，从而将数据帧划分到不同的 VLAN 中传输。

④ 基于子网的 VLAN：根据报文源 IP 地址或子网掩码进行 VLAN 划分。当收到报文时，根据其 IP 地址，找到与现有的 VLAN 对应关系，划分到对应 VLAN 进行数据转发。这也是最常用的划分方式。

（2）VLAN 的技术原理

① VLAN 标签：交换机的数据帧转发依据是 MAC 地址映射表，其包含端口和端口所连接的设备 MAC 地址映射关系，当交换机收到数据帧后，会查看映射表以决定从哪个端口转发出去。而 VLAN 技术中，会给每个数据帧附加一个标签（tag）来标记这个数据帧能在哪个 VLAN 中传播。

如图 2-23 所示，划分 VLAN 后，IPC1 和综合平台均被打上 VLAN 10 的标签，而 IPC2 和解码器被打上 VLAN 20 的标签。交换机在根据 MAC 地址进行转发时，会匹配记录表内的 VLAN 标签，如不匹配则无法向对应端口进行转发。

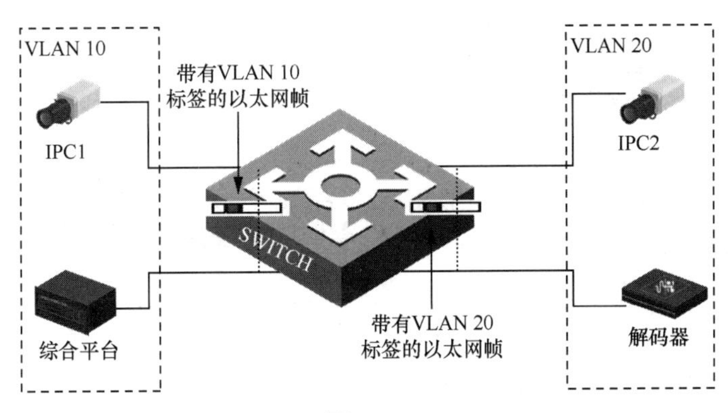

图 2–23

② VLAN 端口类型：交换机是根据数据帧的标签来判断数据帧属于哪个 VLAN，而 VLAN 标签是由交换机端口在数据帧进入时添加的。其好处是整个过程均由交换机负责，无须终端做任何处理。而根据对数据帧的不同处理方式，端口可大致分为 3 种类型：Access 链路类型端口、Trunk 链路类型端口和 Hybrid 链路类型端口。端口处理方式对比如表 2-1 所示。

表 2-1 端口处理方式对比

端口类型	收发	对数据帧标签处理方式
Access	收报文	判断是否有 VLAN 信息：如果没有则打上端口的 PVID，并进行交换转发；如果有则直接丢弃（默认）
	发报文	将报文的 VLAN 信息剥离后直接将报文发送出去
Trunk	收报文	判断是否有 VLAN 信息：如果没有则打上端口的 PVID，并进行交换转发；如果有则判断该 Tunk 端口是否允许该 VLAN 的数据进入，如果可以则转发，否则丢弃
	发报文	比较端口的 PVID 和将要发送报文的 VLAN 信息，如果两者相等则剥离 VLAN 信息后再发送，如果不相等则直接发送
Hybrid	收报文	判断是否有 VLAN 信息：如果没有则打上端口的 PVID，并进行交换转发；如果有则判断该 Hybrid 端口是否允许该 VLAN 的数据进入，如果可以则转发，否则丢弃
	发报文	判断该 VLAN 在本端口的属性（Disp Interface 即可看到该端口对哪些 VLAN 是 Untag、哪些 VLAN 是 Tag）如果是 Untag 则剥离 VLAN 信息后再发送，如果是 Tag 则直接发送

2. PoE 技术

以太网供电（power over ethernet，PoE），是一种可以在以太网中透过网线来传输电力到终端设备上的技术。它可以让接入点（access point，AP）、网络摄像头等小型网络设备直接从网线获得电力，以此减少单独铺设电力线、简化系统布线、降低网络基础设施的建设成本。

（1）PoE 系统的组成

如图 2-24 所示，PoE 系统主要由供电设备（power-souring equipment，PSE）、受电设备（powered device，PD）和作为传输链路的以太网网线组成。

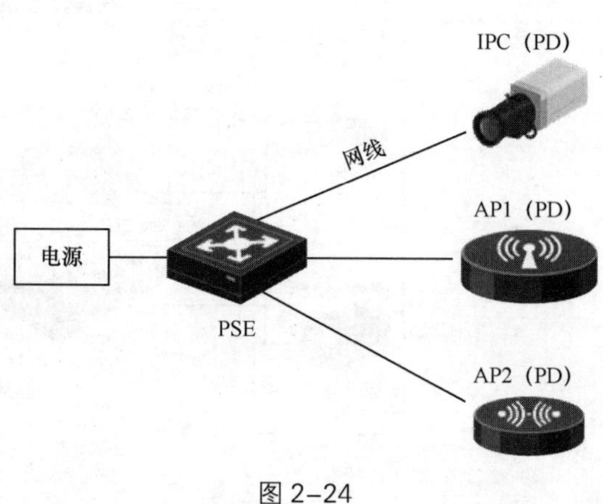

图 2-24

（2）PoE 的供电标准

2003 年 6 月，IEEE 802.3 工作组制定了 IEEE 802.3af 标准，作为以太网标准的延伸，对以太网供电的电源、传输和接收都做了细致的规定。为了满足大功率终端的供电需求，在兼容 IEEE 802.3af 标准的基础上，又推出了 IEEE 802.3at 标准。两种供电标准对比如表 2-2 所示。

表 2-2　IEEE 802.3af 和 IEEE 802.3at 标准对比

比较项目	IEEE 802.3af（PoE）	IEEE 802.3at（PoE+）
分级	0 ～ 3	0 ～ 4
典型工作电流 /mA	10 ～ 350	10 ～ 600
PSE 输出电压 /V	44 ～ 57	44 ～ 57
PSE 输出功率 /W	≤ 15.4	≤ 30
PD 输入电压 /V	36 ～ 57	42.5 ～ 57
PD 最大功率 /W	12.95	25.5
线缆要求	无	Cat.5e 及以上规格的网线
供电线缆对	2	2

IEEE 802.3af 和 IEEE 802.3at 在输出功率以及电压上有较大的区别，在实际使用中，需注意根据 PD 的需求选择合适的 PSE。

3. 链路聚合

链路聚合（link aggregation），是指将多个物理链路汇聚在一起形成一个逻辑链路，以实现出入流量在各成员端口的负载分担，交换机根据用户配置的端口负载分担策略决定网络包从哪个成员端口发送到对端的交换机，如图 2-25 所示。

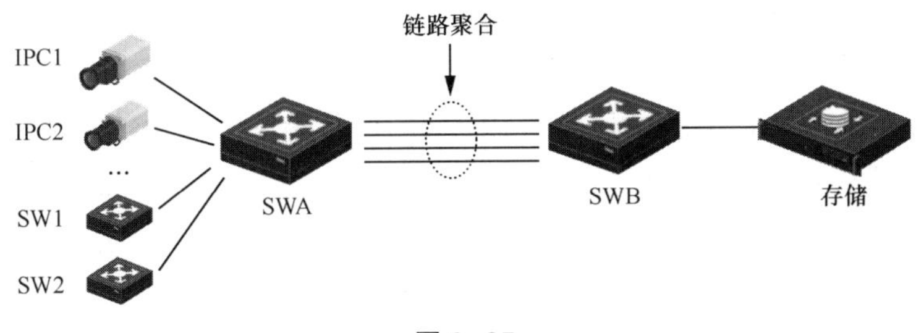

图 2-25

链路聚合的作用是增加链路带宽和提升链路的可靠性。聚合链路的最大带宽为聚合组中所有成员链路的带宽总和，极大拓展了链路带宽；而单条成员链路故障不会引起聚合链路传输失败，提升了链路的可靠性。

链路聚合后，上层设备把同一聚合组内的多条链路视为一条逻辑链路，根据一定的规则把数据流分发到各成员端口，进行数据流的负载分担传输。

根据聚合的方式不同，链路聚合可以分为静态聚合和动态聚合。静态聚合指双方系统间不使用聚合协议来协商链路信息；动态聚合指双方系统间使用聚合协议来协商链路信息。静态聚合模式下的成员端口选中状态不受网络环境的影响，稳定性较高；动态聚合模式下的成员端口可根据对端相应成员端口的状态自动调整本端口的选中状态，灵活性较高。

4．无线网络

（1）WLAN 技术

WLAN 是目前最主流的一种技术。WLAN 是计算机网络与无线通信技术相结合的产物。它以无线多址信道作为传输介质，利用电磁波完成数据交互，实现传统有线局域网的功能。

如图 2-26 所示，WLAN 技术起步于 1997 年，当年的 6 月，第一个无线局域网标准 IEEE 802.11 正式颁布实施，为 WLAN 技术提供了统一标准。之后 IEEE 委员会又不断更新 WLAN 标准，以不断推动、匹配实际中 WLAN 的应用需求。

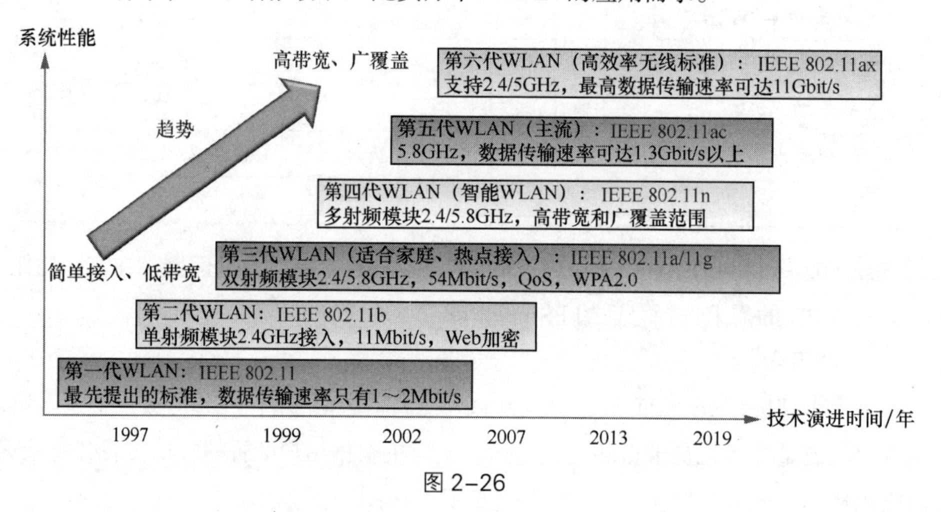

图 2–26

① WLAN 工作频段。WLAN 目前使用最多的是 IEEE 802.11n（第四代）和 IEEE 802.11ac（第五代）标准，它们既可以工作在 2.4GHz 频段，也可以工作在 5GHz 频段上，传输速率可达 600Mbit/s（理论值）。其中 2.4GHz 频段范围为 2.4GHz ～ 2.4835GHz；5GHz 频段范围包括两部分，即 5.15GHz ～ 5.35GHz 和 5.725GHz ～ 5.875GHz。2.4GHz 频段为工业、科学和医疗频带（industria scientific and medical band，ISM），免牌照，不用申请频率即可在不干扰其他频段的情况下使用。由于生活中蓝牙、笔记本计算机和微波炉等都使用该频段，因此可能会有一定程度的相互干扰。

② 信道（WLAN 频点）。信道是对无线通信中发送端和接收端之间通路的一种形象比喻，对于无线电波而言，它从发送端传送到接收端，其间并没有一个有形的连接，它的传播路径也有可能不止一条，我们为了形象地描述发送端与接收端之间的工作，可以想象两者之间有一条看不见的道路衔接，把这条衔接道路称为信道。

信道的最大数据传输速率则由信道宽度决定，信道宽度和传输速率成正比，信道宽度越宽，传输速率越高。信道宽度也常被称为“频段带宽”，是调制载波占据的频率范围，也是发送无线信号频率的标准。

③ 2.4GHz 与 5GHz 频段中的信道。2.4GHz 频段范围为 2.400GHz ～ 2.4835GHz，共 83.5MHz 带宽，划为 14 个子信道（我国只使用前 13 个），相邻信道中心频率间隔

5MHz，每个子信道宽度为 22MHz，所以在使用的时候会出现相邻信道频率相互重叠的情况。2.4GHz 频段中的信道如表 2-3 所示。

表 2-3　2.4GHz 频段中的信道

信道	中心频率 /MHz	信道低端 / 高端频率 /MHz
1	2412	2401/2423
2	2417	2406/2428
3	2422	2411/2433
4	2427	2416/2438
5	2432	2421/2443
6	2437	2426/2448
7	2442	2431/2453
8	2447	2426/2448
9	2452	2441/2463
10	2457	2446/2468
11	2462	2451/2473
12	2467	2456/2478
13	2472	2461/2483

5GHz 频段范围为 5.150GHz ～ 5.350GHz 以及 5.725GHz ～ 5.825GHz，共 13 个子信道。中心频率信道间隔 20MHz，信道宽度 20MHz，从中心频率左右扩展 10MHz。由于 5GHz 频段为新开频段，使用该频段的设备少，且频率高，传输速率更高，所以目前在使用时，该频段的信道相对干净，干扰少。5GHz 频段中的信道如表 2-4 所示。

表 2-4　5GHz 频段中的信道

信道	中心频率 /MHz	信道低端 / 高端频率 /MHz
36	5180	5170/5190
40	5200	5190/5210
44	5220	5210/5230
48	5240	5230/5250
52	5260	5250/5270
56	5280	5270/5290
60	5300	5290/5310
64	5320	5310/5330
149	5745	5735/5755
153	5765	5755/5775

续表

信道	中心频率 /MHz	信道低端 / 高端频率 /MHz
157	5785	5775/5795
161	5805	5795/5815
165	5825	5815/5835

（2）移动通信

移动通信，又称为小区制移动通信，它的特点就是把整个的网络服务区划分成许多小区即“蜂窝”（cell），每个小区设置一个基站，基站负责本小区各个移动站的联络与控制。移动通信的主要特征是终端的移动性，并具有越区切换和跨本地网自动漫游等功能。

移动通信技术历经多次发展。1G出现、蓬勃发展于20世纪80年代，因保密功能弱等原因，于20世纪90年代被2G取代；2G主要提供低速数字通信（短信服务），分为欧洲GSM与美国IS-95两种技术类别；后来3G出现，开始承载语音及数据业务，提供快捷、方便的无线应用，如接入Internet、提供高速数据传输和宽带多媒体服务等，其技术标准有4类：WCDMA、WCDMA2000、WiMAX，以及我国自主研发的TD-SCDMA。

① 4G。4G指的是第四代移动通信技术。2013年底，工业和信息化部正式向中国电信、中国移动、中国联通发放4G牌照，标志我国“4G时代”来临。

4G技术包括TD-LTE和FDD-LTE两种制式。4G集3G与WLAN于一体，能够传输较高质量的视音频图像，其图像传输质量能与高清晰度电视相媲美，还能够实现以100Mbit/s的速度下载，比3G快10倍，能够满足几乎所有用户对于无线服务的要求。

② 5G。5G指的是第五代移动通信技术。相比于4G来说，5G在资源利用率和数据传输速率方面均具备显著优势，它的数据传输速率会比现在主流速度提升十到百倍，峰值传输速率甚至能到10Gbit/s，同时端到端时延小到毫秒级，连接设备密度提升几十倍。

通过应用5G能够有效融合物联网和其他多个系统，例如车联网系统、教育系统和医疗系统等。5G将推动生态互联体系的发展，配合5G关键技术内容，建立范围更大、覆盖面更广的重构生态系统机制，可以有效满足人们对数据流量的需求和高速网络的要求，能够给予智能化和灵活网络管理模式，以此提升用户体验感。

关于5G的详细介绍，请见2.9.5小节。

2.5 存储技术

• 学习背景

视频监控存储系统是综合安防系统的重要组成部分，视频监控存储系统提供7×24

小时服务，要求视频数据随时存储和调用，所以视频录像数据非常重要。综合安防系统对存储的可靠性、性能和容量等方面都提出了新的要求，同时这也促进了综合安防系统存储技术的发展。

• **关键知识点**

✓ 存储介质类别及机械硬盘分类

✓ 磁盘阵列技术的分类及应用

✓ 常用存储技术

2.5.1 存储介质

存储介质是用来存储数据的载体，常见的存储介质有 SD 卡、硬盘、光盘、软盘、磁带、U 盘、SM 卡等。

1. 存储介质类别

（1）SD 卡

SD（secure digital）卡是一体化存储介质，内部结构不可移动，不用担心机械运动的损坏。SD 卡的体积小，容量大，读写快，安全性好，适应性强，能够广泛适用于各种工作环境，常用于前端编码设备内置存储。

（2）硬盘

硬盘根据尺寸可分为 3.5inch（1inch ≈ 2.54cm）硬盘和 2.5inch 硬盘；根据结构可分为机械硬盘（hard disk drive，HDD）、固态盘（solid state disk，SSD）和混合式硬盘（hybrid hard disk，HHD）。

机械硬盘采用磁性盘片进行数据存储，主要由磁头、主轴与传动轴、盘片、控制电路和接口等几个部分组成。机械硬盘一般具有容量较大、价格较低等优势，是视频监控系统中十分常用的存储介质。

固态盘是用固态电子存储芯片阵列制成的硬盘，具有快速读写、质量轻、能耗低、抗振抗摔性好、无噪声以及体积小等特点，但其价格较为昂贵、容量较小，一旦硬件损坏，数据较难恢复。在视频监控系统中固态盘被用于智能性和实时性要求高的业务场景中。

混合式硬盘基于传统机械硬盘上内置与非型闪存（NAND flash）颗粒，可以达到固态盘的读取性能，但没有固态盘容量小的问题。新一代的混合式硬盘可减少硬盘的读写次数，从而降低硬盘耗电量。混合式硬盘常被用在笔记本计算机中，可以提高计算机电池的续航能力。

（3）光盘

光盘以光信息作为存储的载体，利用激光原理进行读写，分为不可擦写光盘（如 CD-ROM、DVD-ROM 等）和可擦写光盘（如 CD-RW、DVD-RAM 等）。光盘的存储原理比较特殊，存储的信息不能被轻易改变，有价格便宜、容量大、可长期保存等特点，满足视频需要长期保存的需求。

2. 机械硬盘分类

（1）根据用途分类

机械硬盘根据用途可以分为桌面级硬盘、监控级硬盘、企业级硬盘 3 种。

桌面级硬盘针对家庭和个人使用，主要应用在台式计算机、笔记本计算机等领域。桌面级硬盘连续工作时间是 8×5（每天工作 8 小时，每星期工作 5 天），其平均无故障运行时间大部分在 50 万小时左右。

监控级硬盘主要针对监控系统，其转速一般在 5400 转 / 时。监控级硬盘在磁头读写机构上针对监控系统的读写特点做结构优化设计，以延长磁头寿命。监控级硬盘的理论平均无故障运行时间比桌面级硬盘要长的多，稳定性、可靠性要更高。一般监控级硬盘中没有振动补偿装置，因此监控级硬盘的抗振性较差。最新一代监控级硬盘已增加了振动补偿装置。

企业级硬盘具有 7×24 小时不间断作业能力，与其他硬盘相比，企业级硬盘不同之处在于可靠性强、长时间运作以及很长的平均无故障运行时间（大部分在 100 万小时左右）。而且企业级硬盘一般具有振动补偿装置，抗振性比其他硬盘的更高。

（2）根据接口分类

硬盘根据接口可分为 IDE 接口硬盘、SATA 接口硬盘、SCSI 硬盘、光纤通道硬盘和 SAS 接口硬盘。

IDE（integrated drive electronics）接口硬盘：集成驱动电接口硬盘，也称作 ATA 接口（advanced technology attachment interface，先进技术总线附属接口）硬盘，是早期机械硬盘的主要接口。它是把硬盘控制器和盘体集成在一起的硬盘驱动器，减少了硬盘接口的电缆数目，缩短了电缆长度，具有较强的数据传输可靠性。

SATA（serial ATA）接口硬盘：串行 ATA 接口硬盘，采用串行连接进行数据传输，是速度更高的硬盘标准，如图 2-27 所示。它具备更高的传输速率、更强的纠错能力，有效提高了数据传输的可靠性，并且支持热插拔，即插即用。

图 2-27

SCSI（small computer system interface）硬盘：小型计算机系统接口硬盘，与 IDE 接口硬盘完全不同；IDE 接口是普通台式计算机的标准接口，而 SCSI 接口并不是专门为硬盘规划的接口。SCSI 广泛应用在服务器上，具有应用范围广、多任务、带宽大、CPU

占用率低及支持热插拔等优点。

光纤通道（fibre channel）：光纤通道硬盘是为提升多硬盘储存系统的速度和灵活性而开发的，它的出现大大提升了多硬盘系统的通信速度。光纤通道主要有热插拔、高速带宽、远程连接、连接设备数量大等优点。

SAS（serial attached SCSI）硬盘：串行 SCSI 硬盘，是新一代的 SCSI 技术，和现在流行的 SATA 硬盘相同，都是采用串行技术以获得更高的传输速率，并通过缩短连结线改善内部空间等，如图 2-28 所示。SAS 是并行 SCSI 之后开发出的全新接口。此接口的规划是为了改善储存系统的效能、可用性和扩充性，并且提供与 SATA 硬盘的兼容性。

图 2–28

3. 机械硬盘组成

机械硬盘由一个或者多个铝制或者玻璃制的碟片组成。这些碟片外覆盖有铁磁性材料。硬盘主要由盘片、磁头、主轴与传动轴等构成。硬盘的逻辑结构主要分为磁道、扇区和柱面。

磁头：是硬盘读写数据的关键部件，是硬盘中价格最昂贵的部件，也是硬盘技术中最重要和最关键的一环。它的主要作用就是通过磁性原理读取磁性介质上的数据。

盘片：一般用铝合金材料做基片，硬盘的每一个盘片的两个面都可以用于记录信息，一般每个盘面都会得到利用，都可以存储数据。

磁道：当磁盘旋转时，磁头若保持在一个位置上，则每个磁头都会在磁盘表面划出一个圆形轨迹，这些圆形轨迹就叫作磁道。这些磁道不是物理上存在的，它只是盘面上以特殊方式磁化了的磁化区，这些磁道上存放着磁盘的数据信息。如果磁化单元相隔太近磁性会相互产生影响，所以相邻磁道并非是紧挨着的。

扇区：磁盘上的每个磁道被等分为若干弧段，这些弧段就是磁盘的扇区。磁盘写入、读取数据时，扇区是最小单位。

柱面：硬盘通常由重叠的一组盘片构成，每个盘面都被划分为数目相等的磁道，并从外缘的“0”开始编号，具有相同编号的磁道形成一个圆柱，称之为磁盘的柱面。磁盘的柱面数与一个盘面上的磁道数是相等的。

硬盘容量的计算公式：

硬盘容量 = 磁头数 × 柱面数 × 扇区数 × 单个扇区的大小

其中，磁头数为硬盘的磁头个数，也可以为盘面数 ×2；柱面数是指硬盘每面盘片的磁道个数；扇区数是指每条磁道的扇区个数；单个扇区的大小一般是 512B。

2.5.2 磁盘阵列技术

独立磁盘冗余阵列（redundant arrays of independent disks，RAID），简称磁盘阵列，是指由多个独立磁盘构成的具有冗余能力的阵列。磁盘阵列是由很多块独立的磁盘组合成的容量巨大的磁盘组，利用个别磁盘提供数据所产生的加成效果提升整个磁盘系统的效能。利用这项技术，将数据切割成许多区段，分别存放在各个硬盘上。

磁盘阵列还能利用同位检查（parity check），在数组中任意一个硬盘故障时，仍可读出数据，在数据重构时，将数据经计算后重新置入新硬盘中。

一般把 RAID0、RAID1、RAID2、RAID3、RAID4、RAID5、RAID6 这 7 个等级定为标准的 RAID 等级。标准 RAID 等级可以组合，构成 RAID 组合等级，以满足对安全性、可靠性要求更高的存储应用需求。

1. RAID0

RAID0 是一种无数据校验的数据条带化技术。它不能提供数据的冗余或错误修复能力，但实现成本是最低的，只需要 2 块硬盘即可。

RIAD0 能提高整个磁盘阵列的性能和吞吐量，其性能是所有 RAID 等级中最高的。RAID0 最大的缺点在于磁盘阵列中任何一块硬盘出现故障，整个系统将会受到破坏。因此，RAID0 一般适用于对性能要求较高但对数据安全性和可靠性要求不高的应用。

2. RAID1

RAID1 称为磁盘镜像，它将数据完全一致地分别写到工作磁盘和镜像磁盘，它的磁盘空间利用率为 50%，如图 2-29 所示。

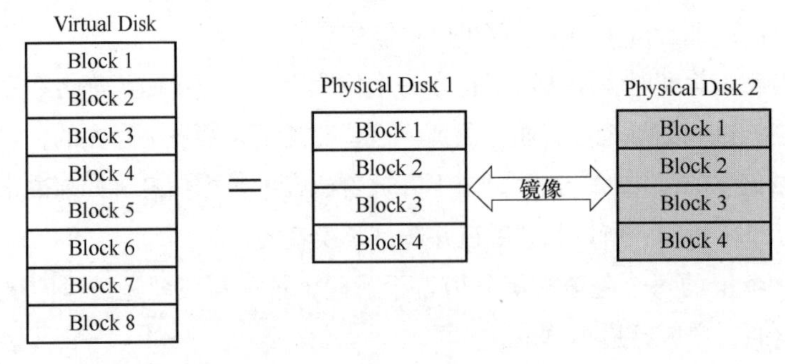

图 2-29

RAID1 提供了最高的冗余保护，无论是工作磁盘还是镜像磁盘发生故障，均不影响系统读取数据。所以 RAID1 的冗余最高，但是相应的其成本也较高。RAID1 适用于对数据的安全性要求较高的应用。

3. RAID2

RAID2 称为纠错海明码磁盘阵列，其设计思想是利用海明码实现数据校验冗余。海明码是一种在原始数据中加入若干校验码来进行错误检测和纠正的编码技术。海明码自身具备纠错能力，因此 RAID2 可以在数据发生错误的情况下纠正错误，保证数据的安全性。

但是，海明码的数据冗余太大，而且 RAID2 的数据输出性能受阵列中最慢磁盘驱动器的限制。由于这些缺陷，再加上大部分磁盘驱动器本身都具备纠错功能，因此 RAID2 在实际中很少应用。

4. RAID3

RAID3 是使用专用校验盘的并行访问阵列，它采用一个专用的磁盘作为校验盘，其余磁盘作为数据盘，数据按位和字节的方式交叉存储到各个数据盘中，校验值写入校验盘中。

RAID3 至少需要 3 块磁盘。RAID3 读性能非常高，但写性能较低。如果 RAID3 出现 1 块坏盘，不影响数据的读性能，当坏盘被更换后，系统根据校验信息将数据恢复至新盘中。由于 RAID3 在出现坏盘时性能会大幅下降，因此常使用 RAID5 替代 RAID3 来运行具有持续性、高带宽、大量读写特征的应用。

5. RAID4

RAID4 与 RAID3 的原理基本相同，区别在于条带化的方式不同。RAID4 写操作只涉及当前数据盘和校验盘两个盘，有效提高了系统性能。

RAID4 的读性能较高，但单一的校验盘会成为系统性能的瓶颈。其写性能较差。而组成 RAID4 的磁盘数量越多，校验盘的系统性能瓶颈将更加突出。所以 RAID4 在实际应用中也很少见。

6. RAID5

RAID5 是目前使用最多的 RAID 等级，它的原理与 RAID4 相似，区别在于校验数据分布在阵列中的所有磁盘上，而没有采用专门的校验盘。对于数据和校验数据，它们的写操作可以同时发生在完全不同的磁盘上，如图 2-30 所示。因此，RAID5 不存在 RAID4 中并发写操作时的校验盘的系统性能瓶颈问题。另外，RAID5 还具备很好的扩展性，当阵列磁盘数量增加时，并行操作量的能力也随之增长，可比 RAID4 支持更多的磁盘，从而拥有更高的容量以及更好的性能。

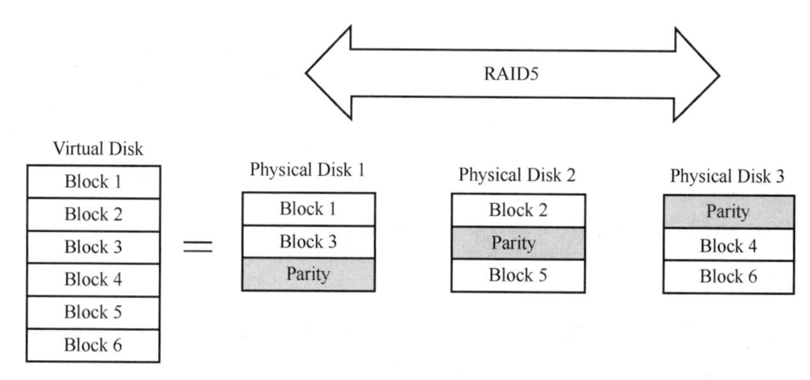

图 2–30

RAID5 的数据和校验数据不在同一块硬盘上，当其中一块盘损坏更换之后，可以根据校验信息将数据恢复至新盘中。但阵列重构数据时，其性能会受到较大的影响。

RAID5 兼顾存储性能、数据安全和存储成本等各方面因素，它可以理解为 RAID0 和 RAID1 的折中方案，是目前综合性能最佳的数据保护解决方案。RAID5 基本上可以满足大部分的存储应用需求，数据中心大多采用它作为应用数据的保护方案。RAID0、RAID1、RAID5 对比如表 2-5 所示。

表 2-5　RAID0、RAID1、RAID5 对比

磁盘阵列	所需的最少硬盘数	有数据冗余	磁盘空间利用率	写入速度	读取速度
RAID0	2	无	100%	高	高
RAID1	2	有	50%	较慢	较慢
RAID5	3	有	（N−1）/N（N 为组成阵列的硬盘数量）	较高	较高

7. RAID6

RAID6 使用的是双重校验，具有快速的读取性能、更高的容错能力。其允许同时坏 2 块硬盘而不影响整个阵列中的数据。但是，它的成本要高于 RAID5 许多，写性能也较差。因此，RAID6 很少得到实际应用，主要用于对数据安全等级要求非常高的场合。它一般是替代 RAID10 方案的经济性选择。

8. 其他阵列

以上各个标准 RAID 等级各有优势和不足。可以通过把多个 RAID 等级组合起来，实现优势互补，从而获得性能、数据安全性等指标更高的 RAID 系统。目前常见的 RAID 组合等级主要有 RAID00、RAID01、RAID10、RAID100、RAID30、RAID50、RAID53、RAID60，但实际得到较为广泛应用的有 RAID01 和 RAID10 这 2 个等级。

2.5.3 常用存储技术

为了满足日益增长的存储容量的需求，并提高数据的读写速度，诞生了多种存储技术。目前主流的外挂存储主要分为直接附接存储（direct attached storage，DAS）和网络化存储（fabric-attached storage，FAS）两种。网络化存储根据传输协议又分为网络附接存储（network attached storage，NAS）和存储区域网（storage area network，SAN）。此外，不同的安防厂家也有自己的存储技术，例如杭州海康威视数字技术股份有限公司（以下简称海康威视）的 CVR、云存储、NVR 等。

1. DAS

DAS 通过物理连接的方式，把存储系统直连到应用的服务器中，存储设备是整个服务器的一部分，一般有 SCSI、SATA 两种接口。DAS 的连接距离短、扩展困难、利用率

低、成本低。

2. NAS

NAS 设备通过标准的网络拓扑结构（例如以太网）添加到一群计算机上。NAS 集成了文件管理系统，以共享服务器形式连入局域网，以文件为单位进行数据读写，允许跨系统客户端访问，实现数据共享。因此，NAS 较多的功能是用来文档共享、图片共享、视频共享等。NAS 理论上无距离限制，适用于局域网，易于分配管理，扩容便利、利用率高。

3. SAN

SAN 阵列通过光纤通道交换机和服务器主机连接，最后成为专用存储网络，其具备较高的灵活性和可扩展性。SAN 以数据块为单位进行读写，性能较 NAS 稳定。

常见的 SAN 通常会采取以下两种形式：通过光纤信道传输，即 FC-SAN，或者通过 ISCSI 协议，基于 IP 网络进行传输即 IP-SAN。FC-SAN 的传输介质为光纤，使用光纤技术，成本较高，性能较好。IP-SAN 通过 ISCSI 协议，将 SCSI 命令压缩到 TCP/IP 包中，通过 IP 网进行传输，万兆高速的 IP 网络甚至媲美光纤网络，可有效降低应用成本。

4. CVR

CVR（central video recorder，中心级视频网络存储设备）支持视频流直接写入。与传统的存储技术相比，CVR 省去了存储服务器成本，避免了服务器形成单点故障和性能瓶颈。CVR 存储采用独有的技术，消除了掉电、断网等原因造成的文件系统损坏、存储空间数据只读甚至丢失等问题，同时支持前端点位用 GB/T 28181、实时流协议（real-time streaming protocol，RTSP）、综合业务数字网用户部分（ISDN user part，ISUP）、实体安防互通联盟（physical security interoperability alliance，PSIA）等协议方式接入。

5. 云存储

云存储是通过集群应用、网格技术或分布式文件系统等功能，将网络中大量的各种不同类型的存储设备通过应用软件集合起来协同工作，共同对外提供数据存储和业务访问功能的系统。

与传统的存储设备相比，云存储不仅仅是一个硬件，而且是由网络设备、存储设备、服务器、应用软件、访问接口、接入网和客户端等多个部分组成的复杂系统，对外提供数据存储和业务访问服务。相对于传统的存储与独立服务器的方式，云存储具备可扩展性、灾难恢复、负载平衡、节省成本、可快速部署、便捷运维等优势。

6. NVR

NVR（network video recoreder，网络硬盘录像机）适用于分布式存储场景中，在局域网中通过 GB/T 28181、SDK、RTSP 等协议将摄像机添加进来进行录像存储、报警接收等。

在分布式存储场景中 NVR 对网络带宽的要求比集中存储的要低、价格和维护成本较低、对机房的承载压力小，同时 NVR 支持被客户端连接，实现分布存储、集中管理，应用颇为广泛。

2.6 显示及解码控制技术

• 学习背景

综合安防系统中，几乎所有子系统的运行数据和运行状态都是利用解码控制技术处理以后，通过各类显示设备呈现给用户的，所有操作也是通过显示设备实现用户与系统的互动的。显示设备是系统最重要的人机接口，尤其对于视频监控系统而言，显示设备的性能将直接决定视频监控系统的运行效果。因此，显示和解码控制技术是综合安防技术不可或缺的分支。

• 关键知识点

✓ 显示技术特点及应用

✓ 解码控制技术分类

✓ 常见的中心控制协议

2.6.1 显示技术

1. 基础显示原理

（1）液晶显示技术

液晶是一种高分子材料，是一种以碳为中心构成的有机化合物。它也是一种物质形态，被称为物质第四态，因为它在一定温度范围内呈现不同于固态、液态、气态的特殊物质态，既有液态的流动性，又有晶体的各向异性特征，是一种方向有序的流体。

液晶具有特殊的物理、化学、光学特性，又对电磁场敏感。在正常情况下，液晶分子有序排列而使液晶显得清澈透明，一旦加上外部电场后，分子排列秩序被打乱，部分液晶变得不透明、颜色加深，从而用于显示数字和图像。

液晶显示（liquid crystal display，LCD）器件为常见的平面显示设备。它的工作原理是，利用液晶的物理特性，在通电时施加电压使其分子排列方向发生变化，使外光源透光率改变，完成电光转换，再利用 R、G、B 不同信号激励，通过 R、G、B 彩色滤光片，完成时域和空域的彩色重叠。液晶显示板将液晶材料封装在两片透明电极之间，通过控制加到电极间的电压即可实现对液晶层透光性的控制，从而显示图像。

（2）发光二级管显示技术

发光二极管（light-emitting diode，LED）显示技术也称为 LED 点阵阵列显示技术。LED 发光技术的原理是，某些半导体材料在通以电流的情况下会发出特定波长的光，这种电到光的转换效率非常高，对所用材料进行不同的化学处理，就可以得到各种亮度和视角的 LED。LED 显示屏是由成千上万的像素点组合拼接排列成矩阵，配以专用显示电路、直流稳压电源、软件、框架结构等构成。

LED 显示屏以 LED 为基本发光元素（像素点），通过控制电路及驱动电路来控制每个像素点的亮与灭或其敏感程度，使具有相当数量的像素点的显示屏显示出各种信息。典型的LED显示系统一般由信号控制系统、扫描和驱动电路以及LED阵列组成。信号控制系统的任务是生成或接收LED显示所需要的数字信号，并控制整个LED显示系统的各个不同部件按一定的分工和时序协调工作。扫描和驱动电路主要分行扫描电路与列驱动电路。行扫描电路主要由译码器组成，用于循环选通LED阵列行；列驱动电路给LED提供大电流。待信号源数据就绪后，控制系统首先将第一行数据输入并锁存，然后由行扫描电路选择通路LED阵列的第一行，持续一定时间后，再用同样的方法显示后续行，直至完成一帧显示，如此循环。

（3）有机发光二极管显示技术

有机发光二级管（organic light-emitting diode，OLED）显示是指有机半导体材料和发光材料在电场驱动下，通过载流子的注入和复合来发光的现象。在电场的作用下，OLED阳极产生的空穴和阴极产生的电子就会发生移动，分别向空穴传输层和电子传输层注入，迁移到发光层。当二者在发光层相遇时，产生能量激子，从而激发发光分子最终产生可见光。相较于LED和LCD显示技术，OLED显示技术具备低功耗、高反应速率、广视角、高对比、宽温度、柔性屏、质量较轻等优点。由于OLED具有众多优势，OLED显示技术要比LCD显示技术应用范围更加广泛，可以延伸到电子产品领域、商业领域、交通领域、工业控制领域、医用领域当中，但由于OLED制造技术还不够成熟，量产率低、成本高、寿命相对较短等问题，目前在市场上OLED屏幕的使用仅限于高端显示设备。

2. 拼接显示技术

在综合安防行业中，由于监控技术水平以及数据收集能力得到很大程度的提升，显示终端能否准确地将收集到的数据及时呈现在显示屏上显得相当重要，这直接关系到上级部门决策的合理性。为满足市场的需求，显示终端的技术人员改进了已有的技术，使之朝着无缝化、高清化方向发展。显示屏通常会以拼接电视墙的形式应用在指挥中心、监控中心等场景，拼接电视墙主要承载的任务是显示模式、显示画面、轮播显示、分割画面等，目前显示拼接技术主要有LCD拼接、LED拼接、DLP拼接等显示技术。每种技术都有各自的优缺点，根据其特点可应用于不同的业务场景。

（1）LCD拼接显示技术

LCD拼接显示技术使用与日常生活中常用的液晶电视类似的工业级产品作为拼接单元，加入控制系统后组成大屏拼接显示屏。LCD拼接单元比较常见的有46寸、49寸、55寸、65寸这4种尺寸。

LCD拼接显示技术具有成本较低、分辨率高、对比度与色彩还原相对较好的优点，但是存在物理拼缝较大、拼接尺寸不够灵活、设备维护不方便、维保成本较高等缺点，一般多应用于监控中心等场景。

（2）LED拼接显示技术

LED拼接显示技术解决了拼缝问题，并且能够始终保持整屏显示一致，有效解决拼接大屏幕亮度和色度衰减不一致的问题。LED 拼接屏根据灯珠的点间距划分主要有 P0.9、P1.2、P1.5、P1.8 等，间距越小单位面积内的灯珠数量越多，物理分辨率也越高。同时，LED 拼接屏色温调节范围很广，可实现 2500K ～ 10000K 的色温调节，拥有更好的色彩还原能力，更高的刷新率[10]。此外，它还具有超大观看视角、超高对比度，使用寿命长、维护便捷、维修成本低、节能环保等优点。然而对比 LCD 拼接屏，其现场灯珠故障数量较多，单位面积内分辨率不如 LCD，自发光亮度较高而不适合长期观看。其主要应用于指挥中心，会议报告大厅等场景。

（3）DLP 拼接显示技术

数字光处理（digital light processing，DLP）显示器拼接显示技术主要用于室内，属于 DLP 投影技术的一种。

DLP 投影设备由数字微镜器件（digital micromirror device，DMD）、光源、色轮、透镜组以及控制芯片等构成，其中 DMD 是核心部分，DMD 结合了半导体、机械和光学三方面的核心技术，是一种高反射铝微镜阵列，阵列中有多达数百万个微镜，每个微镜的直径为微米级，通过类似铰链的机械装置安装，一个微镜控制一个成像像素点。

DLP 投影设备在进行显示时，首先由光源（如 LED、激光等）发出白光，白光被快速转动的色轮分解为 RGB 三原色光，经过透镜后进入 DMD，控制芯片通过铰链控制 DMD 上每个微镜的偏转角度，实现每个微镜的“开”“关”以及不同的亮度调节，用以正确显示每一个像素点，并通过角度的微调，产生不同色彩灰阶，最终投射到显示屏上。

DLP 拼接显示技术具有分辨率高、色彩还原度高、拼缝窄的优点。但对比其他两种显示技术，DLP 拼接显示技术对使用环境要求较高，显示效果调试较为烦琐。因为光源较为柔和，适合长期观看，所以 DLP 拼接显示技术主要应用在需要展示生产流程图的生产与制造行业。

2.6.2 解码控制技术

中心控制产品主要指在指挥中心、会议室及展厅等多媒体场景中使用到的控制产品。

指挥中心在向跨区域、跨部门和跨系统的应急联动方向发展，要求充分利用计算机技术、网络编解码技术、图像技术和通信技术达到数据可视化、智能控制等目标。对中心控制产品提出了视频信号传输实时无延迟、显示屏超高动态分辨率、实时图像显示的需求。

会议室在向电信网、广播电视网和计算机通信融合方向发展，通过传输线路及多媒体设备，将声音、影像及文件资料互传，实现即时互动沟通。要求中心控制产品能够处

10 刷新率：显示屏画面更新的速率，单位通常用赫兹（Hz）表示。

理信号源类型和格式多样化，甚至要求将视频会议系统和指挥调度中心融合应用。

在展厅中，多媒体技术将声、光、电技术大量应用到内容的呈现上，提升了内容的观赏性和观众的参与性。通常需要根据不同的呈现效果采用不同的显示介质（如 LCD 屏、LED 屏等），这对中心控制产品中信号源的传输要求也趋于多元化。

中心控制产品主要涉及解码技术和拼控技术。

1. 解码技术

解码是编码的逆过程，从原理上来看，解码是从编码视频流中重构 I 帧，利用 I 帧和附加编码数据、运动矢量等构建 P 帧和 B 帧，最后把各帧按照合适的顺序输出。视音频解码技术指的是将数字视音频信号转化成模拟视音频信号，并输出到显示屏进行视频显示、音响设备播放声音的过程。实现解码技术的设备称为解码器。

2. 拼控技术

拼控技术指的是拼接控制器所涉及的相关技术。按照实现的功能，拼控技术可实现开窗、漫游、放大、缩小、拼接、分割等功能；按照应用架构，拼控技术可分为集中式和分布式技术。

（1）根据功能区分

单屏上墙功能是指在屏幕上创建一个窗口，窗口可以拖进信号源来显示该信号源图像。漫游功能是指一个信号源图像可以在整个屏幕上任意位置显示，并可以自由拖动和缩放，实现跨屏显示功能。拼接功能是指将多块液晶显示屏拼接在一起以显示大画面，从而满足调度指挥中心或监控中心的场景需求。分割功能是指对单块屏幕或单窗口进行画面分割布局，一般 4 画面、9 画面、16 画面居多，以满足多个画面同时显示的需求。如图 2-31 所示为功能示意图。

图 2-31

（2）根据应用架构区分

拼控技术根据应用架构的不同可分为集中式技术和分布式技术。集中式技术采用了现场可编程门阵列（field programmable gate array，FPGA）加矩阵交换芯片的技术架构，所有输入、输出信号以及数据交换都在一个机箱里完成。分布式技术是指将图像采集、图像传输和图像显示都通过数字化网络连接起来，在架构上允许输入、输出节点在地理上分散，因此具备灵活性和扩展性。

3. 常见的中心控制工具和方式

（1）串行通信

串行通信（serial communication）是设备的串口外设和计算机之间的一种常用的通信方式，两者通过串口线以 bit 为最小单位进行数据传输。串行通信由于使用方式简单并支持远距离传输（如 RS-485 类型的串行通信传输距离可以达到 3000m 左右），目前在控制技术领域中被广泛使用。

（2）网络 SDK

软件开发工具包（software development kit，SDK）是基于设备私有网络通信协议开发的工具包。平台组件使用网络 SDK 访问设备后进行控制，网络 SDK 一般包括网络通信库、软硬解码库、RTSP 通信库等功能组件，平台组件可根据需要选择使用。

（3）红外通信协议

红外通信协议是一种利用红外线作为传输介质实现通信的协议。红外通信设备分为发送端和接收端。发送端采用脉位调制（pulse-position modulation，PPM）方式，将二进制数字信号调制成某一频率的脉冲序列，并驱动红外发射管发出光脉冲信号。接收端收到光脉冲信号后将其转化为电信号，经过放大、滤波等处理后送给解调电路进行解调，还原为二进制数字信号后输出。红外通信方式的优点是电路设计简单、易于实现，但易受到其他物体辐射的影响，导致接收出现极大的误差。

2.7 信号与接口技术

· 学习背景

综合安防系统中常见的信号类型有视频信号、音频信号和串行通信信号，各类信号特点不同，需通过相应的接口与设备连接才能实现传输和处理。不同的信号类型对应不同的接口类型和标准，系统连接时必须准确选择和规范操作。

· 关键知识点

✓ 视频信号类型及相关接口

✓ 音频信号类型及相关接口

✓ 串行通信信号类型及相关接口

2.7.1 视频信号与接口

视频信号通常可以分为模拟视频信号和数字视频信号，不同类型的信号对应的传输接口也有所区别，大致可分为模拟视频接口和数字视频接口。随着数字显示设备的诞生与发展，模拟视频信号渐渐淡出了主流市场。相对于模拟视频接口，数字视频接口在图像质量、音频支持等方面具有无可比拟的优势。

1. 视频信号类型

（1）模拟视频信号

模拟视频信号指由连续的模拟信号组成的视频信号，其中模拟信号是一种模拟声音、图像信息的物理量。如图 2-32 所示，模拟信号的波形模拟着信息的变化，其特点是信号是连续的，信号波形在时间上也是连续的，因此模拟信号也是连续信号。

常见的模拟信号为复合视频广播信号（composite video broadcast signal，CVBS）。

（2）数字视频信号

数字视频信号是对模拟信号空间位置和亮度电平值进行离散和数字化后的信号，图 2-33 所示为数字信号波形。

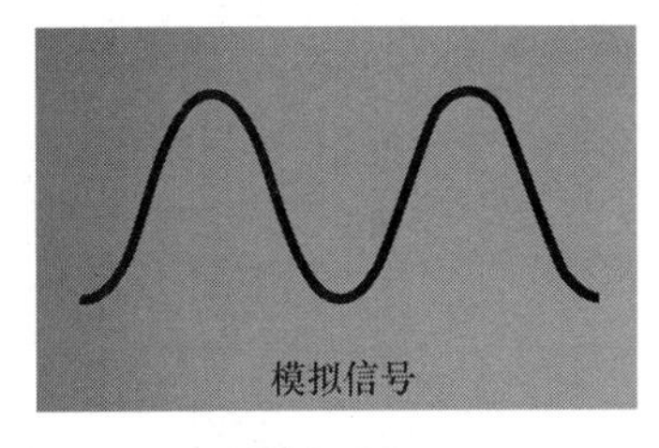

图 2-32

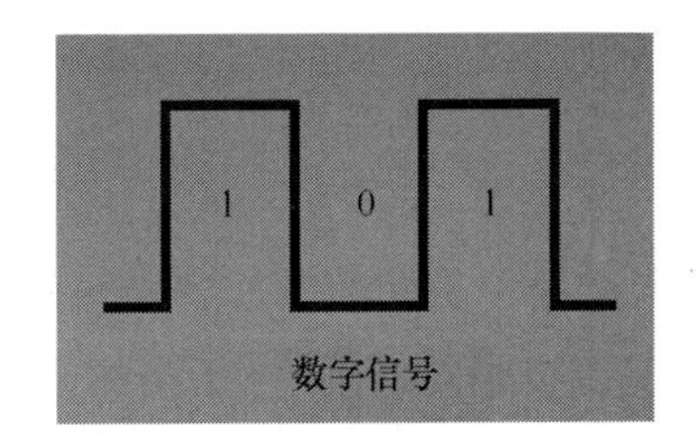

图 2-33

2. 视频信号接口

（1）模拟信号接口

① 刺刀螺母连接器（bayonet nut connector，BNC），是一种用于同轴电缆的连接器，能有效阻隔信号干扰，采用同轴电缆传输复合模拟视频信号，特性阻抗为 75Ω，BNC 接口如图 2-34 所示。

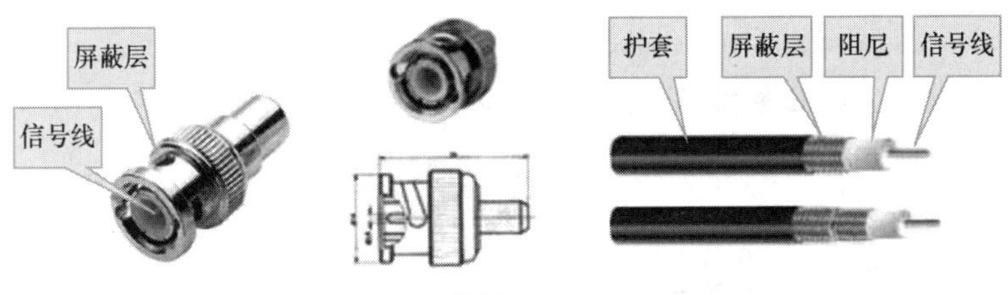

图 2-34

② 视频图形阵列（video graphic array，VGA）于 1987 年由 IBM 公司提出，是使用模拟信号的计算机显示标准，可呈现较高质量的彩色图像。它成为计算机系统中常见的模拟视频接口标准。如图 2-35 所示，VGA 接口通常为 15 芯 D-Sub 接口。

③ RCA 端子，俗称“莲花头”，由美国无线电公司（radio corporation of American）发明并成为音频、视频信号的标准接口之一，可用于模拟视频、模拟音频、数字音频、数字视频以及色差分量视频等的传输，RCA 端子如图 2-36 所示。

显示卡端的接口为15针母插座：

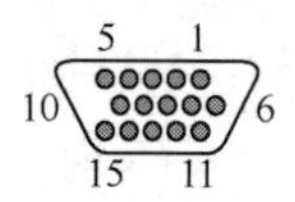

显示器连线端的接口为15针公插头：

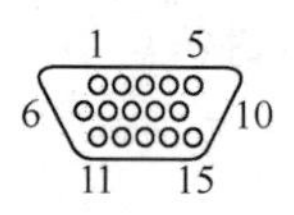

针脚定义：
1 Video-Red
2 Video-Green
3 Video-Blue
4 GND
5 CPU sense
6 GND-R
7 GND-G
8 GND-B
9 No pin present
10 GND-sync/self-raster
11 GND
12 DDC data
13 H-sync
14 V-sync
15 DDC clock

图 2–35

④ 音 / 视频（audio & video，AV）端子或复合视频端子，由 3 个 RCA 端子组成，分别传输复合模拟视频信号和音频信号（左、右声道），采用黄、白、红 3 种颜色分别标注，如图 2-37 所示。AV 端子中的视频和音频信号间无任何关联，仅出于便于使用的目的将其捆绑在一起。AV 端子主要应用于电视机、播放机等家用视音频产品中。

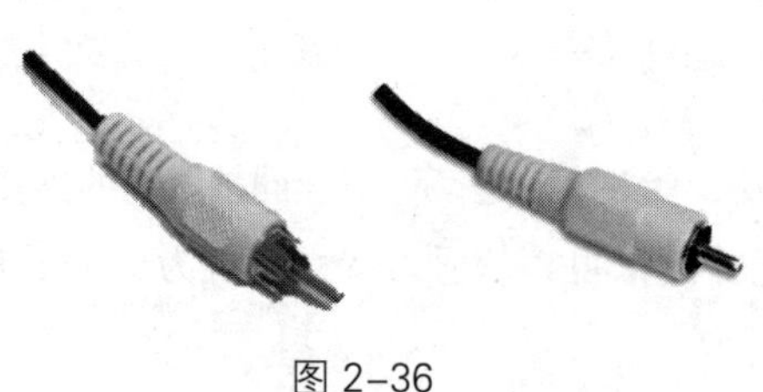

图 2–36

图 2–37

⑤ S-Video（separate video or super video）端子，又称 S 端子，起源于日本，用于传输 Y/C 模拟视频信号。如图 2-38 所示，S-Video 端子将亮度（Y）和色度（C）分开传输，从而解决了复合模拟视频中的亮色串扰问题。

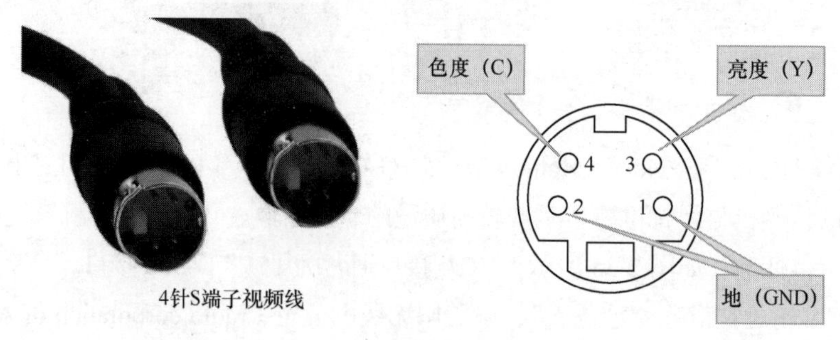

图 2–38

⑥ 隔行分量端子（YCbCr）或逐行分量端子（YPbPr），主要接口形态为 RCA 端子，

将亮度（Y）、蓝色差（Cb 或 Pb）以及红色差（Cr 或 Pr）信号分开传输，如图 2-39 所示。直接将红（R）、绿（G）、蓝（B）三基色信号分开传输，行、场同步信号加载于 G 信号中，适用于阴极射线管（cathode-ray tube，CRT）、高清监视器等使用电子枪扫描的模拟显示系统中。

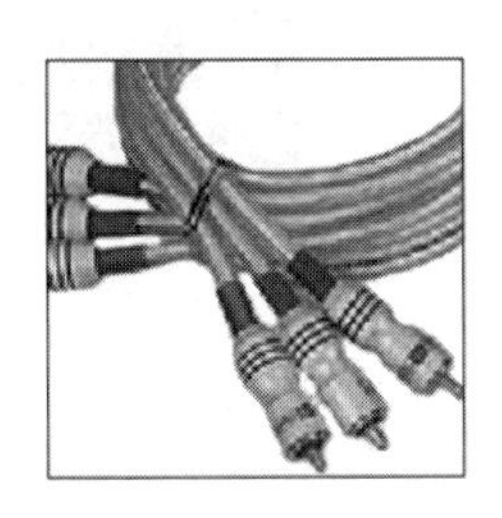

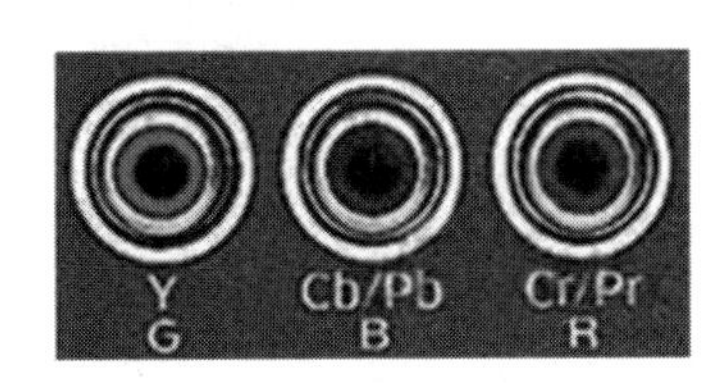

图 2-39

（2）数字信号接口

① 数字视频接口。数字视频接口（digital visual interface，DVI）是 1999 年由 Intel（英特尔）、Compaq（康柏）、IBM、HP（惠普）、NEC、Fujitsu（富士通）等公司共同组成数字显示工作组（digital display working group，DDWG）推出的接口标准，有 DVI-A、DVI-D 和 DVI-I 这 3 种不同类型的接口形式，其中，DVI-A 只有模拟接口，DVI-D 只有数字接口，DVI-I 则有数字接口和模拟接口，目前应用以 DVI-D 为主。DVI 特性如表 2-6 所示。

表 2-6　DVI 接口特性

接口种类	外观	最大分辨率	信号类型	针数	备注
DVI-I 单通道		1920px × 1200px，60Hz	数字 / 模拟	18+5	可转换 VGA
DVI-I 双通道		2560px × 1600px，60Hz/ 1920px × 1200px，120Hz	数字 / 模拟	24+5	可转换 VGA
DVI-D 单通道		1920px × 1200px，60Hz	数字	18+1	不可转换 VGA
DVI-D 双通道		2560px × 1600px，60Hz/ 1920px × 1080px，120Hz	数字	24+1	不可转换 VGA
DVI-A		1920px × 1080px，30Hz	模拟	12+5	已废弃

② 高清多媒体接口。高清多媒体接口（high definition multimedia interface，HDMI）于 2002 年由日立、飞利浦、松下等 7 家企业发起的 HDMI 协会开发，是一种符合高清时代标准的全新数字化视频和声音发送接口，可以发送未压缩的音频信号及视频信号。HDMI 可用于机顶盒、DVD 播放机、个人计算机、电视机、游戏主机、数字音响设备等。相较于 DVI 接口只支持视频信号，HDMI 可以同时传输视频信号和音频信号，系统

线路的布线更方便，如图 2-40 所示为 HDMI。

图 2-40

2002 年至今，HDMI 协议版本已经更新至 v2.1，图像质量、传输带宽均在不断提升。表 2-7 中主要介绍了不同 HDMI 协议版本与带宽、图像分辨率的关系。HDMI 协议从 v1.4 版本开始，单通道最大分辨率已经达到了 4K，满足了市场上绝大多数的场景需求；v2.0 版本在带宽上提升较大，但成本较高。

表 2-7 HDMI 特性

HDMI 版本	最大信号视频带宽 / MHz	最大 TMDS 带宽 /（$Gbit \cdot s^{-1}$）	最大视频带宽 /（$Gbit \cdot s^{-1}$）	24bit/px HDMI 单通道最大分辨率	30bit/px HDMI 单通道最大分辨率	36bit/px HDMI 单通道最大分辨率	48bit/px HDMI 单通道最大分辨率
1.0 ～ 1.2a	165	4.95	3.96	1920px × 1200px 60Hz	不适用	不适用	不适用
1.3	340	10.2	8.16	2560px × 1600px 75Hz	2560px × 1600px 60Hz	1920px × 1200px 75Hz	1920px × 1200px 60Hz
1.4	340	10.2	8.16	4096px × 2160px 24Hz	3840px × 2160px 30Hz	3840px × 2160px 25Hz	3840px × 2160px 24Hz
2.0	600	18	14.4	3840px × 2160px 60Hz	3840px × 2160px 60Hz	3840px × 2160px 50Hz	3840px × 2160px 30Hz

③ DP 接口。DP 接口（displayport）于 2006 年由视频电子标准协会（video electronics standards association，VESA）开发，是一种新型数字显示接口规范。DP 接口和 HDMI 一样，同时支持视频和音频传输。DP 接口主要在计算机设备中应用，当前主要应用在中高端的设备以及一些多屏显示商用场景，DP 接口兼容 Mini DP、Type-C 等接口，如图 2-41 所示。

图 2-41

2.7.2 音频信号与接口

音频信号一般指规则[11]的信号，是表示声波的频率、幅度变化的信息载体。频率ω_0、

11 规则：一种连续变化，可用一条连续的曲线来表示。

幅度 A_n 和相位 ψ_n 是声波的 3 个重要参数，它们决定了音频信号的特征。

人们通常所说的“单声道”指声音只有单个声音通道，“双声道”则是指有两个声音通道。人们听到双声道声音时，可以根据左耳和右耳对声音相位差来判断声源的具体位置，因为在电路上它们各自传递的电信号不一样。

音频信号接口可将计算机、录像机等的音频信号输入音频设备，通过自带的扬声器进行播放，也可以通过音频输出接口，连接功率放大器（功放，俗称扩音器）、外接喇叭进行声音播放。音频信号接口通常与前置话筒、线路输入和其他一系列的输入、输出设备配合使用。按传输信号的类型音频信号接口可分为模拟音频接口和数字音频接口。

1. 模拟音频接口

模拟音频接口在音频领域中占有很大的比重。常见的模拟音频接口有 TRS 接口、RCA 接口、XLR 接口等。

① TRS 接口。TRS 的含义是 tip（尖）、ring（环）、sleeve（套），分别代表了这种接头的 3 个接触点，表现为被 2 段绝缘材料隔离开的 3 段金属柱。TRS 接口在日常生活中十分常见，如图 2-42 所示，它的接头外观是圆柱体形状，根据杆径尺寸通常有 3 种类型：6.3mm、3.5mm、2.5mm。3.5mm 的 TRS 接口最为常用，是绝大多数耳机的接口尺寸；6.3mm 的接头在很多专业设备和高档耳机上比较常见，但现在有不少高档耳机也逐渐开始改用 3.5mm 的接头；2.5mm 的 TRS 接头以前在手机耳机上比较流行，但现在已不多见。

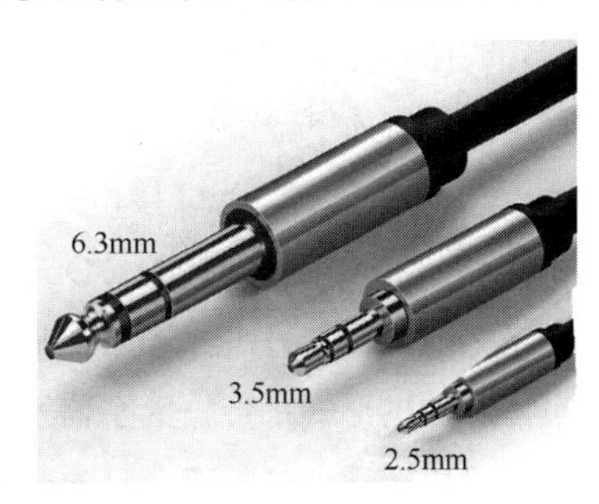

图 2-42

② RCA 接口。RCA 接口在日常生活中也很常见，常用于音箱、电视机、功放、DVD 机等设备。它得名于美国无线电公司（radio corporation of America）的英文缩写。20 世纪 40 年代，该公司将这种接口引入市场，用来连接留声机和扬声器，因此，它在欧洲又被称为 PHONO 接口。我们常把它称作“莲花头”，如图 2-43 所示。

③ XLR 接口。XLR 接口俗称“卡农口”。如图 2-44 所示，我们常见的 XLR 接口是 3 脚的，可以用来传输音频平衡信号[12]。

图 2-43

图 2-44

12 平衡信号：声波转变成电信号后，如果直接传送就是非平衡信号，如果先把信号反相（相位差为一个 π），然后同时传送反相的信号和原始信号，就叫作平衡信号。

2. 数字音频接口

数字音频接口根据物理接口标准可以分为同轴接口、光纤线接口、AES/EBU 接口、S/PDIF 接口等。

① 同轴接口。同轴接口分为 RCA 同轴接口和 BNC 同轴接口，前者的外观与模拟 RCA 接口几乎没有任何区别，而后者则与我们在电视机上常见的信号接口有点类似，而且加了锁紧设计（如图 2-45 所示）。同轴线缆接头有两个同心导体，导体和屏蔽层共用一个轴心，线的阻抗是 75Ω。同轴传输阻抗恒定，传输带宽高，因此能够保证音频的质量。虽然 RCA 同轴接口的外观与模拟 RCA 接口相同，但线最好不要混用，因为 RCA 同轴线阻抗是固定 75Ω，而 RCA 模拟线没有硬性阻抗要求，混用线会造成声音传输不稳定，使音质下降。

② 光纤接口。光纤接口的英文名为 TOSLINK，来源于东芝（TOSHIBA）制定的技术标准，器材上一般标为“Optical”。如图 2-46 所示，它的物理接口分为两种类型，一种是标准方头，另一种常见于便携设备，是外观与 3.5mm TRS 接头类似的圆头。由于它以光脉冲的形式来传输数字信号，因此单从技术角度来说，它是传输速度最快的。光纤连接可以实现电气隔离，阻止数字噪声通过地线传输，有利于提高数模转换器（digital-to-analog converter，DAC）的信噪比。然而，光纤传输需要光纤发射口和接收口，并由光电二极管来实现光电转换。光纤和光电二极管之间无法紧密接触，会产生可叠加的数字抖动类失真，再加上光电转换过程中的失真，令光纤接口在数字抖动方面的表现远逊于同轴接口。因此，现在光纤接口也开始逐渐淡出人们的视野。

图 2-45

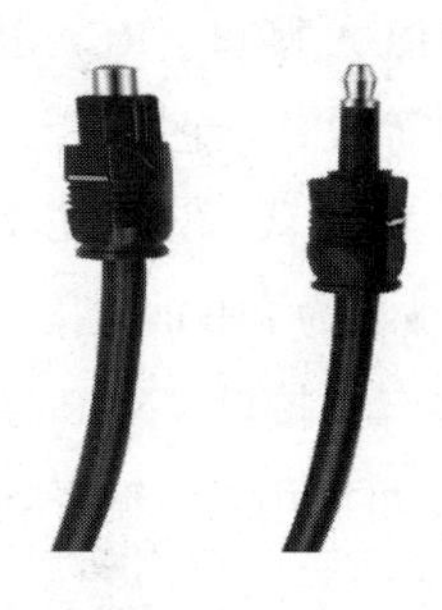

图 2-46

③ AES/EBU 接口。AES/EBU（Audio Engineering Society/European Broadcast Union，音频工程师协会 / 欧洲广播联盟）接口是现在较为流行的专业数字音频传输标准。它是一种通过基于单根绞合线对来传输数字音频数据的串行位传输协议。无须负载均衡即可在长达 100m 的距离上传输数据，如果有负载均衡，可以传输更远的距离。AES/EBU 接口提供两个信道的音频数据（最高 24bit 量化），信道是自动计时和自动同步的。它也提供了传输控制的方法、状态信息的表示（channel status bit）和一些误码检测功能。它的时钟信息由传输端控制，是来自 AES/EBU 接口的位流。它的 3 个标准采样率是 32kHz、44.1kHz、48kHz，当然许多接口能够工作在其他不同的采样率上。

AES/EBU 接口的物理接口有多种，常见的就是三芯 XLR 接口，如图 2-47 所示。

④ S/PDIF 接口。S/PDIF 接口是 Sony/Philips digital interconnect format 的缩写，它是索尼与飞利浦公司合作开发的一种民用数字音频接口协议。由于被广泛采用，它成为事实上的民用数字音频格式标准。S/PDIF 接口形态一般有 3 种：RCA 同轴接口、BNC 同轴接口和光纤接口。在国际标准中，S/PDIF 接口需要 BNC 接口 75Ω 电缆传输，然而很多厂商由于各种原因，频频使用 RCA 接口甚至使用 3.5mm 的小型立体声接口进行 S/PDIF 传输，久而久之，RCA 接口和 3.5mm 接口就成为“民间标准”，如图 2-48 所示为 S/PDIF 接口。

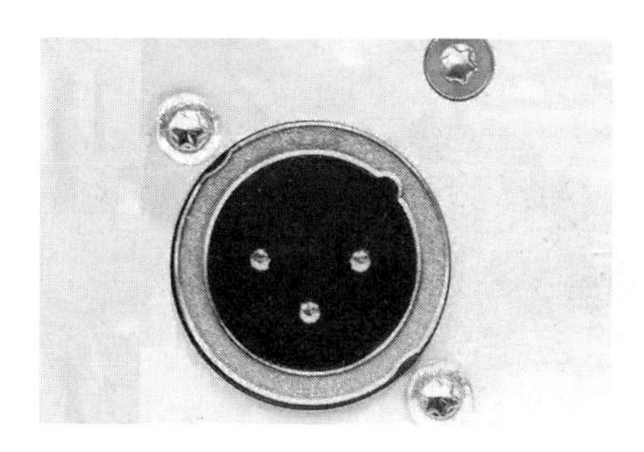

图 2-47

图 2-48

2.7.3　串行通信与接口

一条信息的各位数据被逐位按顺序传送的通信方式称为串行通信。串行通信作为计算机通信方式之一，用于主机与外设和主机之间的数据传输。串行通信具有传输线少、成本低的特点，主要用于近距离的人机交换、实时监控等系统通信工作。由于串行通信借助现有的电话网也能实现远距离传输，因此串行通信接口成为计算机系统中的常用接口。

1. 串行通信

（1）同步通信

同步通信是一种连续串行传送数据的通信方式，一次通信只传送一帧信息，信息由同步字符、数据字符和校验字符组成。同步通信的缺点是要求发送时钟和接收时钟严格保持同步。

（2）异步通信

异步通信中字符帧由发送端逐帧发送，通过传输线被接收端逐帧接收。发送端和接收端可以由各自的时钟来控制数据的发送与接收，这两个时钟源彼此独立，互不同步。

2. 串行通信接口

串行通信接口（serial interface）是指数据按位地顺序传送，其特点是通信线路简单，只要一对传输线就可以实现双向通信，大大降低了成本，特别适用于远距离传输通信，但传送速度较慢。主要的串行通信接口有 RS-232、RS-485、RS-422、USB。

（1）RS-232

RS-232（标准串口）是最常用的串行通信接口，它由美国电子工业协会（Electronic Industries Association，EIA）联合贝尔系统、调制解调器厂家及计算机终端生产厂家于1970年共同制定，全名是“数据终端设备（data terminal equipment，DTE）和数据通信设备（data communications equipment，DCE）之间串行二进制数据交换接口技术标准”。

该标准规定采用一个25针的DB-25连接器（俗称DB25），并对连接器每个引脚的信号内容和各种信号的电平加以规定。后来IBM的个人计算机将RS-232简化成了DB-9连接器，并在民用领域被广泛使用，而工业控制的RS-232口一般只使用RXD、TXD、GND这3条线。RS-232接口如图2-49所示。RS-232接口引脚定义如表2-8所示。

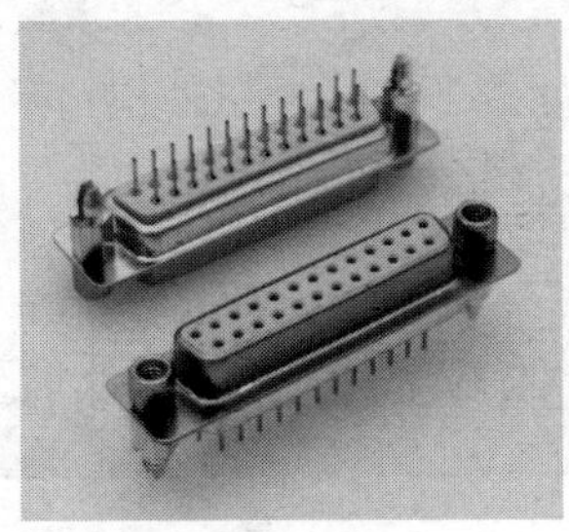

25针RS-232接口　　9针RS-232接口

图2-49

表2-8　RS-232接口引脚定义

9针RS-232接口（DB-9）			25针RS-232接口（DB-25）（部分）		
引脚	缩写	功能说明	引脚	缩写	功能说明
1	DCD	数据载波检测（data carrier detect）	8	DCD	载波检测
2	RxD	接收数据（receive data）	3	RxD	接收数据
3	TxD	发送数据（transmit data）	2	TxD	发送数据
4	DTR	数据终端准备（data terminal ready）	20	DTR	数据终端准备
5	GND	地线（ground）	7	GND	地线
6	DSR	数据准备好（data Set ready）	6	DSR	数据准备好
7	RTS	请求发送（request to send）	4	RTS	请求发送
8	CTS	清除发送（clear to send）	5	CTS	清除发送
9	RI	振铃指示（ring indicator）	22	RI	振铃指示

（2）RS-485

RS-485是一个定义平衡数字多点系统中驱动器和接收器的电气特性的标准，该标准由美国电信行业协会（telecommunications industry association，TIA）和EIA定义。

RS-485有两线制和四线制两种接线。四线制只能实现点对点的通信，已经很少采用，目前多采用两线制接线方式。这种接线方式为总线式拓扑结构，在同一总线上最多可以挂接 32 个节点。在 RS-485 通信网络中，一般采用的是主从通信方式，即一个主机带多个从机，RS-485 接口如图 2-50 所示。

图 2-50

（3）RS-422

RS-422（EIA-422）采用四线、全双工、差分传输、多点通信的数据传输协议，是一种利用差分传输方式增大通信距离和提高可靠性的通信标准。它在发送端使用两根信号线发送同一信号（两根线的极性相反），在接收端对这两根线上的电压信号进行相减得到实际信号。这种方式可以有效抗共模干扰，增大通信距离，最远可以传送 1200m。

（4）USB

USB（universal serial bus，通用串行总线），广泛应用于个人计算机和移动设备等信息通信产品。USB 接口版本从 1.0 迭代到了 4.0，速度从 12Mbit/s 发展到了 40Gbit/s，具有热插拔、携带方便等优点。

2.8　常见对接协议及开放接口

• 学习背景

综合安防系统中会出现平台与平台之间、平台与设备之间不能对接的问题，设备制造商需要给每种设备提供对接各种管理平台的版本，这使对接接口复杂化，也增加了项目实施难度。因此，标准发布组织与团体发布了相关标准协议及开放接口以满足不同的业务应用需求。

• 关键知识点

✓GB/T 28181 协议

✓ 设备集成 API

✓ 设备集成 SDK

2.8.1　GB/T 28181 协议

GB/T 28181 协议即 GB/T 28181—2022《公共安全视频监控联网系统信息传输、交换、控制技术要求》，是由公安部提出，公安部第一研究所等多家单位共同起草的一部推荐性国家标准。该标准规定了公共安全视频监控联网系统的互联结构，传输、交换、控制的基本要求和安全性要求，以及控制、传输流程和协议接口等技术要求。该标准适用于公共安全视频监控联网系统的方案设计、系统检测、验收以及与之相关的设备研发、生产。

2.8.2 设备集成 API

综合安防系统开放的硬件设备接口，可以通过 API[13] 进行设备集成，满足不同的业务需求。设备集成 API 包含 OTAP、ISAPI。

1. OTAP

OTAP（开放物联接入标准）是海康威视全新推出的面向生态伙伴开放的感知物联接入标准，是为助力各行业平台通过统一标准接入物联网设备，规范物联网终端的接入标准。用户使用 OTAP 可加速物联网系统的设备接入、联网、共享以及应用的构建，OTAP 标准覆盖的物联感知设备很广，连接方式丰富、灵活，标准规范具有可扩展性，可在 Windows（32 位或 64 位）、Linux（32 位或 64 位）等系统中使用，适用于客户端 / 平台主动连接设备和设备主动连接平台的场景，也适用于多种类型的感知设备接入，例如视频、门禁、报警、传输、控制、显示、消防、安检、智能家具等独立终端、多层终端以及低功耗终端等的接入。

2. ISAPI

ISAPI 是海康威视定义的基于 HTTP 的 RESTful API，可在 Windows（32 位或 64 位）、Linux（32 位或 64 位）、Android、iOS、ARM 等系统中使用，适用于客户端 / 平台主动连接设备的场景，支持人工智能前后端产品、通用前后端产品、门禁产品、交通产品、对讲产品、报警产品、热成像产品等多种网络硬件设备。

2.8.3 设备集成 SDK

综合安防系统开放硬件设备接口，通过 SDK 进行设备集成，满足不同的业务需求。设备集成 SDK 包含 ISUP SDK、ISNB SDK、USB SDK、Web SDK、设备网络 SDK、播放库 SDK 等。

1. ISUP SDK

ISUP SDK 是基于海康威视定义的 ISUP 协议的 SDK 二次开发包，包含 Windows（32 位或 64 位）、Linux（32 位或 64 位）版本，适用于设备主动连接平台的场景，是硬件设备和平台服务器交互的通信接口，支持 AI 前后端产品、通用前后端产品、门禁产品、交通产品、报警产品、热成像产品等多种网络硬件设备。

2. ISNB SDK

ISNB SDK 是基于海康威视定义的基于窄带物联网（narrow-band internet of things，NB-IoT）协议的 SDK 二次开发包，运用于应用层的数据报文解析和数据报文组装，支持 Windows 系统的 32 位版本，适用于设备主动连接平台的场景，适用于烟感探测器、可燃气体探测器、用水用电监测产品等支持 NB-IoT 协议的消防产品。

---

13 API（application program interface，应用程序接口）：被定义为应用程序可用以与计算机操作系统交换信息和命令的标准集。一个标准的应用程序界面为用户或软件开发商提供一个通用编程环境，以编写可交互运行于不同厂商计算机的应用程序。

3. USB SDK

USB SDK 是海康威视定义的基于 USB 视频类（USB video class，UVC）协议或人机接口类设备（human interface device，HID）协议的 SDK 二次开发包，适用于客户端 / 平台主动连接设备，包含 Windows（32 位或 64 位）、Linux（64 位）和 Android 系统等版本，支持 USB 摄像机、测温模组、发卡器、身份证阅读器等多种 USB 硬件设备。

4. Web SDK

Web SDK 是基于海康威视定义的基于 JavaScript 接口形式进行 Web 相关应用开发的二次开发包，支持网页上实现设备的预览、回放、云台控制等基本视频相关功能，适用于客户端 / 平台主动连接设备的场景，支持浏览器原生插件以及无插件的媒体相关功能。

5. 设备网络 SDK

设备网络 SDK 是海康威视定义的基于设备私有网络通信协议的 SDK 二次开发包，包含 Windows（32 位或 64 位）、Linux（32 位或 64 位）、Android 和 iOS 等版本，适用于客户端 / 平台主动连接设备的场景，支持 AI 前后端产品、通用前后端产品、门禁产品、交通产品、对讲产品、报警产品、热成像产品等多种网络硬件设备。

6. 播放库 SDK

播放库 SDK 是硬盘录像机、网络摄像机等硬件产品实时预览和录像回放功能的相关二次开发包，适用于各系列产品实时流和录像文件的解码与播放，包含 Windows（32 位或 64 位）、Linux（32 位或 64 位）等版本。

2.9 综合安防新技术及应用

• 学习背景

人工智能、大数据、云计算、物联网以及 5G 等新技术应用是“互联网 +”时代的发展主流，综合安防系统的发展也离不开新技术的有力支撑，结合各种主流技术的综合安防系统才更具备时代特点，更符合市场需求。

• 关键知识点

✓ 物联网技术概念及相关应用
✓ 人工智能技术概念及相关应用
✓ 大数据技术概念及相关应用
✓ 云计算技术概念及相关应用
✓5G 技术概念及相关应用

2.9.1 物联网技术

1999 年，美国麻省理工学院建立了自动识别中心，首次提出了“物联网”的概念。

2005 年，国际电信联盟（International Telecommunications Union，ITU）在突尼斯举行的信息社会世界峰会上正式确定了“物联网”的概念：物联网是指通过信息传感设备，按约定的协议，将任何能被独立标识的物体按需求与网络相连接，物体通过信息传播介质进行信息交换和通信，以实现对物端的智能化信息感知、识别、定位、监管的一种智能化服务环境。

物联网经过 20 多年的发展，与智能融合应用，形成了智能物联。智能物联是一种基础能力，智能物联为人与物、物与物提供了相互连接和交互的可能性，这种可能性并不专属于任何一个行业，但智能物联确实存在先锋、典型行业场景，如智慧安防、工业物联、智能家居等。

通常来说，物联网有 3 个层次，分别是感知层、网络传输层和应用层。感知层是物联网识别物体、采集信息的来源；感知层由各种传感器构成，在综合安防领域以视频感知为基础，融合多维传感技术，形成了雷视一体机、雷达球机、可视对讲、热成像等多种感知终端。网络传输层是整个物联网的“中枢”，负责传递和处理感知层获取的信息；网络传输层由各种网络（包括互联网、网络管理系统和云计算平台等）组成。应用层是物联网和用户的接口，它与行业需求结合，实现物联网的智能应用。

在公共安全领域，物联网不仅能够在可见光范围提供从星光到日光、从黑白到全彩的全天候高清智能的视界，同时，还能够在不可见光领域，通过热成像、声波、雷达等感知技术，打造出一系列适配公共安全的产品，实现对公共安全要素的全面感知。

在交通安全领域，物联网能够实现针对闯红灯、逆行、超限、超速、未按规定悬挂号牌、故意遮挡和污损号牌、准驾车型不符、失格驾驶、非机动车违章、行人违章、危险驾驶、车斗载人、机动车超员、货车右转不停车等道路交通违法行为的智能检测，提供实时交通冲突预警、交通事故分析、路网结构性隐患分析、路网动态冲突域分析、路网安全优化、隐患车辆研判、超载车辆绕行研判等功能，为安全的交通出行环境保驾护航。

在水利防汛领域，物联网能够通过位移计、渗流渗压计、视频水位计、热成像等设备，结合智慧水安全综合管理平台，实现对大坝、堤岸、闸泵站等不同环境的安全监测、机电设备状态监测、智能巡查的功能，实现工情、雨情等信息与增强现实（augment reality，AR）全景实时画面融合，以便实时掌握工程安全运行情况，确保水利工程安全度汛。

2.9.2 人工智能技术

人工智能的开端可以追溯到 1950 年，英国数学家图灵发表论文“Computing Machinery and Intelligence”，论文中详细讨论了机器是否拥有智能的问题，并且提出了著名的图灵测试。1956 年，在达特茅斯会议上，人工智能的概念正式被提出。在半个世纪的发展历程中，由于受到智能算法、计算速度、存储水平等多方面因素的影响，人工智能技术和应用发展经历了多个高潮和低谷。2006 年以来，以深度学习为代表的机器学习算法在机器视觉和语音识别等领域取得了极大的成功，识别准确性大幅提升，使人工智能再次受到学术界和产业界的广泛关注。云计算、大数据等技术在提升运算速度、降低计算成本的同时，也为人工智能发展提供了丰富的数据资源，协助训练出更加智能化的算法模型。

欧盟、美国、日本和我国先后提出一系列相关政策加大支持力度，并不断加快人工智能布局。我国先后提出了《“互联网 +” 人工智能三年行动实施方案》《新一代人工智能发展规划》《促进新一代人工智能产业发展三年行动计划（2018—2020 年）》。各地方政府也相继提出了区域性的人工智能产业发展战略。

随着现代科技的不断发展，人工智能将给各行各业带来不小的冲击，从医疗到教育，从金融到娱乐，在各行各业都有人工智能的身影。在人防、物防、技防的安防市场，人工智能也在发挥着作用，并且已经成为流行趋势和发展方向。安防行业聚焦机器视觉和知识图谱技术，在城市级和行业级实际应用成效明显，利用视频监控、出入口管理、入侵报警等技术手段防范、应对各类风险和挑战，构建立体化社会治安防控体系、维护国家安全及社会稳定。“AI+ 安防” 成为人工智能技术商业化落地发展最快、市场容量最大的主赛道之一，2020 年 “AI+ 安防” 的市场规模达到 453 亿元，预计 2025 年规模超过 900 亿元。

安防行业之所以能够成为人工智能最早的商业化落地赛道，是因为对车辆、车牌识别等人工智能能力的直接需求以及国内政策引导作用。在道路交通场景下，通过人工智能技术，可以识别车辆类型、车辆品牌、车牌号、车身颜色等多种属性，也可以实现对驾驶员是否系安全带、是否开车打手机等不安全驾驶行为进行自动分析。此外，在高速停车、抛洒物品、逆行等多种车辆异常事件检测方面也有相关的应用，可极大提高城市管理效率。

2.9.3　大数据技术

大数据是一种规模大到在获取、存储、管理、分析方面大大超出了传统数据库软件工具能力范围的数据集合，具有海量（volume）的数据规模、快速（velocity）的数据流转、多样（variety）的数据类型和数据价值（value）密度低 4 大特征，简称 “4V” 特征。

（1）规模性

随着信息技术的高速发展和数字化程度的不断加深，数据体量呈现指数级增长，数据往往不再以 GB 或 TB 为计量单位，而是以 PB（1PB=1024TB）、EB（1EB=1024PB）甚至 ZB（1ZB=1024EB）为计量单位。

（2）多样性

数据来源多、数据类型多、数据之间关联性强，如数据类型就有财务、信息管理、医疗等关系数据库中的结构化数据，有音视频、图片等非结构化数据，也有文档、邮件等半结构化数据。

（3）高速性

相较于传统的海量数据挖掘，大数据最显著的特征就是更大的数据规模和更快的响应速度，随着数据体量的不断增加与数据的快速传播，对数据的处理要求更实时、更高效，这是高速性的重要体现。

（4）价值性

大数据的规模性特征决定了其具有低价值密度，通常需要结合机器学习、人工智能、数据挖掘等技术，以期从海量规模数据中提取有效信息。

随着计算机、互联网技术的快速发展，海量数据、信息随时随地形成，越来越多的行业领域需要处理大规模的数据，而面对前所未有的海量数据，传统的数据处理技术已不足以支撑如此规模的数据体量，大数据技术应运而生，并迅速普及和发展。

这十多年来，我们见证了大数据技术的一系列发展和演进。比如数据存储技术，最初只是单一的数据库概念，后来有了数据仓库、数据集市，而现在，可以融合多源存储的数据湖技术正在得到更多的关注。再如数据计算处理，最初以大规模数据集的批处理模式为主，后来流式计算异军突起，现今已能够实现将批处理和流计算混合在一套架构中。所以，我们可以认为大数据技术的整个发展史从单一走向了多元，又正在从多元趋向融合。

随着社会快速发展，安防领域的数据体量和业务需求变化已不再是单纯的通过数据库就可以支撑的，大数据技术在安防行业内的应用迎来了高速发展，其已越来越普遍应用于社会治理、治安防控等各个场合当中。例如，在公共安全领域内，通过与人工智能技术的结合，将监控视频数据进行结构化存储，实现更长周期、更高效的信息检索；在交通领域内，依托大数据的分布式存储能力、内存计算能力、聚合分析能力等，实现套牌车分析、车流量分析及预测等，进一步提升交通秩序管理效率。

2.9.4 云计算技术

云计算是分布式计算、并行计算、效用计算、网络存储、虚拟化、负载均衡、热备份冗余等传统计算机和网络技术发展融合的产物。美国国家标准与技术研究院（National Institute of Standards and Technology，NIST）于 2009 年提出云计算的定义：云计算是一种能够通过网络以便利的、按需付费的方式获取计算资源（包括网络、服务器、存储、应用和服务等）并提高其可用性的模式，这些资源来自一个共享的、可配置的资源池，并能够以最省力和无人干预的方式获取和释放。云计算也因此具有 5 个基本特性：资源池化、快速弹性伸缩、广泛的网络访问、按需自助服务、服务度量和优化。

基于云计算技术的云平台重点解决了海量视频数据的处理速度和可靠性问题，与传统系统的实现方式相比，云平台能够在速度与效率上实现进一步提升，犹如商用搜索引擎在互联网信息检索中所起的作用，带来了更好的用户体验及价值。

云平台能够对前端设备产生的实时流进行实时处理，动态分配、实时布控需要的资源，满足视频监控应用中的实时性要求；对存储系统中的海量录像进行快速分析和处理，提取其中的有用信息；支持向上级平台提供快速且多样化的信息检索接口，以便能更好地为用户提供基于海量视频信息的高质量服务。

云计算作为新一代信息技术模式，在后端非常庞大、非常自动化和高可靠的云计算中心支持下，安防行业用户可以通过便捷的接口接入，通过给实时、离线任务配置所需处理资源，快速地完成原本需要数十倍时间才能完成的视频分析任务。从技术发展的视角来看，未来城市建设要求通过以移动技术为代表的物联网、云计算、分布式文件系统等新一代信息技术应用实现全面感知、泛在互联、普适计算与融合应用。只有通过不断创新的云计算技术，才能为社会服务提供更强大的技术支撑，才能让各种概念性的想法真正落地。

利用云计算的并行处理能力进行高清视频的编解码，利用云存储的可靠存储能力来完成海量数据的存储，从而实现高并发、高可靠、低成本，满足视频监控系统实现向高清、智能、IP网络化发展的需求。运用云计算技术，运行常用的各种智能识别算法，如车牌识别、车身颜色识别、火灾烟雾检测、入侵检测等智能算法，能以智能分析结果指导视频存储。

2.9.5 5G

2019年6月6日，工业和信息化部正式向中国移动、中国电信、中国联通、中国广电等4家运营商发放5G商用牌照，标志我国正式进入5G商用时代。5G是第五代移动通信技术，国际电信联盟无线电通信局（ITU-R）明确定义了其三大应用场景：增强型移动宽带（enhanced mobile broadband，eMBB）、低时延高可靠通信（ultra-reliable & low-latency communication，URLLC）和海量机器类通信（massive machine-type communication，mMTC）。

“1G时代”用“大哥大”语音通信；“2G时代”可收发文字短信；“3G时代”可传输图片及视频；“4G时代”可享受超高清视频、智能家居；“5G时代”，其更高的传输速率、更大的带宽、超低时延带给大众更加智能化的生活，比如更顺畅的虚拟现实（virtual reality，VR）场景、自动驾驶、远程医疗手术等，也加速了大数据、物联网、人工智能技术的落地应用。

同时5G的成熟发展，也解决了很多困扰安防行业的问题，积极促进了安防领域更多的智能化应用。

在智能交通的应用上，依靠5G低时延传输，可以实现道路雷达探知数据毫米级传输；结合 5G 智能摄像头，可采集传输 4K ～ 8K 的超高清图像给交通部门，利用大数据分析进行智能交通拥堵疏导，从视频中检测、识别、提取更多的人、车、物等信息供交警人员进行事故研判。

在城市安防监控方面，结合大数据及人工智能技术，“5G+ 超高清视频监控”可实现对行为、特殊物品、车等进行精确识别，形成对潜在危险的预判能力和紧急事件的快速响应能力。

5G 能实现的不仅于此，未来依靠 5G 将实现万物互联。

本章总结

本章主要介绍了安防的基本概念以及与综合安防应用技术相关的一些行业基础知识，包括网络基础知识、通信基础知识、信号处理基础知识、存储基础知识及综合安防工程布线的常见接口等，这些知识作为后续内容的铺垫，需要扎实掌握。

思考与练习

1. 安防三要素是什么？试通过实际应用案例描述三者之间的关系。
2. 图像主要参数有哪些？简述各参数含义。
3. 若某网络设备的 IP 地址为 192.168.2.20，子网掩码为 24 位，计算其网络地址及广播地址。
4. 目前应用最广的阵列技术是哪种 RAID ？尝试描述其特点。

第3章

视频监控系统

视频监控系统通过对前端编码设备、后端存储设备、中心传输显示设备、解码设备的集中管理和业务配置，实现视频安防设备接入管理、实时监控、录像存储、检索回放、智能分析、解码上墙控制等功能，满足用户多样化的视频监控需求。本章主要介绍视频监控系统的组成以及各设备的技术原理和使用方法，并结合实际项目分析主要设备施工前的勘测和实施内容。

3.1 视频监控系统的定义

根据国家标准 GB 50348—2018《安全防范工程技术标准》，视频监控系统（video surveillance system，VSS）的定义是，利用视频技术探测、监视监控区域并实时显示、记录现场视频图像的电子系统。

视频监控系统的应用非常广泛。从应用规模来看，智能家居、智能小区、智慧园区乃至智慧城市，处处都有视频监控系统的身影；从应用行业来看，智慧交通、智慧物流、智慧医疗、智慧超市等，几乎所有行业都有视频监控系统的应用。图 3-1 以智慧园区为例，简单展示了视频监控系统在实际场景中的应用。

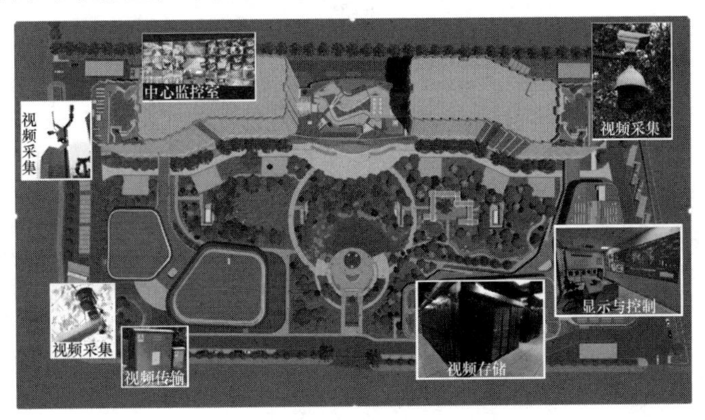

图 3–1

以园区监控为例，园区周边界方式、核心要道、楼道内部都会安装摄像机，如图 3-2、图 3-3 所示。

室外摄像机需要的电源、网络等基础设备，一般放在落地机柜和配电箱内，如图 3-4 所示。

图 3–2

图 3–3

图 3–4

数据将通过传输设备（落地机柜内的交换机）接入中心机房，供存储设备、视频管理平台调配和使用。机房中的控制设备会根据用户需求，将实时图像或存储设备中的录像投放在显示屏上面，如图 3-5 所示。

图 3–5

以上就是一个简单的视频监控系统的应用实例。由于实际项目中场景多变，需要根据情况灵活选择。

3.2 视频监控系统的组成

・学习背景

视频监控系统主要由前端编码设备、视频传输设备、后端存储设备、视频显示设备及解码设备几部分组成。设备根据所在组成部分的功能特点，在系统中发挥不同作用。处于同一系统的所有设备不仅在功能上相互补充，性能上也要相互协调，从而达到系统的最佳应用效果。

・关键知识点

✓ 前端编码设备

✓ 视频传输设备
✓ 后端存储设备
✓ 视频显示设备
✓ 解码设备

3.2.1　系统的结构

视频监控系统通常的结构大致如图 3-6 所示。

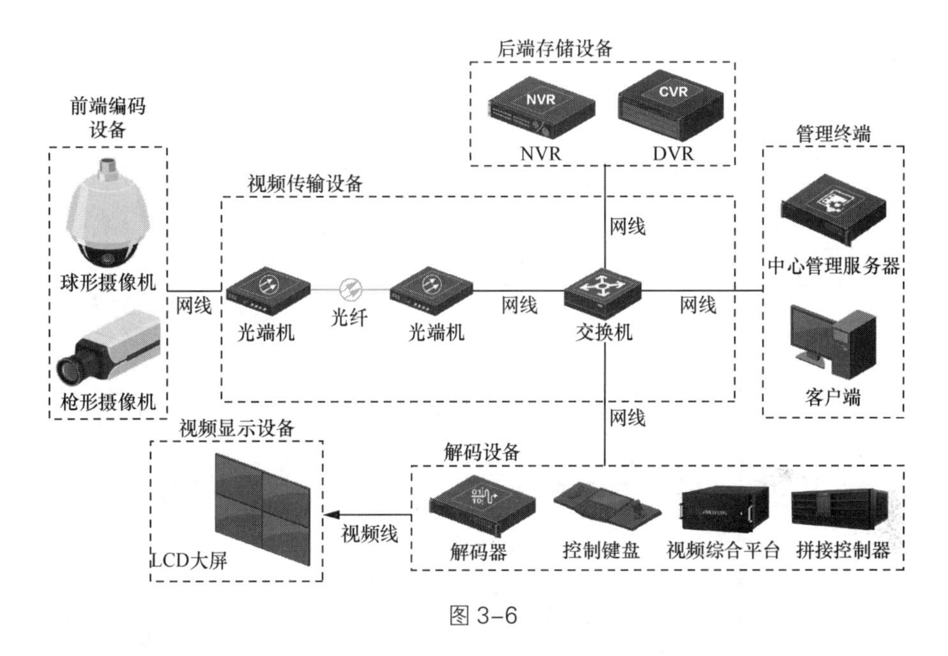

图 3-6

视频采集设备主要是指视频监控系统中的各类摄像机，在视频监控系统中属于前端部分，主要用于采集和探测目标区域，将收集到的图像以及各类数据经过视音频编码压缩后，通过传输设备传输到其他子系统。

视频传输设备在视频监控系统中负责传送视频和控制信号。选择何种介质、设备以及方案设计，将直接关系到整个视频监控系统的图像质量、稳定性、可靠性。

视频存储设备将前端编码设备传回的图像，保存在存储介质（硬盘）中，以供后续调取查看。如果视频采集设备是模拟摄像机，则视频存储设备往往还要支持视频压缩的功能。目前主流的网络视频监控系统中，图像的编码压缩在视频采集设备中完成，视频存储设备负责存储录像。

视频显示设备的作用是对视频信号进行还原显示，供操作人员或值班人员观看。主流的视频显示设备按照显示方式区分，大体可分为 DLP（数字光处理，背投）、LCD（液晶显示屏、监视器）、LED（发光二极管器示器）3 种。每种设备都有各自的优缺点，可以根据应用需求选择合适的显示设备。

视频控制设备的主要功能是将视频采集设备采集到的图像或历史录像，按照实际业务需要显示在视频显示设备上面，并实现拼接、开窗、轮巡、漫游、缩放等功能。

解码设备是系统的指挥中心，主要功能是对视频进行解码，对本地信号的输入输出进行切换，并同时进行图像的拼接、漫游、缩放、分屏等。

管理终端主要用于对视频监控系统中种类众多、数量庞大的设备进行统一的使用、管理、运维。（这里所说的管理终端与视频控制设备中的视频综合平台并非同一种产品。管理终端是一套软件，视频综合平台则是硬件设备。）

3.2.2 前端编码设备

前端编码设备的核心是摄像机，位于视频监控系统的前端（如图 3-7 中的网络摄像机），主要负责监控和探测相关区域，实现光信号到电信号的转变，提供高质量的视频信号和相关探测数据。

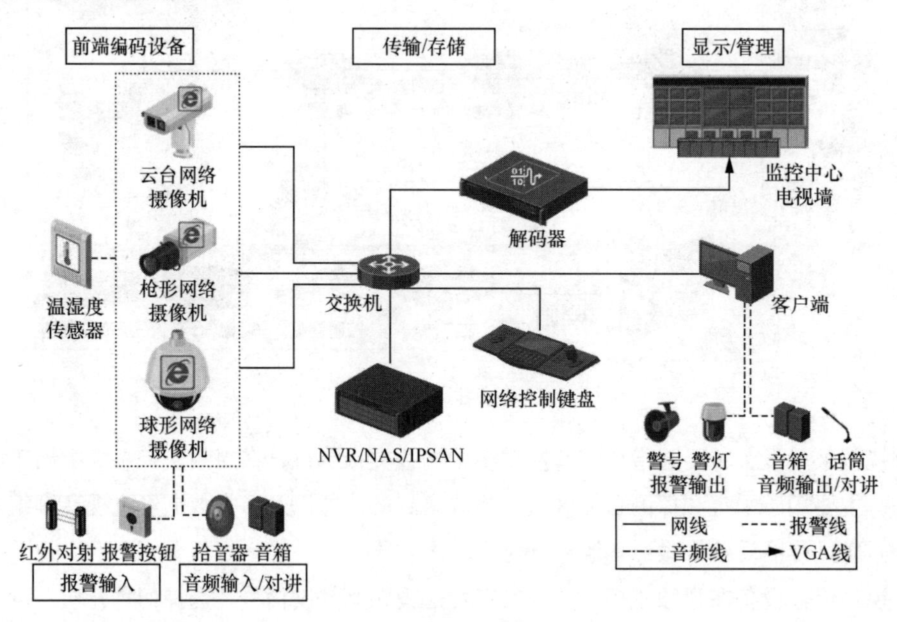

图 3–7

1. 摄像机的镜头

镜头是摄像机的关键成像器件，由多片不同材料、不同形状的透镜按照一定方式组合而成。由被摄物体反射的光线通过多片透镜折射后最终聚焦在图像传感器上，这就好比人正在观察的物体反射的光线，经过眼球成像在我们的视网膜上。

好的镜头能够带来通透、清晰的图像，所以镜头的选择非常关键。

（1）镜头的关键参数

① 焦距。焦距是摄像机镜片到图像传感器靶面的距离，如图 3-8 所示，用 f 表示，例如镜头上的“2.8-12mm”代表焦距范围是 2.8mm ～ 12mm。

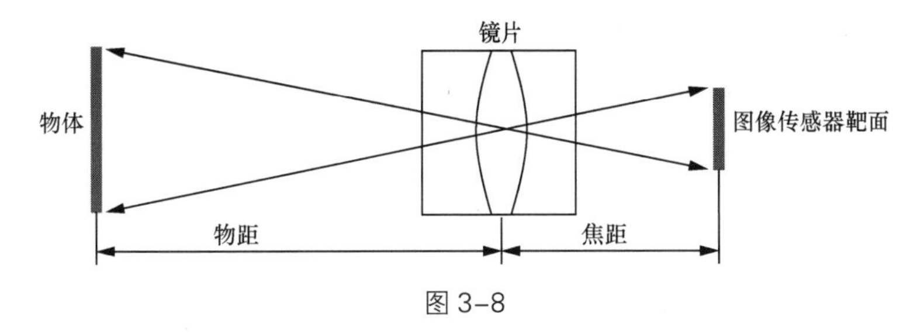

图 3-8

焦距的大小决定着最小可对焦距离、拍摄范围（视场角）和成像景深[14]等。摄像机拍摄远近不同的物体时，会进行拉近或拉远的操作，以获得拍摄范围不同的画面，这个过程称为变焦。焦距越大，拍摄距离越远，拍摄范围（视场角）越小，如图 3-9 所示。而对景深而言，焦距越大，景深越小；焦距越小，景深越大。

图 3-9

改变焦距的方式可以分为手动变焦和电动变焦；聚焦方式可以分为手动聚焦和自动聚焦。

常见的变焦形式有两种。一种是光学变焦，通过改变镜头内部镜片的位置改变焦距。比如 2.8mm ～ 12mm 镜头，倍率放大的过程就是焦距从 2.8mm 增大到 12mm 的过程。光学变焦不会造成画面质量损失，如图 3-10 所示。

另一种是数码变焦，类似于使用图片处理工具对图中的一部分进行放大。虽然称作变焦，但焦距并不发生实际改变。数码变焦会造成画面质量下降，如图 3-11 所示。

② 像面尺寸。像面尺寸是镜头能够采集到的实像的尺寸。不同款式的摄像机图像传感器靶面大小不同，镜头也有对应的像面尺寸与之匹配。镜头像面尺寸必须不小于传感器靶面尺寸，否则图像四周会出现黑边。比如摄像机的传感器靶面尺寸为 1/1.8in，应

14 景深：在摄像机镜头或其他成像器前沿能够取得清晰图像的成像所测定的被摄物体前后距离范围。

匹配像面尺寸为 2/3in 的镜头，如果匹配像面尺寸为 1/3in 的镜头，就会出现黑边，如图 3-12 所示。注：这里“in”表示“英寸”，1 英寸≈ 25.4mm。

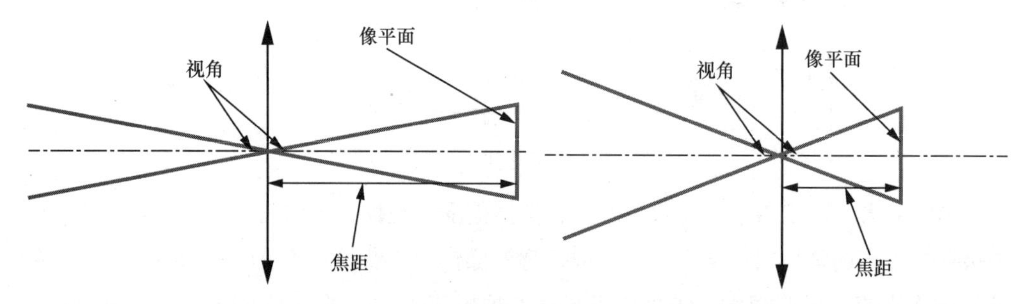

图 3-10

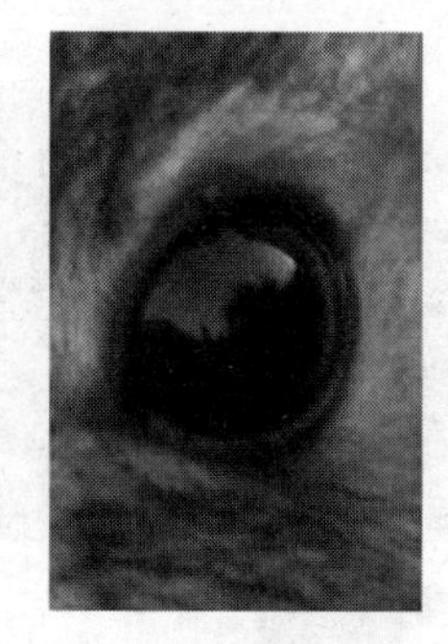
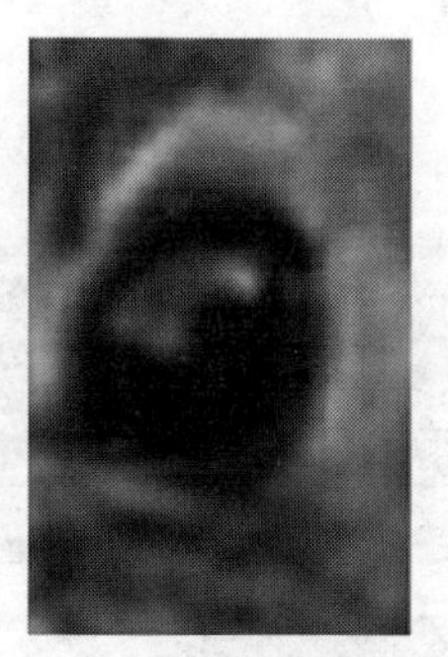

图 3-11

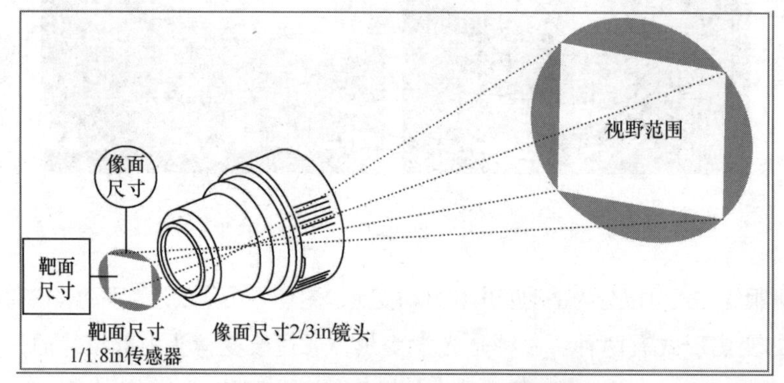

镜头像面尺寸和传感器靶面尺寸匹配的状态

镜头像面尺寸和传感器靶面尺寸匹配的状态

镜头像面尺寸小于传感器靶面尺寸的状态，四周出现黑边

图 3-12

③ 光圈。人眼通过控制进入眼睛的光线来更好地观察物体：瞳孔遇到强光线会收缩，反之则会放大。摄像机的镜头也是如此，为了控制镜头通光量，镜头后部设置了由一组金属薄片构成的装置，称为光圈。光圈如图 3-13 所示。

镜头光圈越大，表示通光量越大，图像传感器能接收到更多的光，低光照强度下成像效果更好。通光量以镜头的焦距 f 和通光孔径 d 的比值来衡量，称为光圈系数，用 F 标记：$F=f/d$。

每个镜头上都标有最小 F 值（如图 3-14 所示），如 F1.2、F1.4、F2、F2.8、F4 等。F 值越小，表示光圈越大，通光量也就越大。

图 3-13　　图 3-14

图 3-15 所示为 F1.4 和 F3.0 光圈系数镜头夜间成像对比（其他参数相同），可见同样环境下，F 值越小，光圈越大，通光量越大，成像亮度越大。

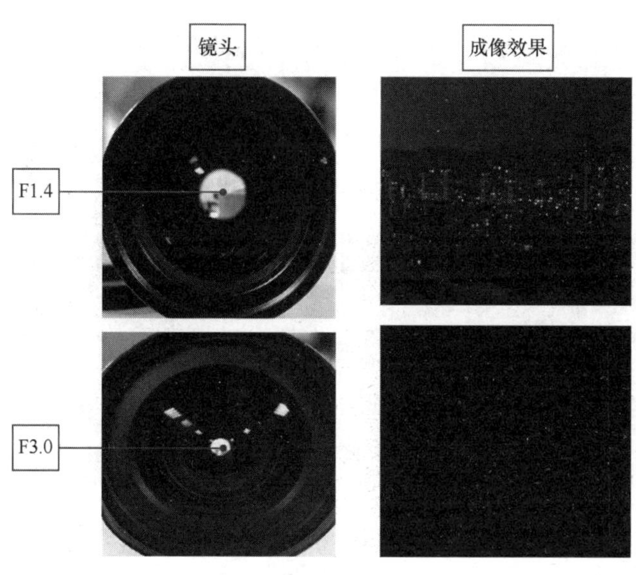

图 3-15

④ 镜头接口。镜头接口用于摄像机机身和镜头的连接，需匹配使用，其在枪形网络摄像机中应用比较广泛（如图 3-16 所示）。目前主流的镜头接口是 C 接口与 CS 接口，二者的区别在于镜头与摄像机接触面至镜头焦平面（摄像机图像传感器的位置）的距离不同。C 接口镜头与 CS 接口摄像机机身之间增加一个 C/CS 转接环即可配合使用（如图 3-17 所示）。而 CS 接口镜头与 C 接口摄像机机身无法配合使用。

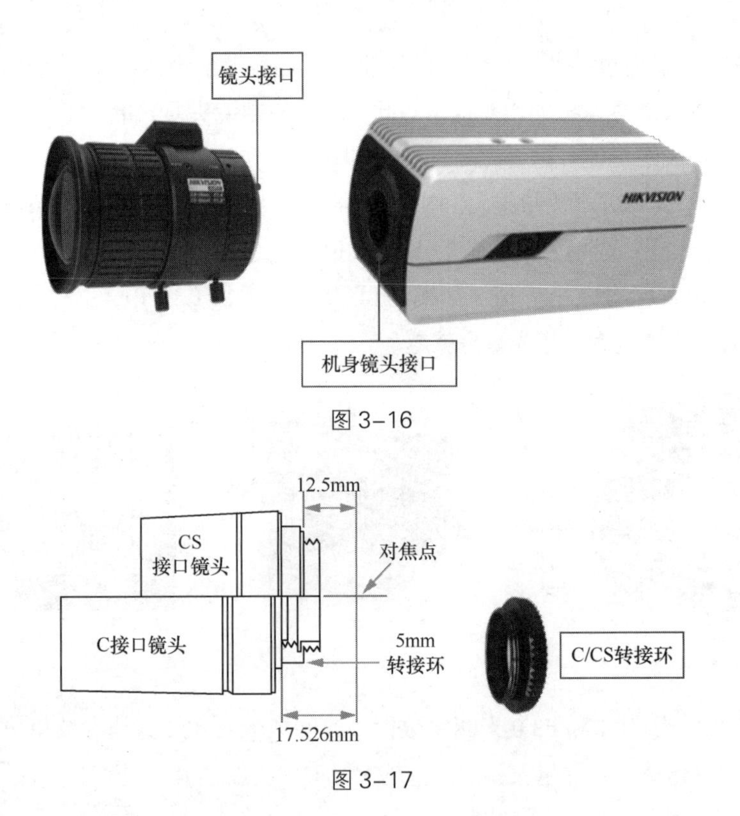

图 3–16

图 3–17

⑤ 镜头分辨率。镜头分辨率对应的是该镜头能匹配使用的图像传感器所对应的最高成像像素。镜头搭配摄像机使用时，需保证镜头分辨率大于或等于图像传感器的分辨率，否则可能导致成像的画质受损（如图 3-18 所示）。若镜头上标注 MP，说明该镜头成像像素数为一百万级。目前综合安防领域主流使用的镜头普遍为百万级像素镜头。

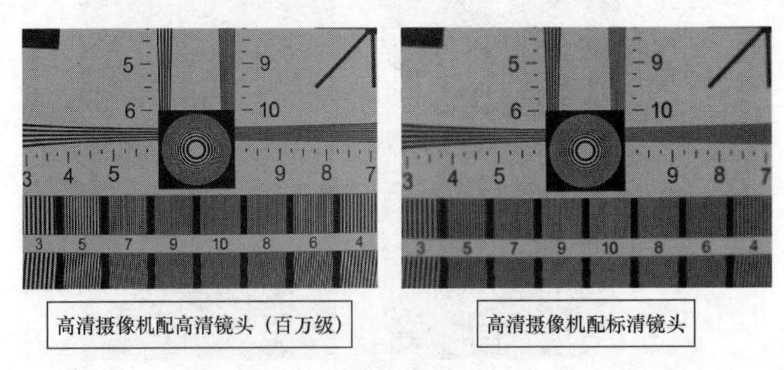

图 3–18

⑥ 红外共焦。红外（infrared，IR）线镜头采用新的光学及特殊材料等设计，确保不同光线能聚焦在同一焦平面，解决了红外光和可见光不能共焦的问题，可以保证视频监控 24 小时的成像效果。

下面以海康威视某款手动镜头为例（如图 3-19 所示），详述镜头关键参数，如表 3-1 所示。

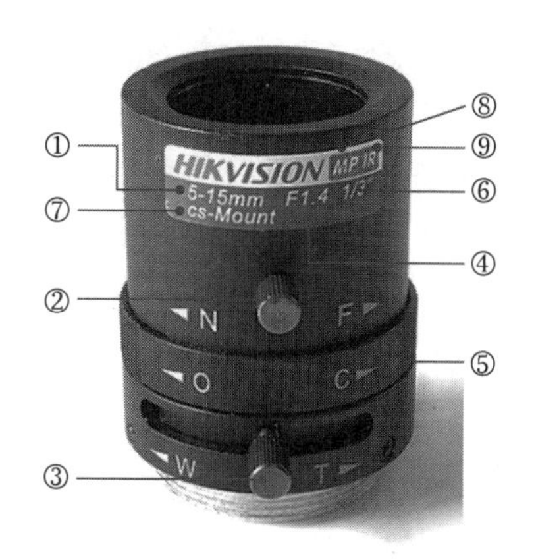

图 3-19

表 3-1　手动镜头参数释义

序号	手动镜头参数	参数解释
①	5-15mm	焦距可调，最短焦距为 5mm，最长焦距为 15mm
②	N、F	通过手动调节螺杆，往近处聚焦（Near，N）或往远处聚焦（Far，F）
③	W、T	通过手动调节螺杆，往短焦调节（Wide，W）或往长焦调节（Tele，T）
④	F1.4	最大光圈 F1.4，可以应用于环境亮度弱的场景
⑤	O、C	通过光圈环手动控制光圈开（Open，O）合（Close，C）
⑥	1/3″（约 8.5mm）	镜头的像面尺寸是 1/3in，搭配使用的摄像机图像传感器的靶面尺寸必须小于或等于 1/3in
⑦	CS-Mount	镜头接口为 CS 接口，摄像机的镜头接口与镜头接口类型必须匹配
⑧	MP	镜头成像像素数为一百万级
⑨	IR	镜头为红外共焦镜头，能 24 小时使用

（2）镜头的种类

在视频监控行业，摄像机的镜头通常以镜头的关键参数来分类。

根据焦距分类，可分为定焦镜头、手动变焦镜头和电动变焦镜头。定焦镜头的焦距不可调节，需要根据实际应用选择对应焦距的镜头——近距离监控需要选择短焦镜头，远距离监控则需要选择长焦镜头。手动变焦镜头的焦距可以调节，但必须现场根据监控场景选择合适的焦距。电动变焦镜头可以在摄像机安装好后通过网络远程调节焦距，以满足不同场景的监控需求。

根据光圈分类，可分为手动光圈镜头和自动光圈镜头。手动光圈镜头适用于环境亮度相对稳定的应用场景，比如室内场景；自动光圈镜头适用于环境亮度变化大的应用场景，比如室外场景。

根据镜头接口分类，主要分为 C 接口镜头和 CS 接口镜头，CS 接口的摄像机与镜头接口类型必须匹配才能正常使用。

根据镜头分辨率分类，主要分为高清镜头（适配百万级像素的图像传感器）和标清镜头，为了保证监控画面清晰，应尽量选择分辨率高的镜头。

2. 摄像机的类型

摄像机根据应用场景和使用需求不同可以有多种分类方法，以下介绍常见的摄像机类型。

（1）根据感光波段区分

根据图像传感器感光波段范围的不同，摄像机主要分为2类：可见光摄像机和热成像摄像机。可见光摄像机通过感知被摄物体反射的可见光或近红外波光线成像，而热成像摄像机则通过被摄物体自身的红外热辐射成像。如图3-20所示，可见光摄像机通常采集的是0.38μm～2.5μm的可见光和近红外波段，而热成像摄像机采集的是8μm～14μm的热红外波段，也就是红外热辐射。

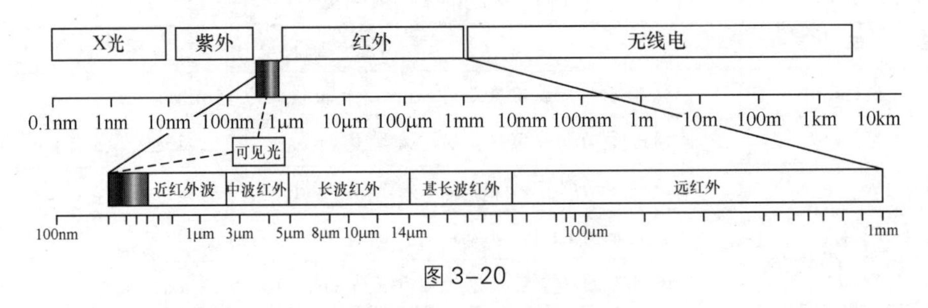

图 3-20

理论上自然界中一切物体只要其温度高于绝对零度（-273.15℃），都能辐射电磁波。热成像利用目标和环境或目标各部分之间的辐射差异形成的红外辐射特征图像来发现和识别目标。热成像摄像机的成像特性使得热成像摄像机适用于被摄目标和环境温差明显的场景，如森林防火、恶劣气候、道路监控、机场/港口监测、输油管道、电力枢纽、医疗卫生、人员搜救等场景或领域。

和热成像摄像机相比，根据成像原理可知可见光摄像机成像细节更丰富、对监控场景颜色的还原更准确，所以可见光摄像机广泛应用于需要大范围高清画质的监控场所，如河流、森林、公路、铁路、机场、港口、车站、岗哨、广场、公园、街道、大型场馆、小区外围等。如图3-21（左侧为热成像图，右侧为光成像图）所示，同一场景下，可见光成像颜色还原更真实，热成像则对温差较为敏感。

目前视频监控市场上也有双光谱的摄像机，同时支持热成像和可见光成像，兼顾两种成像的特点。

（2）根据视频信号输出类型区分

根据摄像机输出视频信号的类型，可以分为模拟摄像机、同轴高清摄像机、数字高清摄像机和网络摄像机。

模拟摄像机通过同轴电缆（75Ω，1.0 Vp-p，即输出的视频电压为1.0V峰-峰值，负载端阻抗为75Ω）来传输复合模拟视频信号，受传输带宽和工作原理限制，模拟摄像机拍摄的视频为标清视频。

图 3-21

同轴高清摄像机输出的视频信号符合 HDTVI 标准[15]，可以实现同轴电缆传输百万级像素数的高清视频，突破了传统模拟视频监控系统架构下高清视频的传输瓶颈，通常用于模拟标清视频监控系统的利旧升级。

数字高清摄像机采集到的视频通常以非压缩形式的数字信号在 75Ω 的同轴电缆上传输，和 HDTVI 标准的同轴高清摄像机类似，数字高清摄像机也可以沿用原有的模拟视频监控架构传输高清视频，传输距离一般在 100m 以内。

网络摄像机将采集到的视频压缩编码后通过网络传输，可以获得清晰度更高的视频，并且联网监控解决了视频监控设备的统一管理问题，因此网络摄像机应用越来越广泛。

（3）根据摄像机外形区分

在视频监控行业，通常根据不同场景的监控需求来选择不同形态的摄像机。按照摄像机外形区分是比较直观的分类方式，目前主流摄像机为网络摄像机，常见的类型有固定网络摄像机、云台网络摄像机、球形网络摄像机和多摄系列摄像机。

① 固定网络摄像机。固定网络摄像机用于拍摄固定场景，如室内、重要路段、重点出入口等。根据应用环境和需求的不同，通常分为枪形网络摄像机、护罩一体机、筒形网络摄像机和半球形网络摄像机。

枪形网络摄像机（简称“枪机”）主要由摄像机机身和镜头组成，如图 3-22 所示。其结构简单、体形小巧，通常在室内场景使用，一般需要手动调试镜头。枪形网络摄像机接口和可用配件（如镜头、护罩、云台等）丰富，具有非常强的可扩展性。

护罩一体机在枪形网络摄像机的基础上加入了护罩，如图 3-23 所示。除了加强防水防尘性能外，护罩通常还支持补光、雨刷、加热、制冷等功能，大大增强了枪形网络

15 HDTVI 标准：一种基于同轴电缆的高清视频传输规范，采用模拟调制技术传输逐行扫描的高清视频，技术规范包括 720p 与 1080p 两种数字高清视频格式。

摄像机的环境适应性能，应用更加灵活。

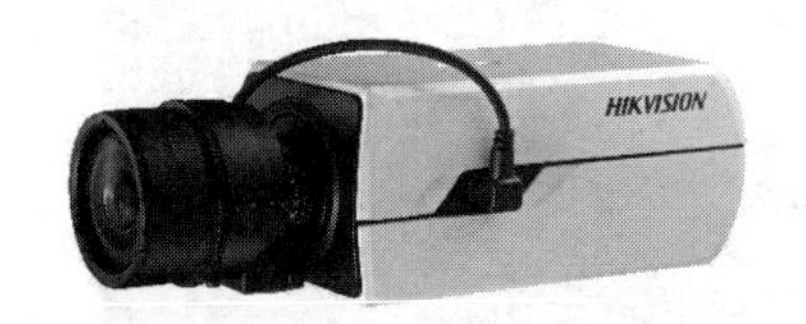

图 3–22

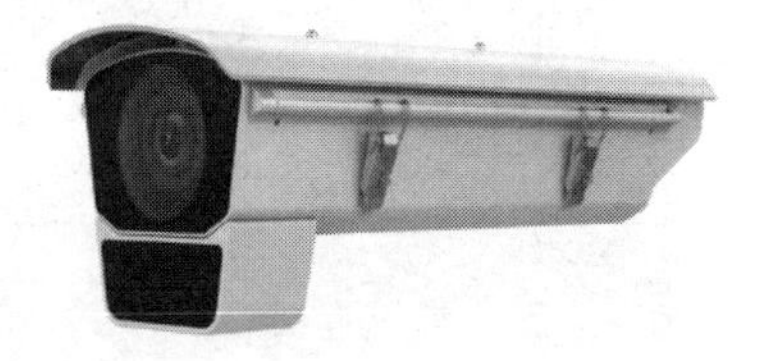

图 3–23

筒形网络摄像机（简称“筒机”）采用一体化设计，如图 3-24 所示，镜头组件安装在摄像机内部，体积小且防水防尘，可直接安装在室内或者室外场景。护罩一体机虽然解决了枪形网络摄像机无法适应环境变化的问题，但它体型相对较大，通常需要投入大量的人力去现场组装和调试，筒形网络摄像机解决了这个难题。

半球形网络摄像机（简称“半球机”）如图 3-25 所示，外观以白色、银灰色色调为主，小巧轻便，一般依托室内天花板安装。半球形网络摄像机适合室内安装使用，由于其既能保证监控效果，也能和整体环境融为一体，因此适用于对整体装饰美观程度要求较高的场所，例如商场商铺、办公写字楼等场景。

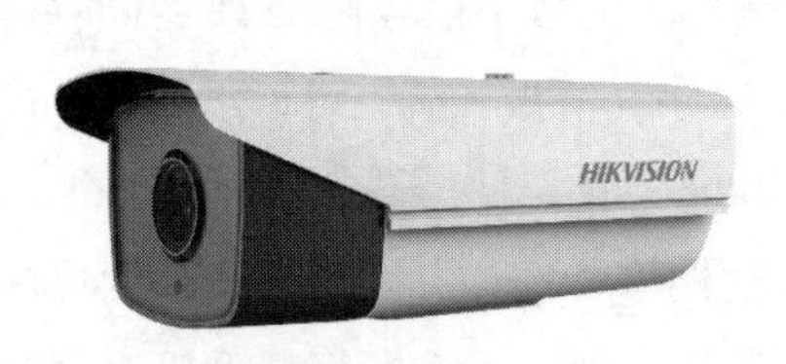

图 3–24

图 3–25

② 云台网络摄像机。云台网络摄像机（简称“云台机”）主要由护罩一体机和云台组成（如图 3-26 所示），在水平方向、垂直方向的转动可以远程控制，并且支持远程调节焦距，能根据被摄目标的远近和大小选择合适的倍率进行实时监控。同时，云台机内部集成了加热、制冷、雨刷、补光等功能，能够适应复杂多样的环境，适用于大型广场、公共园区、公共道路、机场、火车站、体育馆、操场、野外、山顶等大型场景，如图 3-27 所示。

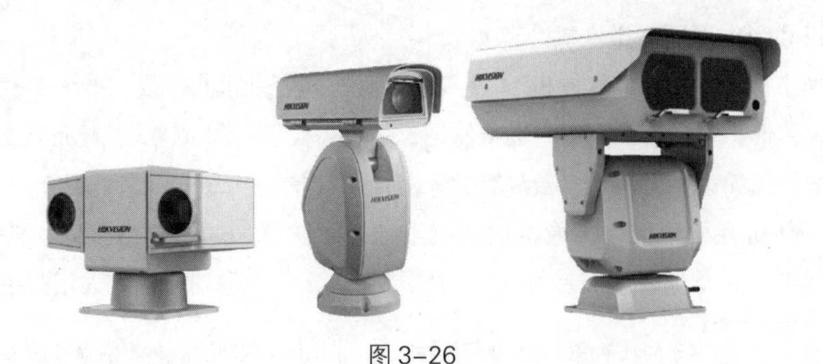

图 3–26

图 3-27

云台网络摄像机根据载重量区分，可细分为轻载云台机、中载云台机、重载云台机。和球形网络摄像机相比，它具备更大的仰角，外形更有威慑力，抗风能力更强，且由于云台尺寸较大，内部集成的镜头焦距可达 1000mm，在空气能见度良好的情况下可拍摄清在 2km 外的车牌。

③ 球形网络摄像机。球形网络摄像机（简称“球机”）内置电动云台，可在水平方向或垂直方向转动，如图 3-28 所示，能够手动或自动对目标进行变倍追踪，可以兼顾大场景、多场景监控和细节提取，适用于大范围追踪监控。球机的云台控制和镜头变倍控制都较为精细，响应快速；体积适中，一体化防水，可集成多种功能，如补光、雨刷、温控等；场景适应能力强，能够适应多种安装方式，一般依托现有的墙面、立杆即可完成安装。

④ 多摄系列摄像机。多摄系列摄像机通过广角镜头和特写镜头一体化设计（如图 3-29 所示），可同时提供全景与特写画面（如图 3-30 所示），广泛安装于城市制高点，应用于大型广场、交叉路口等大型场景的监控、警戒和多维感知。

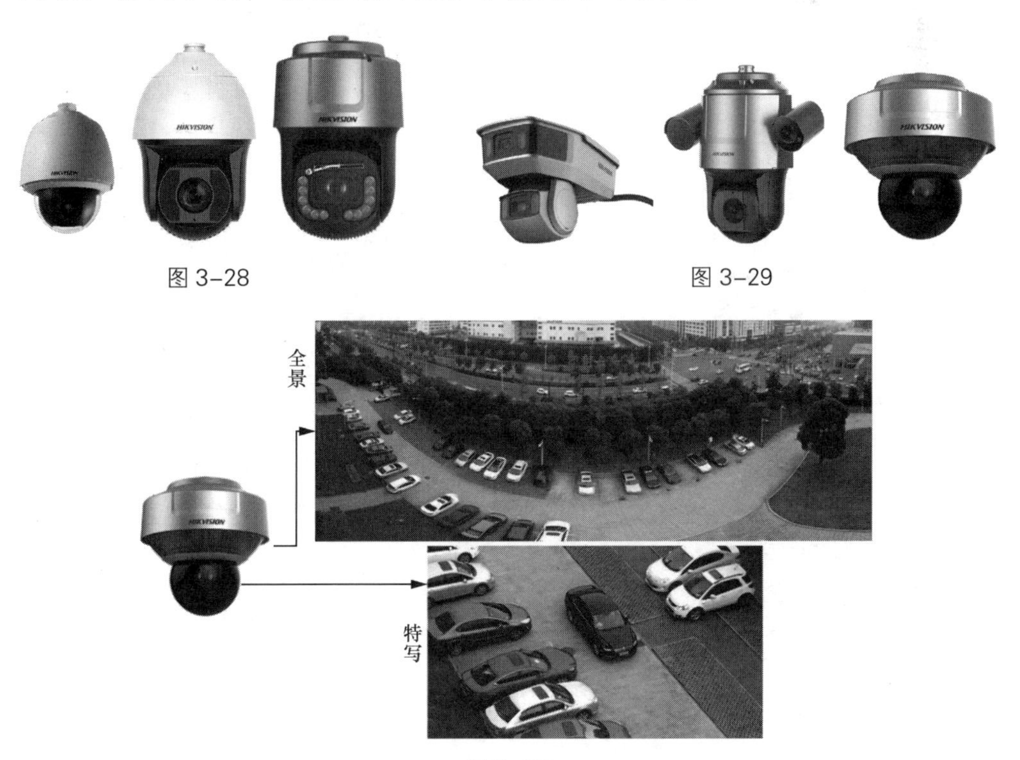

图 3-28

图 3-29

图 3-30

3. 摄像机的接口及配件

为了确保摄像机的正常使用、增强摄像机的环境适应性、拓展摄像机的功能，通常需要给摄像机增加一些配件，常见的配件有护罩、支架、电源适配器、补光灯、拾音器、音箱、报警器、传感器等。

（1）摄像机的接口

摄像机的配件通过和摄像机的不同接口连接来接收或传输数据，常见的摄像机接口形式是后面板和一体化线。如图 3-31 所示，枪形网络摄像机的后面板有非常多接口，摄像机后面板常见接口的说明见表 3-2。

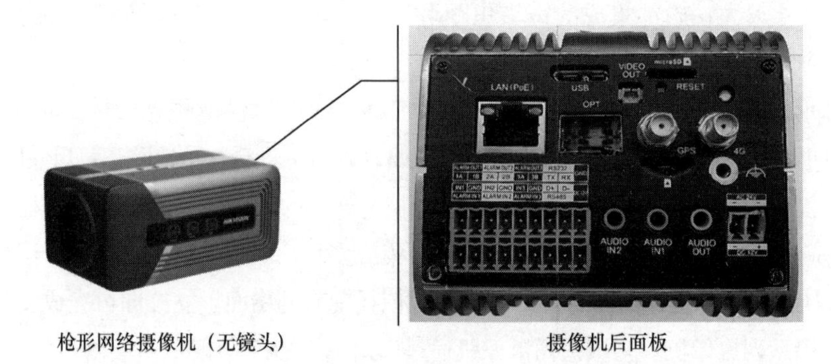

枪形网络摄像机（无镜头）　　摄像机后面板

图 3-31

表 3-2　摄像机后面板常见接口

接口标识	说明	接口标识	说明
VIDEO OUT 或 CVBS	模拟视频输出接口	RS-485	D+、D- 连接 RS-485 控制线
AUDIO IN	音频输入接口	AUDIO OUT	音频输出接口
ALARM IN	报警输入接口。IN1 和 GND1，IN2 和 GND2 各为一组报警输入	ALARM OUT	报警输出接口。1A 和 1B，2A 和 2B，3A 和 3B 各为一组报警输出
LAN	网络接口	LAN（PoE）	网络接口，支持 PoE
OPT	光纤接口	HD-SDI	SDI 输出接口
4G	4G 天线接口	Wi-Fi	连接全向或者定向天线接口
ANT	天线接口	GPS	GPS 接口，用于定位经纬度信息
RESET	一键重启	ABF	自动背焦调节按钮
DC12V，AC24V	电源输入接口。接入直流电源时，请正确连接电源正、负极	DC12V，GND 或 DC 12V-OUT	电源输出接口
	SIM 卡插槽，可插入运营商 SIM 卡	micro SD SD	micro SD 卡插槽，可插入 micro SD 卡进行本地存储
	接地端	USB	USB 接口

如图 3-32 所示，摄像机一体化线包含电源线、RS-485 控制线、同轴视频线、报警线等插头，其说明见表 3-3。

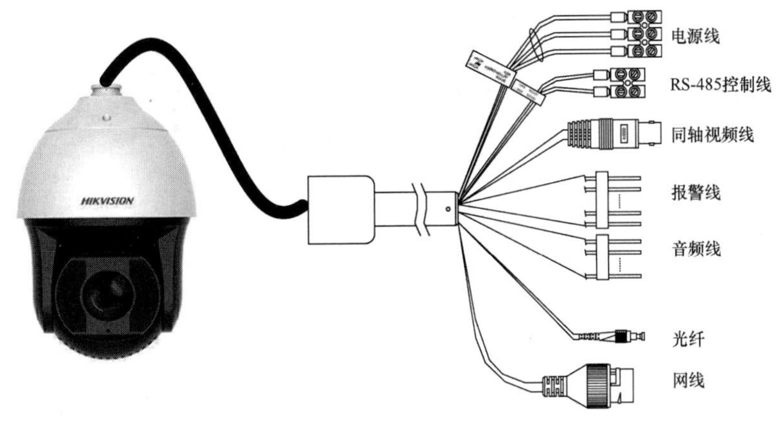

图 3-32

表 3-3　摄像机一体化线常见插头

名称	说明
电源线	不同球形网络摄像机的电压不同，具体以线缆标签为准。若球形网络摄像机是 DC 直流供电，需注意电源正、负极不要接错
RS-485 控制线	通常用于控制球机转动和镜头变倍
同轴视频线	模拟视频输出
报警线	包括报警输入和报警输出。ALARM-IN 与 ALARM-GND 构成一路报警输入；ALARM-OUT 与 ALARM-COM 构成一路报警输出
音频线	AUDIO IN 与 GND 构成一路音频输入；AUDIO OUT 与 GND 构成一路音频输出
光纤	FC 接口，光信号输出
网线	网络信号输出

（2）摄像机的配件

① 护罩。护罩主要用于保护枪形网络摄像机，防止外界水汽、尘土等进入，主要分为室内护罩、室外护罩两类，外形如图 3-33 所示。

室内护罩一般材质为塑料或铝合金，无风扇；室外护罩均带风扇，依据不同特性，还可以分为带雨刷（-W）、加热（-H）、制冷（-R）、广角（-T）等不同的型号。室外护罩的防护等级需要达到 IP66 或 IP67。

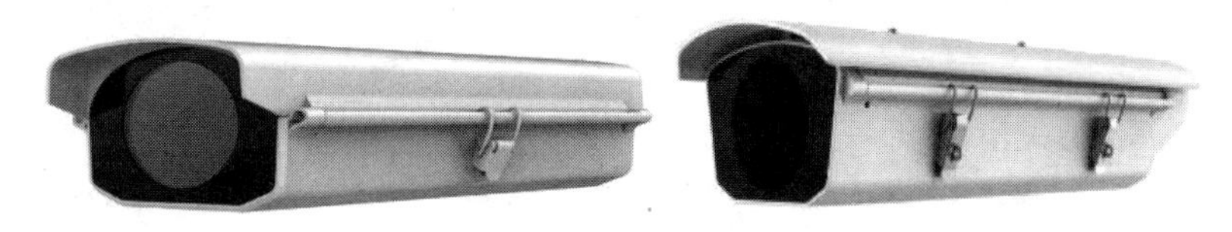

室内护罩　　室外护罩

图 3-33

② 支架。支架是摄像机和护罩的支撑配件，与摄像机和护罩的产品形态紧密相关。支架支持多种安装方式来满足不同环境的安装需求。根据支架安装方式的不同，通常分为壁装支架、吊装支架、横杆装支架、立杆装支架等，如图 3-34 所示。

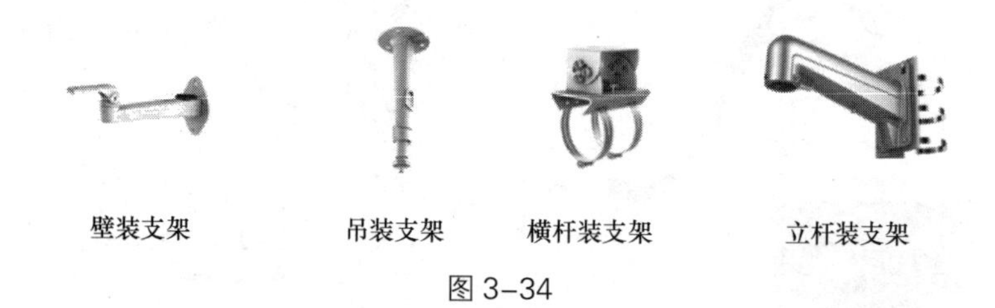

图 3–34

③ 电源适配器。电源适配器用于给摄像机、护罩供电，常用的有 DC 12V 直流电源、AC 24V 交流电源、集中供电电源、PoE 供电器、PoE 分离器等，如图 3-35 所示。

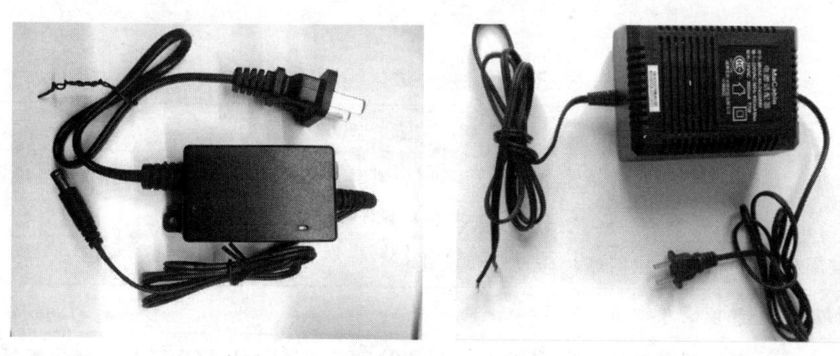

图 3–35

④ 补光灯。补光灯用于在弱光或无光场景下补光，提高监控范围内的光照强度，使目标物体成像清晰，如图 3-36 所示。常见的补光灯有红外灯、白光灯、暖光灯、混合补光灯等。补光灯可以集成到摄像机上，例如护罩一体机、筒机、球机、云台机等，由摄像机控制其工作状态；也可以单独架设，根据环境是否需要有选择地安装。

⑤ 音频配件。摄像机除了采集视频，还可以通过外接拾音器获取现场的声音或者通过外接音箱从监控中心向现场输出音频，外接拾音器和外接音箱如图 3-37 所示。

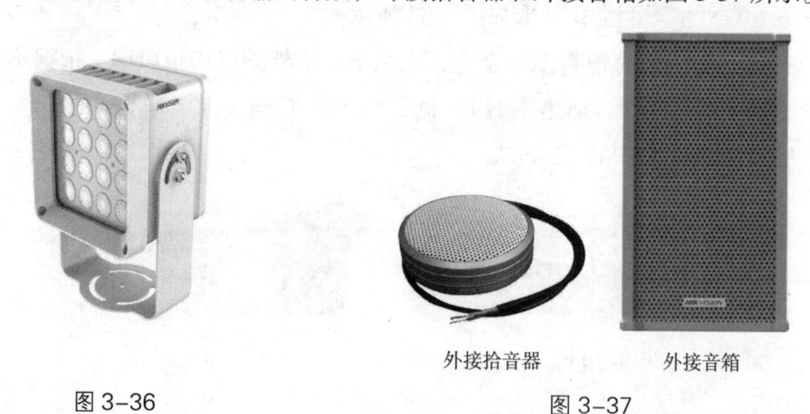

图 3–36

图 3–37

⑥ 报警配件。报警配件主要指报警输入配件和报警输出配件。

摄像机的报警输入配件可以对接开关量[16]，用于外界报警触发摄像机联动。以最常见的周界防范为例，当红外对射探测器检测到有人闯入警戒区域时，其产生的开关量报警可以联动控制球形网络摄像机转动到警戒区域，并上传报警信息到监控中心。

报警输出配件用于摄像机联动外部配件。仍以周界防范为例，摄像机在进行视频智能分析时如果识别到入侵事件，就可以联动报警输出配件，发出警戒音，对正在警戒区域活动的目标起到警示作用。红外对射探测器和警示号（报警输出配件）如图 3-38 所示。

⑦ 传感器。摄像机通过传感器能实现数据采集，比如对接温 / 湿度传感器可以将现场环境的温 / 湿度信息及时传至控制中心，如图 3-39 所示。

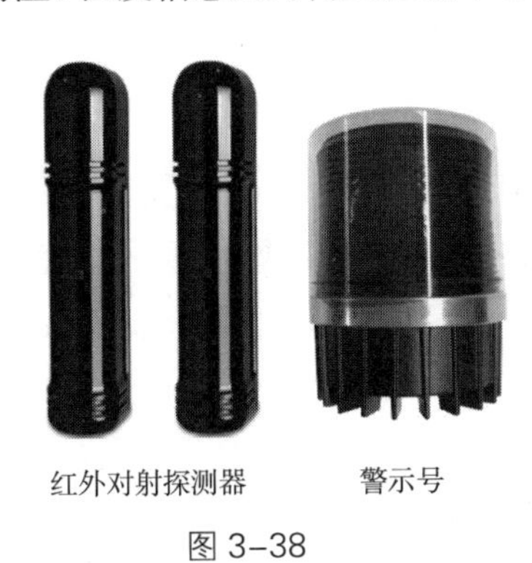

图 3–38

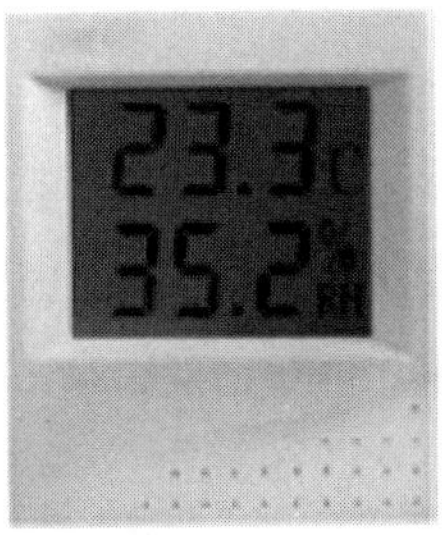

图 3–39

4. **摄像机的作用**

常规监控场景一般只需满足用户的视频 / 图像采集需求，用于防范干预或事后追溯。在此基础上，随着相关智能技术被引入，视频监控系统发展出了智能视频分析应用，它不仅可以实现对视频内容的自动识别和报警分析，还可以通过为视频信息建立标签、索引和特征描述，滤除大量冗余信息。

（1）常规监控

常规监控场景主要注重图像质量，尤其是低照度环境下的画面质量。提升常规监控图像质量最有效的方法是增加环境照明度，通常采用自带的白光灯、红外灯或者混合补光灯等设备进行补光。

常规监控场景按照空间的高度细分为高空领域（6m 及以上）和低空领域（6m 以下）。球机、云台机及衍生的多摄系列摄像机等具备 PTZ[17] 功能、兼顾大场景及细节提取的产品非常适合高空领域；枪机、筒机、半球机等类似产品则因性价比高、安装调试简单而广泛应用于低空领域。

（2）智能视频分析

智能视频分析大体上分为两大类，一类以背景模型为基础，包括周界防范等智能分

16　开关量：指电路的开和关或触点的接通和断开。

17　PTZ：在安防监控应用中是 pan/tilt/zoom 的缩写，代表云台全方位（左右 / 上下）移动及镜头变倍、变焦控制。

析；另一类以特征识别为基础，包括车辆识别等。

周界防范是智能分析最常见的应用之一。比如区域入侵侦测，针对特定场景区域，定义一块或几块虚拟防区，一旦有物体在区域内活动，摄像机会自动进行检测并追踪目标轨迹，如果目标物体的行为符合区域入侵规则，则发送报警信息给安保人员。周界防范广泛应用于各种严格限制进入的场所，如机场周界、博物馆、监狱、小区、学校、工厂等的重点区域管控。

车辆识别是特征识别常见的应用之一，通常可以识别视频中的车牌信息（包括车牌字符串、车牌颜色、车牌类型等）和车辆属性（包括车辆主品牌、车辆子品牌、车身颜色、车型等）。车辆识别广泛应用于各种城市道路、国道、省道、高速公路，以及小区、体育馆、学校等大型场所的主要通行道的道路抓拍等。

5. 摄像机的行业应用

不同形态和功能的摄像机产品，能满足不同行业的场景应用需求。

教育行业：教育行业专用摄像机除了能满足基本的视频监控需求，还能辅助解决教育行业的业务难题，如辅助老师课堂点名等。

司法行业：司法行业专用摄像机除了用于常规的视频监控，还能用于检测人员离岗、攀高、剧烈运动、玩手机等行为，并发送报警信息给监控中心。

交通行业：交通行业专用摄像机需要帮交警解决城市道路违章（如违停、逆行、压线、违章变道、违章占用非机动车道、违章掉头等）取证难的问题和对道路事件（如路面抛物、行人过马路、出现路障、施工、拥堵等）及时响应的需求。

能源行业：能源行业专用摄像机需要摄像机能解决野外不方便通电通网的问题，因此通常为太阳能供电、功耗低且支持无线传输的摄像机。

水利行业：水利行业通常对防汛应用需求强烈，需要专门的水位监测摄像机来实现对水位的远程巡查和水位超过阈值时自动报警。

一些具有特殊功能的摄像机，能满足一些非常规场景的使用需求。

防腐蚀：在海边、化工厂等易腐蚀环境下必须使用符合防腐蚀标准的专用摄像机。

防爆炸：在存在爆炸风险的环境中必须使用防爆专用摄像机，且对不同环境需要选择对应防爆等级的摄像机。

耐高温：垃圾焚烧厂、火力发电厂、水泥厂等对于有关现场的火焰和燃烧情况的关注度高，普通摄像机不能在超高温下使用，因此需要专用的耐高温（通常带风冷或水冷功能）摄像机。

车载：普通摄像机不能安装在强烈振动环境下，因此车载环境下需要专用的车载摄像机，通常配有减震装置，以防摄像机出现故障。

水下：水下打捞、水产养殖、堤坝监控、水质检测等要求摄像机能在水下使用，因此需要具有特殊防水结构的水下摄像机。

人体测温：热成像人体测温专用摄像机可以实现快速、无接触的人体测温。

野生动物保护：在野生动物保护区域，需要保证摄像机在野外长时间运行，适应各种环境，能精准识别野生动物，且不影响野生动物的生活，要求摄像机具有隐蔽性。

3.2.3　后端存储设备

后端存储设备是一种根据不同的应用环境采取合理、安全、有效的方式将录像数据保存到存储介质中，并支持录像数据读取及转发的设备。视频监控系统中常用的存储设备有 NVR 和 DVR，常见的存储方式有分布式存储、集中式存储以及分布式存储与集中式存储并行方式。

1. 存储设备

（1）NVR

NVR（network video recorder，网络视频录像机），在视频监控系统中主要负责前端网络信号的接入（常见前端网络信号设备有固定网络摄像机、球形网络摄像机等）、视频码流的存储和视频码流的转发。以海康威视的 DS-9632N-I8 为例，设备外观如图 3-40 所示。

图 3–40

以 NVR 接入网络摄像机为例，网络摄像机完成视音频的编码后，通过网络将音 / 视频码流传输给 NVR，NVR 进行音 / 视频存储。将 NVR 连接显示器可进行实时接收音 / 视频或历史录像回放，也可通过网络将实时音 / 视频数据和历史录像转发给平台，平台进行远程实时听 / 看或历史录像回放，NVR 应用方案如图 3-41 所示。

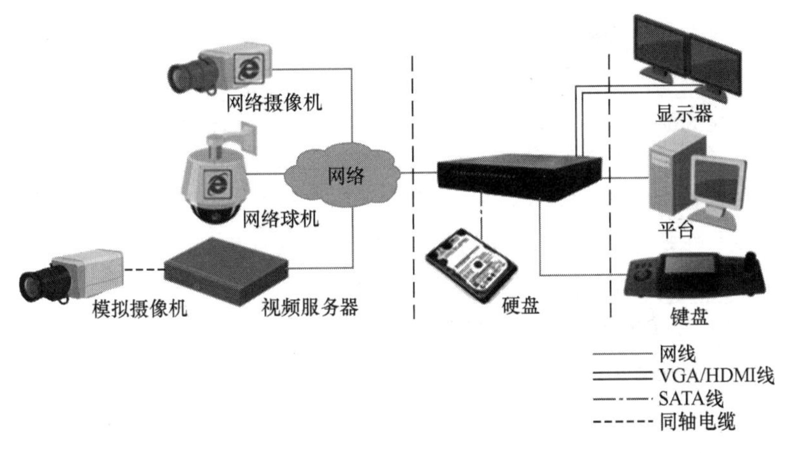

图 3–41

随着 AI 技术的不断发展，NVR 内嵌深度学习算法，在兼顾传统 NVR 功能的同时增加了视频结构化分析功能，可对视频码流、图片等数据进行分析，提取目标属性。根据应用业务需求，NVR 可实现区域入侵检测、人员倒地提醒、联动闸机门禁开关、语音报警等智能应用。

这里以海康威视的DS-9632N-I8为例介绍设备参数，如表3-4所示（表格中的信息仅供参考，产品在更新迭代，请以实际产品最新参数为准）。

表3-4 DS-9632N-I8参数列表

类型	说明
性能	最大支持接入32路IPC
	支持1/4/6/8/9/16/25/32画面分割预览
	最大支持满配8×10TB硬盘
网络协议	可接驳符合ONVIF、RTSP标准及众多主流厂商，如HIKVISION、AXIS、BOSCH、PELCO、RTSP、SAMSUNG、SONY等的网络摄像机
	支持GB/T 28181、EHome协议接入平台
录像管理功能	支持4K高清网络视频的预览、存储与回放
	支持最大16路同步回放及多路同步倒放
	支持一键开启录像功能
	支持标签定义、查询、回放录像文件
	支持重要录像文件加锁保护功能
	支持手动录像/抓图、定时录像/抓图、事件录像/抓图、移动检测录像/抓图、报警录像/抓图、移动检测或报警录像/抓图、移动检测和报警录像/抓图
	支持即时回放、常规回放、事件回放、标签回放、智能回放、分时段回放、外部文件回放
	支持常规备份、事件备份、图片备份
IPC对接	支持H.265、H.264编码前端自适应接入
	支持IPC集中管理，包括IPC参数配置、信息的导入/导出和升级等功能
	支持Smart IPC越界、进入区域、离开区域、区域入侵、人员徘徊、人员聚焦、快速移动、非法停车、物品遗留、物品拿取、车牌异常、音频输入异常、虚焦以及场景变更等多种智能检测接入与联动
	支持即时回放功能，在预览画面下对指定通道的当前录像进行回放，并且不影响其他通道预览
存储	支持RAID0、RAID1、RAID5、RAID6和RAID10
	支持硬盘配额和硬盘盘组两种存储模式，可对不同通道分配不同的录像保存容量或周期
其他	支持网络检测（如网络流量监控、网络抓包）功能

这里以多数用户关注的“性能”参数为例，其代表的含义如下。

• 最大支持接入32路IPC：DS-9632N-I8中的32代表此NVR最大允许接32个网络摄像机。

• 支持 1/4/6/8/9/16/25/32 画面分割预览：NVR 支持外接 HDMI/VGA 显示器，支持显示器多画面分割显示图像。

• 最大支持满配 8×10TB 硬盘：DS-9632N-I8 中的 8 代表设备最多可以接 8 块硬盘，每块硬盘最大容量为 10TB。

（2）DVR

DVR（digital video recorder，数字视频录像机），其核心功能是将模拟信号经过编码压缩后转换成数字信号，再进行音 / 视频数据的存储和转发。DVR 支持接入 CVBS 信号。

H-DVR 即混合型数字视频录像机，是在 DVR 基础上新增对网络信号的接入，支持接入 CVBS 信号和网络信号。

XVR 是在 H-DVR 的基础上新增同轴信号接入，能够接入 CVBS 信号、网络信号、HD-TVI 同轴信号。

DVR、H-DVR 和 XVR 的应用方案如图 3-42 所示。

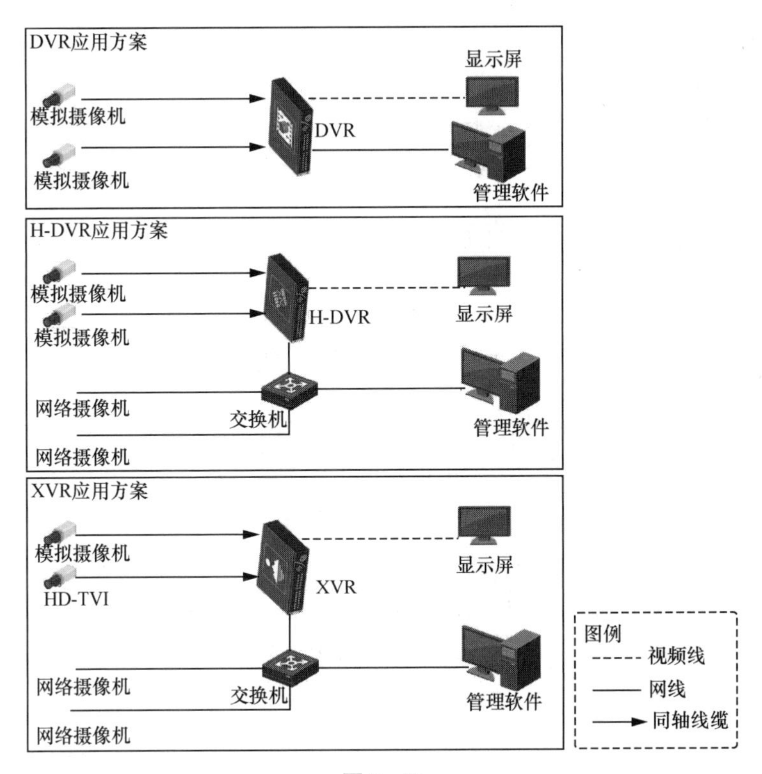

图 3-42

2. 存储方式

（1）分布式存储

高清视频监控系统中的分布式存储是指将摄像机的高清视频数据分散存储在各个节点（物理设备）上。进行数据存储时，设备直接将数据写入其内置的存储设备。数据的写入一般采用顺序写入方式，当硬盘写满后，自动进行循环覆盖。其优势在于数据集中于各分中心，在规模较大的系统中，管理方便，可靠性好。分布式存储拓扑如图 3-43 所示。

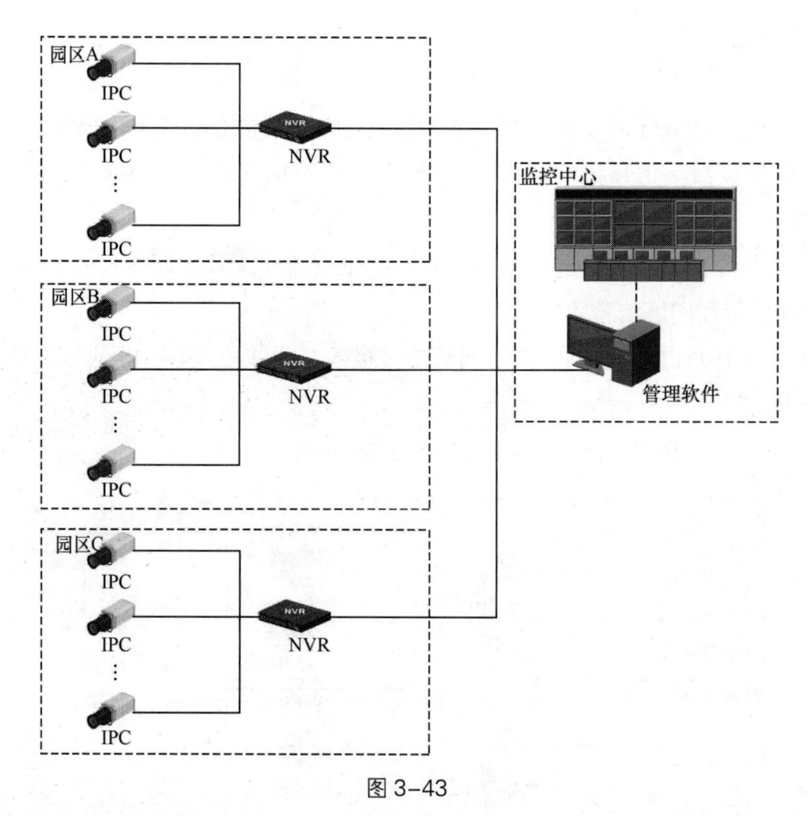

图 3-43

（2）集中式存储

高清视频监控系统中的集中式存储是将前端的高清视频数据通过 CVR、云存储等集中存储在监控中心。它由一台或多台主计算机组成中心节点，数据集中存储于这个中心节点中，并且整个系统的所有业务单元集中部署在这个中心节点上，系统所有的功能由其集中处理。集中式存储系统中，每个终端或客户端仅仅负责数据的输入和输出，而数据的存储与控制处理完全交由主计算机来完成。集中式存储拓扑如图 3-44 所示。

集中式存储的安全性好，其最大的特点是部署结构简单，由于集中式存储系统基于底层性能卓越的大型主计算机，因此无须考虑服务多个节点的部署问题，也不需要考虑多个节点之间的分布式协作问题。

（3）分布式存储与集中式存储并行方式

为了保证存储的稳定性，同时为了更方便地集中管理海量存储，可以使用分布式存储与集中式存储并行方式，其拓扑如图 3-45 所示。分布式存储体现在各管理区域中心安装网络存储设备，利用 NVR、H-DVR 等保存本区域的视频图像；集中式存储体现在总中心安装网络存储设备，利用 CVR 或云存储保存中心直属区域的视频图像和全网关键录像的冗余数据。

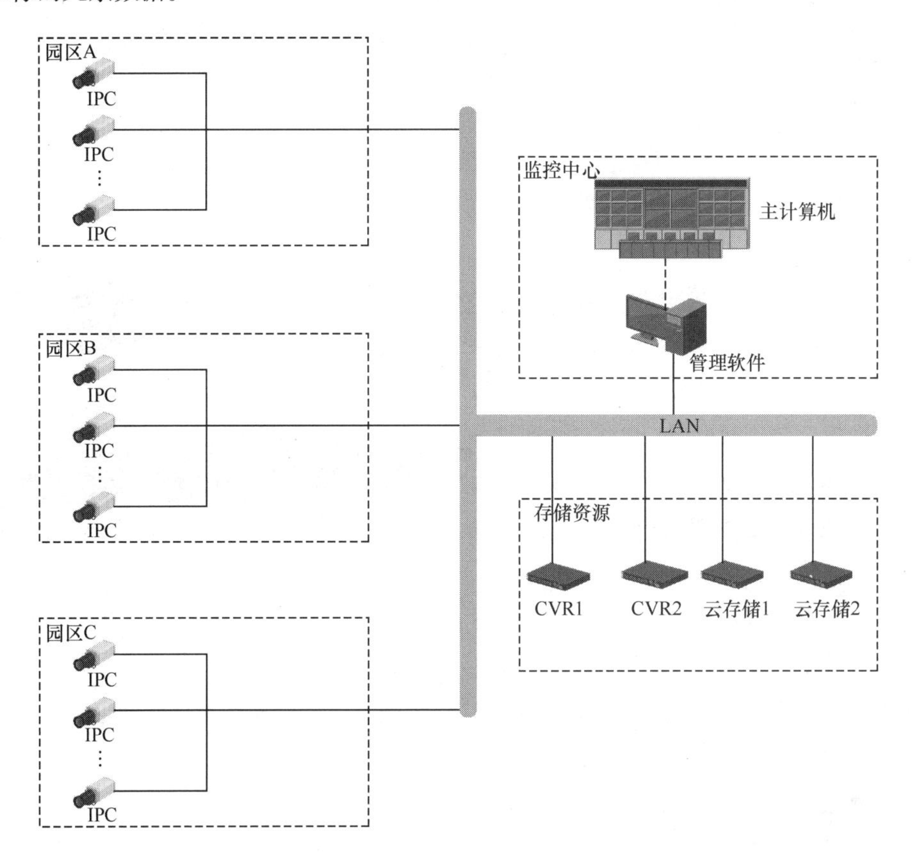

图 3-44

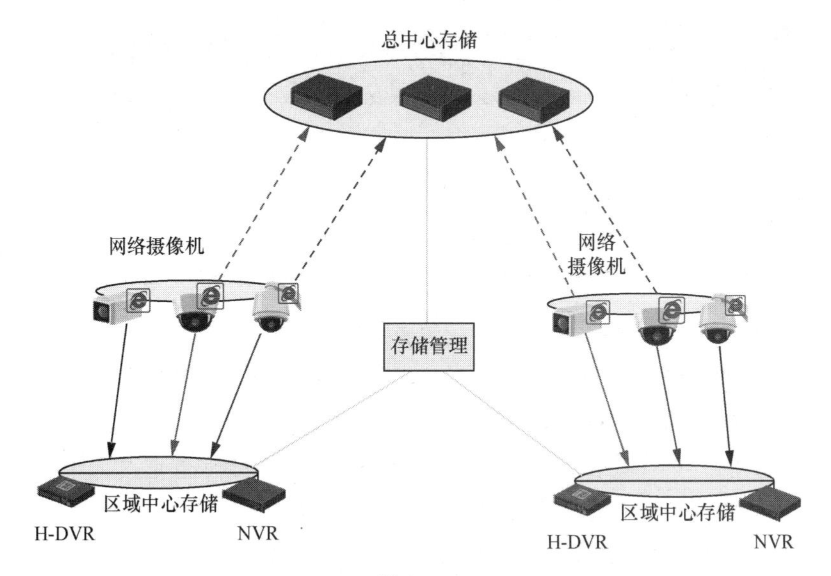

图 3-45

3.2.4 视频传输设备、视频显示设备、解码设备

1. 视频传输设备

视频监控系统中，视频传输设备主要用于连通前端编码设备与管理终端，实现视频数据在不同终端的应用。视频传输设备包括同轴电缆、双绞线等通信介质，还包括一些具体的传输设备，如交换机、光纤传输产品、无线网桥等。

（1）交换机

交换机是网络系统中的重要设备。交换机根据 TCP/IP 模型层次可分为二层交换机、三层交换机等；根据硬件外观可分为盒式交换机、框式交换机，如图 3-46 所示；根据是否可管理分为网管型交换机、非网管型交换机以及轻网管型交换机。这里主要根据交换机是否可管理分类进行介绍。

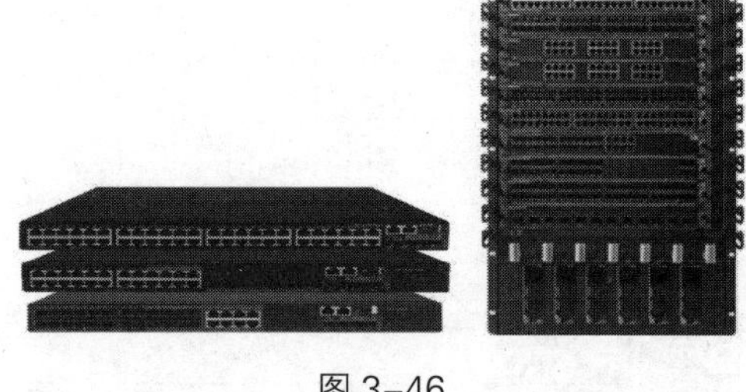

图 3-46

① 网管型交换机。网管型交换机提供了基于终端控制台（console）、Web 页面以及 Telnet 远程登录等多种网络管理方式，网络管理员可以对交换机的工作状态、功能配置进行管理，满足不同的组网业务需求，实现各种复杂的网络应用，优化网络管理等。网络架构中，核心层、汇聚层一般采用网管型交换机。

以海康威视 DS-3E3700-H 交换机（如图 3-47 所示）为例，全光口款采用可插拔双电源、可插拔双风扇结构设计，实现硬件级的高可靠保障。接口说明如表 3-5 所示。

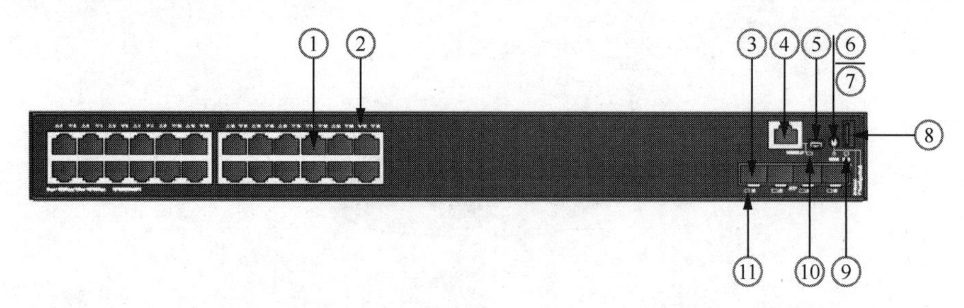

图 3-47

表 3-5 海康威视 DS-3E3730-H 交换机接口说明

序号	接口	说明
①	10/100/1000BASE-T 自适应以太网口	以太网口，连接网络设备
②	以太网口指示灯	状态灯，判断网口连接及数据传输状态
③	SFP+ 口	用于接入光电转换模块
④	Console 口	用于交换机串口调试 / 配置
⑤	Mini USB Console 口	以 Mini USB 口接入，用于交换机串口调试 / 配置

续表

序号	接口	说明
⑥	端口状态指示灯模式切换按钮（MODE）	切换显示端口指示灯不同显示模式
⑦	端口模式指示灯	常灭表示业务接口指示灯为默认模式，默认模式下接口处于 Status 状态； 常绿表示业务接口指示灯暂时用来指示接口的速率
⑧	USB 口	用于升级或者复制
⑨	系统状态指示灯（SYS）	绿色灯常亮表示交换机已经正常启动； 红色灯常亮表示设备存在故障； 灯灭表示设备没有通电
⑩	RPS 电源状态指示灯	常灭：备份电源无连接或备份电源故障。 常亮：备份电源已连接
⑪	SFP+ 口状态指示灯	判断模块是否安装及工作模式与状态

② 轻网管型交换机。轻网管型交换机将部分网络管理功能集成到综合安防系统中，配合轻智能视频传输系统[18]，可实现小型监控网络中网络拓扑自动生成、设备状态直观显示、故障警告实时推送、设备连接可视化等功能，实现多维度、多层次的智能化管理和应用，如图 3-48 所示。

图 3-48

③ 非网管型交换机。非网管型交换机，不具备管理功能，即插即用。在综合安防系统中，非网管型交换机直接连接前端编码设备，作为接入层交换机。其外观如图 3-49 所示，其特点是接口多、功能简单。

18　轻智能视频传输系统：海康威视基于综合安防系统集成网络设备管理功能，以连接可视化的方式实现对综合安防系统各类设备的多维度、多层次的智能化管理，降低了对多套系统建设维护的成本、人员能力的要求，非常适用于小型的综合安防系统。

图 3-49

在有些特殊场景里，前端编码设备部署环境比较复杂，如户外的摄像机供电困难、安装位置距离供电箱比较远等。为了更好地接入摄像机，接入层交换机一般会具有以下功能。

• 以太网供电：通过网线对摄像机进行供电，降低施工投入。

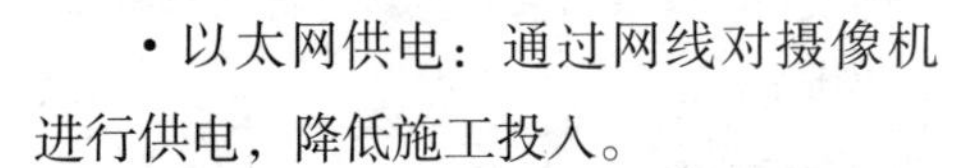

• 远距离传输：最远支持 250m 数据传输，突破常规双绞线的传输距离。

• 红口保障：当交换机输出端口发生网络拥塞时，优先保障重点端口数据正常转发。

非网管型交换机虽然不具备管理功能，但其技术指标以及相关功能参数和网管型交换机一样，并且价格低廉，故广泛应用于各个行业。

（2）光纤传输产品

双绞线的有效传输距离一般小于 100m，但通过光纤传输产品可以有效延长传输的距离。

① 光端机。光纤传输产品中常用的设备是光端机。光端机采用全数字非压缩技术，可通过单模单纤实时传输双向音频、RS-485 数据、以太网信号、开关量信号等数据，传输过程如图 3-50 所示。

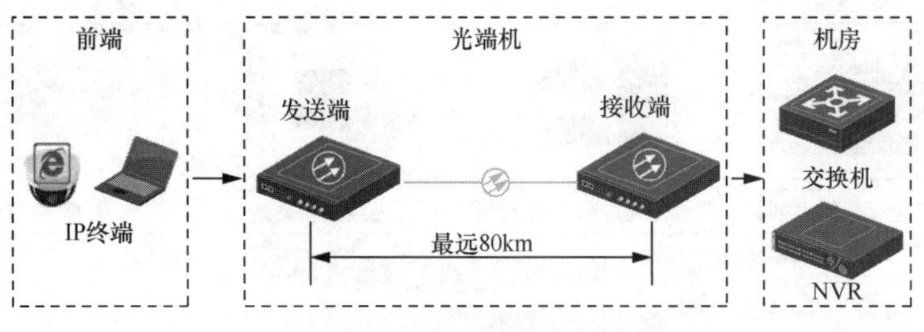

图 3-50

光端机传输包含发送端、光纤和接收端。发送端将接入的各种信号转换成光信号，通过光纤线缆传输，到接收端转换为电信号，实现数据的远距离传输。

光端机的发展是伴随着监控行业发展的，根据传输信号的不同一般可以分为模拟光端机、高清视频光端机和网络光端机，如表 3-6 所示。

表 3-6　不同类型光端机

模拟光端机	高清视频光端机	网络光端机

续表

模拟光端机	高清视频光端机	网络光端机
主要用于传输模拟标清视频信号、同时支持音频、RS-485、开关量等数据信号传输	支持高清视频信号、支持同轴视频监控，同时也支持CVBS（Composite Video Booadcast Signal，复合视频广播信号）、音频、RS-485和开关量等数据信号	主要用于传输IP网络摄像机、IP球形网络摄像机等网络终端视频信号

② 光电转换模块。光电转换模块是进行光电转换和电光转换的光电子器件，一般成对使用。发送端把电信号转换成光信号，接收端把光信号转换成电信号。

光模块一般分为单纤双向模块和双纤双向模块。单纤双向模块采用波分复用（wave-division multiplexing，WDM）技术，端口必须配对使用，发送和接收两个方向分别使用不同的中心波长，从而避免了光波干扰，实现一根光纤双向传输光信号；双纤双向模块中两个端口不需要配对使用，两根光纤分别传输光信号，以规避干扰。单纤双向模块和双纤双向模块外观如图3-51所示。

单纤双向模块

双纤双向模块

图3-51

光模块按照封装类型，可分为SFP光模块、GBIC光模块、XFP光模块、QSFP光模块等，如图3-52所示。

SFP光模块	折叠SFP+光模块	SFP RJ45电口模块
可选波长：850nm、1310nm、1490nm、1550nm、CWDM、DWDW 传输速率：0～10Gbit/s	可选波长：850nm、1310nm、1270nm、CWDM、DWDW 传输速率：10Gbit/s	接口：RJ45、COPPER 传输速率：10/10/1000 Mbit/s自适应，强制1000Mbit/s
GBIC光模块	XFP光模块	QSFP光模块
可选波长：850nm、1310nm、1490nm、1550nm、CWDM、DWDW 传输速率：1.25Gbit/s	可选波长：850nm、1310nm、1270nm、1330nm、CWDM、DWDW 传输速率：10Gbit/s	可选波长：850nm、900nm、1310nm等 传输速率：40Gbit/s

图3-52

（3）无线网桥

无线网桥一般通过无线局域网通信技术将终端设备连接起来，不再使用有线线缆，从而使网络的构建和设备的部署更加便捷。无线网桥利用无线传输方式实现在两个或多个网络之间搭起通信的桥梁，主要用于解决不方便部署有线网络的场景里传输视频数据的问题，如工地、电梯、景区等。

无线网桥一般都是成对使用，如图 3-53 所示，在电梯井的顶部和电梯轿厢顶部间部署一对无线网桥设备。黑色机壳的为机房端无线网桥，连接交换机或 NVR；白色机壳的为摄像机端无线网桥，连接 IPC。通过无线网桥把电梯轿厢内的监控视频数据传输到监控中心，解决了轿厢必须部署网线的问题。

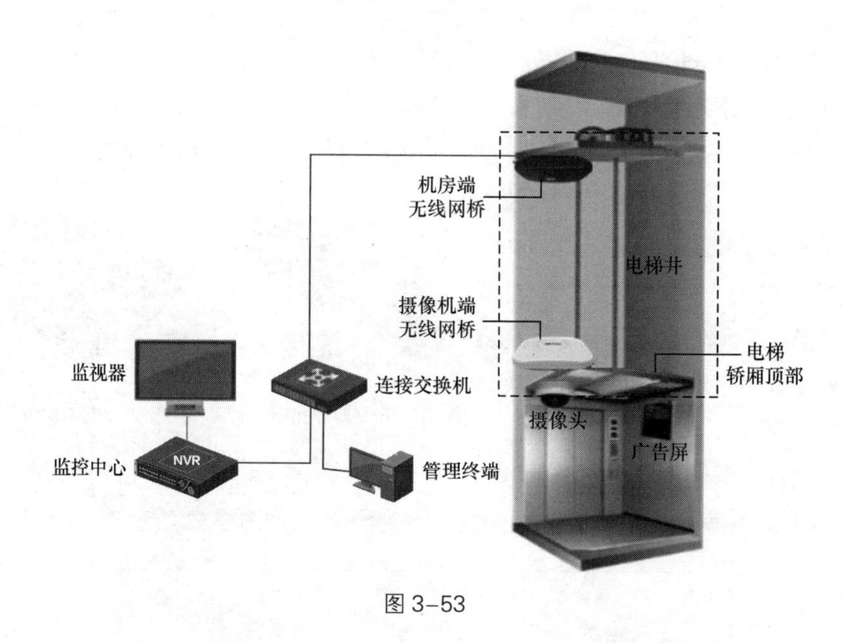

图 3-53

以海康威视 DS-3WF0BC-2NE 电梯网桥为例，单套采用“黑白配”样式，如图 3-54 所示。网桥出厂网络名称唯一，频率自动设置，使用时免配置，即装即用。其接口、按键示意如图 3-55 所示，接口、按键说明如表 3-7 所示。

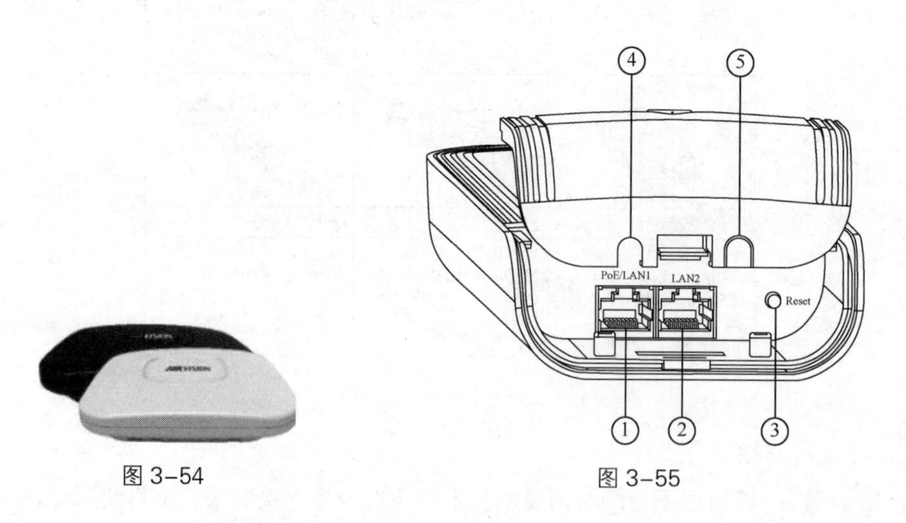

图 3-54　　图 3-55

表 3-7 海康威视 DS-3WF0BC-2NE 电梯网桥接口、按键说明

序号	接口名称	说明
①	PoE/LAN1 网口	10/100Mbit/s 自适应以太网口，与 PoE 输入复用
②	LAN2 网口	10/100Mbit/s 自适应以太网口
③	Reset 复位按键	长按进行完全恢复出厂配置
④ / ⑤	网线卡槽	5 为预留位

2. 视频显示设备

视频监控系统中，视频显示设备是不可或缺的。目前主流的显示设备可分为 DLP 拼接屏、LCD 监视器 / 拼接屏和 LED 显示屏。不同类型的显示设备具有不同的应用特点，适用于不同的应用场景。

（1）DLP 拼接屏

DLP 拼接屏作为早期主流的大屏幕拼接显示产品，具有拼缝小（最小拼缝≤ 0.2mm）、清晰度高、图像细腻、稳定性好等优点。DLP 拼接屏适用于高分辨率、大信息量的室内应用场景，如地理信息系统（geographical information system，GIS）、轨道交通、电力调度等调度、指挥、控制中心。DLP 拼接屏如图 3-56 所示。

（2）LCD 监视器 / 拼接屏

LCD 监控显示产品主要包括液晶监视器和 LCD 拼接屏。两者都采用工业级的液晶面板组成，最大区别在于拼缝的大小和显示功能。

① 液晶监视器。液晶监视器具有性价比高、轻薄等特点，广泛应用于单屏监控显示、小型监控室以及信息发布等场景，如小区、企业的监控和信息展示等，显示效果如图 3-57 所示。目前，随着 4K 技术的成熟，在视频监控领域，4K 超高清监控也在逐渐兴起，4K 超高清、超窄边框已成为液晶监视器的发展趋势。

图 3-56

图 3-57

② LCD 拼接屏。近年来 LCD 拼接屏技术不断突破，拼缝越来越小（最小拼缝为 0.88mm）、分辨率越来越高，促进了整个拼接屏市场的发展。同时，LCD 拼接屏具有占地空间小、清晰度高、性价比高等特点，应用场景由最初的监控中心、指挥调度中心迅速扩展到娱乐传媒、银行、展厅、会议室等，LCD 拼接屏占据目前大屏幕拼接显示市场

的最大份额。LCD 拼接屏效果如图 3-58 所示。

图 3-58

（3）LED 显示屏

LED 显示屏利用由 LED 构成的点阵模块或像素单元组成大面积显示屏，不仅具有整屏无缝拼接、色彩表现力强、性能稳定、环境适应能力强、性价比高、使用寿命长等特点，还可以根据需要搭载触摸、3D 动画、4K、云魔方、智能应用等技术，其广泛应用于各种场景：室内大空间、远距离 / 短期观看场景，如大会议厅、商场等；电视演播室背景显示；室外环境显示（户外 LED 显示屏具备亮度超高、防水等特点）。图 3-59 所示为 P1.9mm 全彩 LED 显示屏的显示效果。

图 3-59

除了上述介绍的显示设备，随着科技的不断革新，如 OLED、VR、mini LED、mirco LED 等显示技术的发展，未来显示终端将会拥有更加丰富多彩的应用场景，也必将广泛应用到视频监控领域之中。

3. 解码设备

解码设备位于视频监控系统的中心位置，是系统的“大脑”，是整个系统的指挥中心。其工作包括对视频的解码上墙[19]、本地信号的输入输出切换，并在切换的同时对图像进行如拼接、漫游、缩放、分屏等多样化处理。解码设备主要包括解码器、视频综合平台、拼接控制器、控制键盘等，如图 3-60 所示。

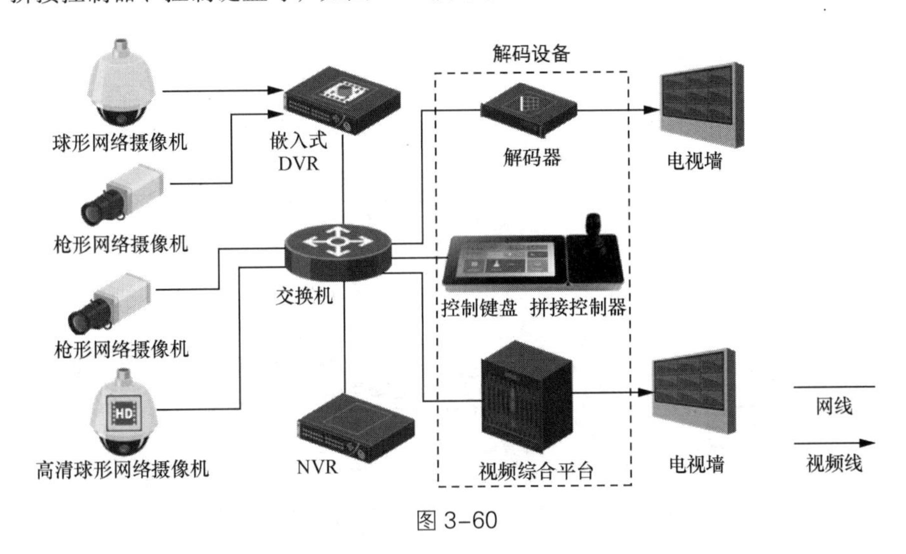

图 3–60

（1）解码器

视频解码是视频编码的反过程，完成该工作的设备是解码器，其主要功能是将网络数字信号转换为模拟视频信号并输出到电视墙显示。常说的解码器指的是硬解码器，其使用 DSP 解码芯片来完成解码工作。

解码器有多种输出规格，可按照监控中心屏幕数量和解码需求选择对应的规格，通常用于中小型监控场所。

下面以 DS-69UD 系列中的 DS-6908UD 解码器来介绍，其外观如图 3-61 所示。

图 3–61

DS-6908UD 解码器的正面接口如图 3-62 所示，接口说明如表 3-8 所示。

图 3–62

19　上墙：将预览视频、回放视频、报警触发视频、本地桌面等内容显示到电视墙上。

表 3-8 DS-6908UD 解码器的正面接口说明

编号	名称	说明
①	VGA IN、DVI IN	信号输入指示灯，正常时常亮绿色灯
②	POWER	电源指示灯，正常时常亮绿色灯
③	G1、G2	2 个 10/100/1000 BASE-T 以太网电口
④	OPT1、OPT2	2 个 SFP 以太网光口，需要自配光模块
⑤	RS-232 接口	用于串口连接
⑥	USB 接口	用于 USB 连接

DS-6908UD 解码器的背面接口如图 3-63 所示，接口说明如表 3-9 所示。

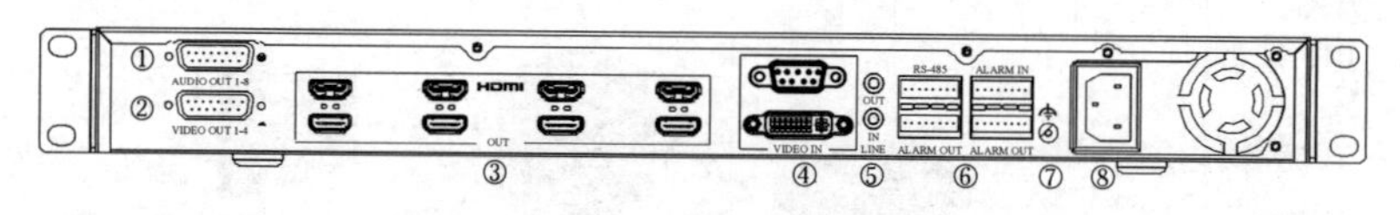

图 3-63

表 3-9 DS-6908UD 解码器的背面接口说明

编号	名称	说明
①	AUDIO OUT 1-8	音频输出口，由 DB15 口转接为 8 个 BNC 接口
②	VIDEO OUT 1-4	视频输出口，由 DB15 口转接为 4 个 BNC 接口
③	HDMI OUT	视频输出口
④	VIDEO IN	1 个 VAG 输入口，1 个 DVI 输入口
⑤	LINE	语音对讲口，IN 为输入口，OUT 为输出口
⑥	ALARM IN 和 ALARM OUT	报警输入和输出口，RS-485 接口
⑦	接地点	
⑧	交流电源线接口	使用交流电源线将设备连接到外部电源

（2）视频综合平台

视频综合平台是混合数字视频矩阵，其硬件结构设计参考高级电信计算架构（advanced telecom computing architecture，ATCA）标准，是一款集模拟和数字视频信号切换、视频信号编 / 解码、超高清信号接入、网络实时预览、视频高清上墙，以及交换机运行、日志查询、用户权限管理、设备维护等功能于一体的电信级综合处理平台设备。视频综合平台采用插拔式模块化设计，默认配置电源模块、风扇模块、主控板模块等，可通过配备不同的子板模块来满足不同的功能需求。

视频综合平台不仅可以使整个视频监控系统更加简洁，也让安装调试与维护变得更加容易，而且具有良好的兼容性及扩展性，广泛应用于中大型视频监控系统。

下面以视频综合平台系列中的 DS-B21 产品为例介绍设备接口，其外观如图 3-64 所示。

图 3-64

① 视频综合平台的模块示意如图 3-65 所示，模块说明如表 3-10 所示。

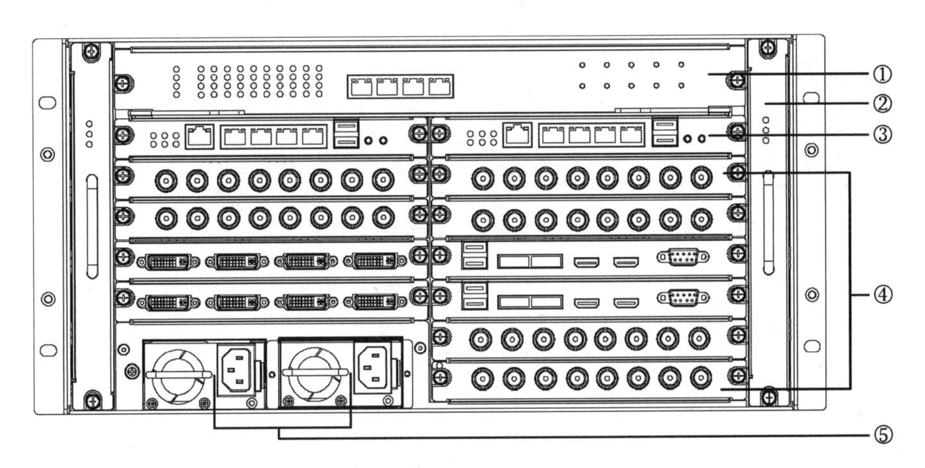

图 3-65

表 3-10　视频综合平台模块说明

编号	说明
①	交换板模块，负责数据交换
②	风扇模块
③	主控板模块
④	子板模块
⑤	电源模块

② 视频综合平台的主控板接口如图 3-66 所示，接口说明如表 3-11 所示。

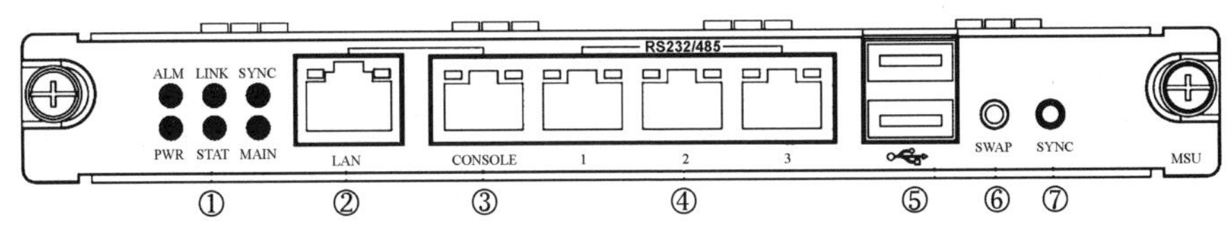

图 3-66

表 3-11　视频综合平台主控板接口说明

编号	名称	说明
①	主控板工作指示灯	ALM：主控板异常工作时为点亮（红色）状态。 LINK：主控板数据连接正常时为点亮（绿色）状态。 SYNC：双主控模式时为点亮（绿色）状态。 PWR：主控板供电正常时为点亮（绿色）状态。 STAT：主控板正常工作时为点亮（绿色）状态。 MAIN：主控板为主模式时为点亮（绿色）状态
②	LAN	主控网口，用于远程控制管理
③	CONSOLE	调试串口，用于设备调试
④	RS232/485	控制串口，用于串口连接
⑤	USB	USB 数据接口，用于日志保存
⑥	SWAP	热插拔按钮，用于开 / 关热插拔功能
⑦	SYNC	热备转换按钮，用于切换双主控 / 主从关系

③ 视频综合平台的交换板接口如图 3-67 所示，接口说明如表 3-12 所示。

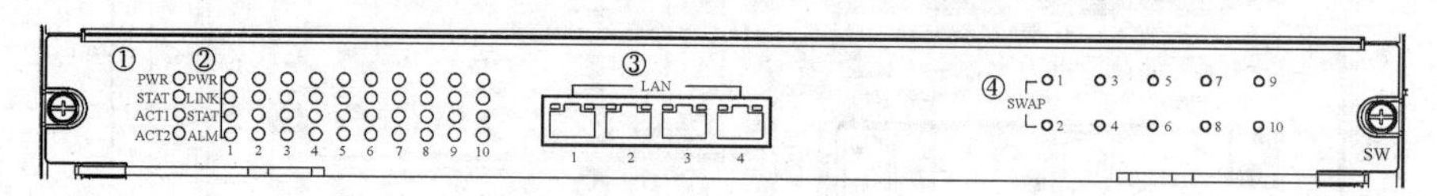

图 3-67

表 3-12　视频综合平台的交换板接口说明

编号	名称	说明
①	交换板工作指示灯	PWR：交换板供电正常时为点亮（绿色）状态。 STAT：交换板状态正常时为闪烁（绿色）状态。 ACT1、ACT2：交换板交互正常时为点亮（绿色）状态
②	子板工作指示灯	PWR：子板供电正常时为点亮（绿色）状态。 LINK：子板连接时为闪烁（绿色）状态。 STAT：子板状态正常时为点亮（绿色）状态。 ALM：子板异常工作时为点亮（红色）状态
③	业务网口	4 个 10/100/1000Mbit/s 自适应网口，可用于连接主控板和外部交换机
④	SWAP	热插拔按钮，用于启动或关闭子板

④ 视频综合平台的子板接口如图 3-68 所示，接口说明如表 3-13 所示。

（3）拼接控制器

拼接控制器简称拼控器，是基于 FPGA 的纯硬件图像处理设备，能够在多个显示终端上同时显示多个动态画面，主要用于大屏幕拼接显示系统。与传统的控制器相比，它拥有全新的系统构架、数据交换体系和数据处理方式，具有更大的系统带宽，支持多路高清信号的接入和实时处理。

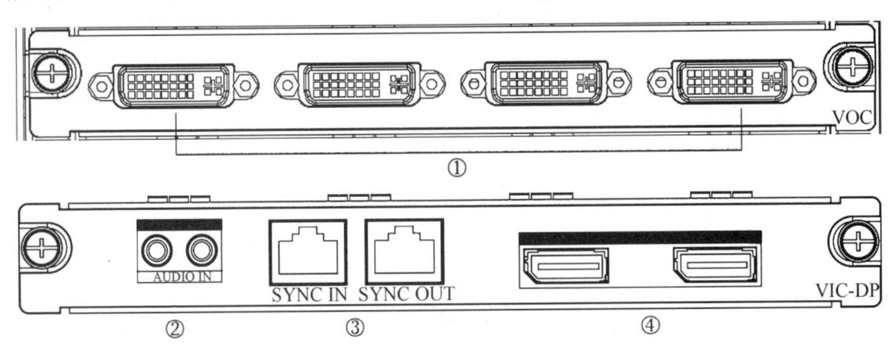

图 3-68

表 3-13　视频综合平台的子板接口说明

编号	说明
①	解码板上的 DVI 输出口
②	输入板上的音频输入口
③	输入板上的视频同步口
④	输入板上的 DP 输入口

拼接控制器采用插拔式模块化设计，默认配置电源模块、风扇模块、主控模块，可任意配置不同的子板来满足不同的功能需求。其外观如图 3-69 所示。

图 3-69

（4）控制键盘

控制键盘是用户控制监控设备的操作设备，通过它可以控制视频的切换、遥控球机的云台转动、镜头的变焦等。根据控制方式的不同，控制键盘可分为模拟键盘和网络键盘，如图 3-70 所示。

模拟键盘又名串口键盘或总线键盘，通过串口通信协议对硬盘录像机、球机等设备进行控制。其具有支持四维操作的摇杆、增加安全性能的钥匙和点阵屏。

网络键盘采用网络方式控制网络摄像机、硬盘录像机、解码器、管理平台等设备，具有全视角多点触控液晶屏和四维摇杆，可支持快捷上墙、预览和云台操作。

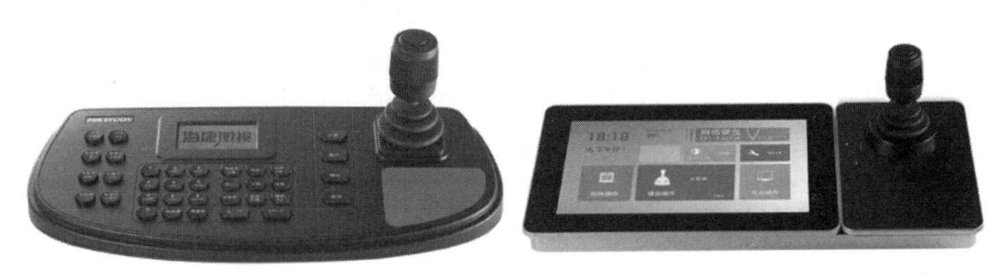

模拟键盘　　网络键盘

图 3-70

下面以 DS-1600K 型网络键盘为例介绍设备接口，如图 3-71 所示，接口说明如表 3-14 所示。

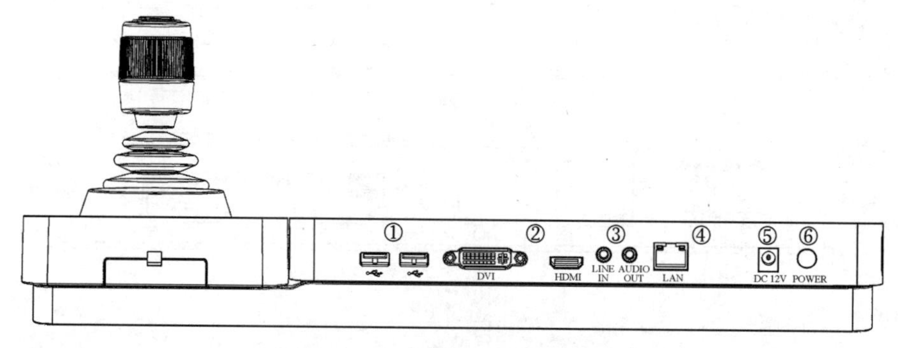

图 3-71

表 3-14 DS-1600K 网络键盘接口说明

编号	名称	说明
①	USB 接口	外接摇杆，用于控制云台；外接 U 盘，用于升级文件、配置文件的导入导出，抓图录像文件的保存
②	外接显示口	包含 HDMI 和 DVI，用于外接显示器
③	音频接口	包含 LINE IN 和 AUDIO OUT，分别用于音频输入和音频输出
④	LAN	连接网络，支持 PoE
⑤	DC 12V	电源接口，连接电源给设备供电，需接入 12V DC 的电源
⑥	POWER	电源键，短按熄屏 / 唤醒；长按可开 / 关机或重新启动

4. 拓展模块：智能分析设备

城市化发展对安全治理的要求不断提高，面对全天录像的信息量过大、值班人员难以保证 24 小时值守、事后处理被动等问题，不断发展的计算机视觉技术推动着视频监控向智能化方向转变，很多智能分析设备应运而生，包括智能分析摄像机、智能分析 NVR、智能分析服务器等。智能分析设备的外观如图 3-72 所示。

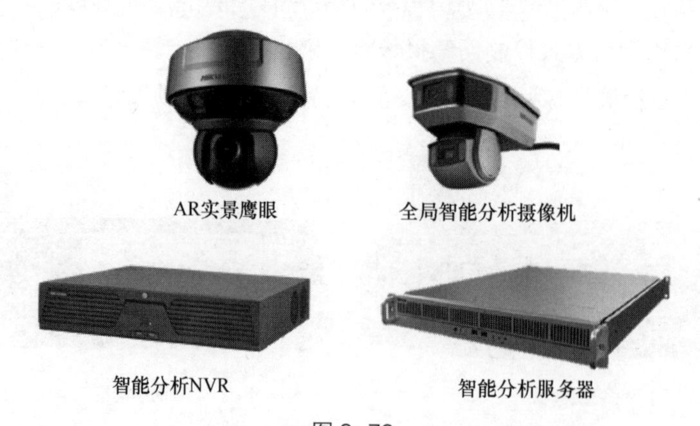

图 3-72

如图 3-73 所示，智能分析设备可以应用于厂房、大型园区周围等重点区域，能主动对周界环境进行智能分析报警，便于及时干预处理：对道路违章等事件进行分析可以有效提升交通规范管理效率和交通安全治理效率；物品检测使仓储货柜的货物管理智能化；水尺刻度识别使河道汛情可以被及时掌握；烟火检测能使防火救灾更加及时，可有效减少损失等。由此可见，智能分析技术将会给各行各业带来变革。常见的智能分析设备应用场景如图 3-73 所示。

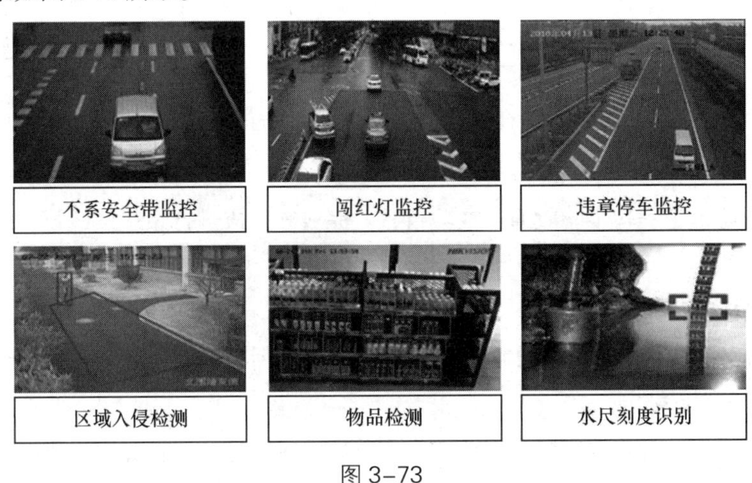

图 3–73

3.3 视频监控系统的实施

· 学习背景

勘测是视频监控系统实施前必须完成的工作。其主要作用是了解现场具体的环境，为产品选型提供依据，并确定摄像机的供电和走线方式、安装点位、安装方式及视频监控系统的网络规划要求等，详细的勘测记录是视频监控系统实施的重要保障。

视频监控系统设备安装主要包括采集设备、控制设备、存储设备、显示设备及传输设备的安装。安装时应参考设备使用手册，结合现场环境进行规范操作，以确保设备使用效果。

· 关键知识点

✓ 前端编码设备的实施

✓ 后端存储设备的实施

✓ 显示设备的实施

3.3.1 实施规范

1. 安防工程实施规范

根据国家标准 GB 55029—2022《安全防范工程通用规范》，安防工程实施应符合以下规定。

① 安全防范工程应按深化设计文件进行施工。

② 应在施工前查验进场设备和材料及其质量证明文件，并应在查验合格后安装。

③ 隐蔽工程[20]应进行工序验收，验收合格后方可进行下一道工序。

④ 安全防范工程的线缆接续点、线缆两端、线缆检修孔、分支处等应统一编号，并设置永久标识。

⑤ 文物保护单位的安全防范设备安装、管线敷设应采取对文物本体和文物风貌的保护措施。

⑥ 在易燃、易爆等特殊环境中安装安全防范设备时，应根据危险场所类别采用相应的施工工艺。

⑦ 安全防范工程初步验收通过或项目整改完成后，应进行系统试运行，时间不应少于30d。

2. 视频监控系统实施规范

根据国家标准GB 50348—2018《安全防范工程技术标准》，视频监控系统实施及设备安装应符合以下规定。

① 摄像机、拾音器的安装具体地点、安装高度应满足监视目标视场范围要求，注意防破坏。

② 在强电磁干扰环境下，摄像机安装应与地绝缘隔离。

③ 电梯厢内摄像机的安装位置及方向应能满足对乘员有效监视的要求。

④ 信号线和电源线应分别引入，外露部分应用软管保护，并不影响云台转动。

⑤ 摄像机辅助光源等的安装不应影响行人、车辆正常通行。

⑥ 云台转动角度范围应满足监视范围的要求。

⑦ 云台应运转灵活，运行平稳。云台转动时监视画面应无明显抖动。

⑧ 控制、显示等设备屏幕应避免光线直射，当不可避免时，应采取避光措施；在控制台、机柜（架）、电视墙内安装的设备应有通风散热措施，内部接插件与设备连接应牢靠。

⑨ 控制台、机柜（架）、电视墙不应直接安装在活动地板上。

⑩ 设备金属外壳、机架、机柜、配线架、各类金属管道、金属线槽、建筑物金属结构等应进行等电位联结并接地。

⑪ 设备间设备安装应考虑设备安置面的承重能力，必要时应安装散力架。

⑫ 显示屏的拼接缝、平整度、拼接误差等应符合现行国家标准《视频显示系统工程技术规范》（GB 50464）的有关规定。

⑬ 线缆的走线、绑扎、预留等应符合现行行业标准《安防线缆应用技术要求》GA/T 1406的有关规定。

20　隐蔽工程：指建筑物、构筑物在施工期间将建筑材料或构配件埋于物体之中后外表被覆盖看不见的实物。如水电构配件、设备基础等分部分项工程。

3.3.2 前端编码设备实施

在视频监控系统建设过程中，前端编码设备的实施是一项系统化的工作。从前期的需求沟通、勘测选点、设备选型，到后期建设安装、调试，各部分工作相互关联、相互影响，需要作业人员具备专业化技能。实施环节依次是需求沟通、现场勘测、摄像机安装、配件安装、防雷防水处理、基础配置、安装效果验收。

1. 需求沟通

进行充分的需求沟通是实施的前提，需求沟通包括但不限于以下内容。

① 设备的应用目的：关注用户的设备应用目的，如普通监控、城市治安、人车抓拍等。

② 使用环境：关注用户的使用环境是否为海边、冶金化工厂、电网条件特殊地区等特殊环境。

③ 功能要求：关注用户是否有特殊功能要求，比如周界分析、定时重启、国标对讲[21]等，是否需要定制相应功能。

④ 性能指标：关注用户对分辨率、多路取流、与其他设备对接等的要求。

⑤ 规模数量：关注用户设备需求量、项目规模大小以分析现场设备需求量是否满足用户对功能的要求。

⑥ 重点关注用户个性化的需求，比如与多个厂家对接设备、对接协议、定制设备型号等。

2. 现场勘测

任何一个系统的设计都不能脱离实际的使用需求和应用环境。通过现场勘测可准确掌握实际使用需求和应用环境，为后续设备选型、项目实施提供重要的参考。

（1）勘测准备

勘测前可咨询相关设备厂商，索取相关勘测指导资料，并准备相应的辅助工具。常用的辅助工具包括计算机、测距仪、卷尺等。

（2）勘测内容

现场勘测需关注以下信息的收集。

① 防护等级：环境对于设备防水防尘的能力要求参考国家标准 GB/T 4208—2017《外壳防护等级（IP 代码）》，记录可以满足使用环境的 IP 等级。

② 可安装的位置：明确现有立杆或墙面是否可供设备安装，评估是否需要新增立杆，并记录新增立杆的数量、位置及高度等数据。

③ 监控范围：记录现场监控需要覆盖的范围，查看是否存在遮挡物和其他不利于监控覆盖的死角。

④ 照明条件：明确现场是否有照明光源，光源的位置、朝向、功率大小及开启时间

21　国标对讲：摄像机的国标对讲是指中心用户和前端用户之间通过 GB/T 28181 协议实现一对一语音对讲功能。

范围。

⑤ 用电用网：明确是否满足供电位置和距离、无线网络信号强弱、网线 / 光纤等线缆铺设等条件。

⑥ 气候环境：明确室外光照时长、安装点的朝向、年最高温度 / 最低温度、湿度范围，风 / 雨 / 雾 / 霜等变化情况和持续时间（以当地气候资料为准），以及雷电活动情况和所采取的的雷电防护措施。

⑦ 电磁辐射环境：明确现场周围的电磁辐射情况，有无强电磁场，必要时可实地测量电磁辐射强度和辐射规律。

⑧ 特殊环境：是否存在长期振动或者电磁干扰，例如设备是否安装在车辆、轮船、飞机等设备时；是否存在粉尘、腐蚀性气体 / 液体、易燃易爆气体 / 液体的环境，需重点记录化学成分组成、浓度和密度。

⑨ 特殊功能：当项目存在智能检测功能的需求时，勘测时应按照具体要求选择合适的位置。

（3）勘测结果记录

现场勘测应做好记录，并整理出“勘测信息记录表”，如表 3-15 所示。

表 3-15 勘测信息记录表

××× 项目监控摄像机点位信息勘测记录表			
项目名称：	地点：	参加单位：	记录人员：
序号	**勘测项**	**现场情况**	**特殊说明**
1	室内 / 室外	□室内 点位数量： □室外 点位数量：	
2	监控范围（以人体为参考监控目标）	最远监控距离： m 最大覆盖宽度： m	
3	可安装的高度	高度范围： m	
4	是否需要立杆或者借杆	□新立杆 数量： □借杆 数量：	
5	环境光源	□ 日夜光线充足 数量： □ 白天光线正常，夜晚无环境光 数量： □ 全天光线昏暗或者存在逆光 数量：	
6	网络条件	□ 有线网络：□ 网线 □ 光纤 □ 无线网络：□ Wi-Fi □ 4G	
7	供电距离	供电距离： m	
8	环境温 / 湿度	年最高温度： 年最低温度： 湿度范围：	

续表

序号	勘测项	现场情况	特殊说明
9	电磁辐射	大功率电器情况记录： 电磁辐射强度测量值：	
10	特殊环境	□ 煤矿矿井、加油站、油气库、输油管道、粉尘车间、炼化厂、危化品存储仓库 □ 海边、离岛	
11	移动环境	□ 汽车、客车、地铁、高铁、火车等 □ 飞机或者航天载具 □ 轮船（内河、海运） □ 其他移动运行的大型机器	
12	其他		
审核人：	建议：		日期：

（4）勘测结果检查

系统实际施工应满足《民用闭路监视电视系统工程技术规范》（GB 50198—2011）、《安全防范工程技术标准》（GB 50348—2018）等规定，根据使用环境选择适配的设备进行安装。摄像机的安装环境要依据以下规范对“勘测信息记录表”记录的勘测结果进行检查，不符合规范的需按照要求进行整改。

① 摄像机宜安装在监视目标附近，不易遭受外界破坏的地方。安装位置要求不影响现场设备运行和人员正常活动。室内安装高度应距地面 2.5m ～ 5m，室外应距地面 3.5m ～ 10m。

② 摄像机安装点位需要稳固牢靠，对于剧烈振动的环境，不推荐安装普通摄像机。

③ 摄像机监控范围应避免强光直射，镜头视角范围内，不得有遮挡监视目标的物体。

④ 室外环境如存在太阳曝晒，雨水冲淋、浸泡，灰尘侵扰的情况，则摄像机外壳防护等级不得低于 IP54，建议选择 IP66 或者更高。

⑤ 摄像机应避免在高温、潮湿、强电磁的环境下工作，应当远离大功率开关电源设备和工作频率相近的高频设备等强干扰源。电磁兼容性应当参考现行国家标准《安全防范报警设备 电磁兼容抗扰度要求和试验方法》（GB/T 30148—2013）的相关规定。

⑥ 在海滨地区盐雾环境下，摄像机应具有耐盐雾腐蚀的性能。

⑦ 在腐蚀性气体和易燃易爆环境下，选用的摄像机要满足 GB/T 3836.2—2021《爆炸性环境 第 2 部分：由隔爆外壳“d”保护的设备》等国家现行相关标准规定的防护保护等级要求。

⑧ 用于车辆、船只、飞机等特殊环境，摄像机的设计与安装均要满足 GB/T 21563—2018《轨道交通 机车车辆设备 冲击和振动试验》等现行国家和行业相关标准的要求与规定。

⑨ 山区、旷野、高层建筑楼顶、电塔等易出现雷击的环境，应当满足现行国家标准《建筑物电子信息系统防雷技术规范》（GB 50343—2012）的设计要求。

3. 摄像机安装

视频监控摄像机在发展历程中，根据不同的用户需求、场景类型演化出不同的外观形态。不同外观形态的摄像机在使用方式和配属部件上存在一定差异。接下来，对目前市场上主流的吸顶式安装半球形网络摄像机、壁装枪形网络摄像机、吊装球形网络摄像机的安装进行介绍，同时对实施过程中的注意事项和操作规范进行说明（其他形态的摄像机及安装方式可以参考摄像机说明书）。

（1）安装准备

① 安装人员基本要求。具有从事视频监控系统安装、维修的资格证书或经历，并有从事相关工作（如高空作业等）的资格，此外还必须具有如下的知识和操作技能。

• 具有视频监控系统及组成部分的基础知识和安装技能。

• 具有低压布线和低压电子线路接线的基础知识和操作技能。

• 具备基本网络安全知识及安装技能，并能够读懂手册内容。

② 安装常用工具。

• 扳手、螺丝刀组或电动螺丝刀组。

• 自攻螺丝、膨胀螺栓。

• 安全帽、安全绳。

• 高度升降设备，如人字梯、登高车等。

③ 安装注意事项。

• 在安装前，请确认包装箱内的设备完好，所有部件齐全。

• 安装墙面应具备一定的厚度。若无特殊说明，要求墙面至少能承受的重量是摄像机及安装配件的总重的 4 倍。

• 避免将摄像机安装到表面振动或容易受到冲击的地方，以防摄像机受损。

• 避免在高温、低温或者高湿度的环境下安装摄像机，具体对温 / 湿度的要求，应参照摄像机的参数表。

• 适用于低温环境的摄像机，在启动之前会自动进行预加热。在不同的环境下，预加热时间有所不同，以确保加热充分后设备正常启动。

• 避免将摄像机的镜头直接对准强光物体，如太阳、白炽灯等，否则会造成镜头损坏。

• 安装具有红外或激光等补光灯的摄像机时，补光灯附近应避免出现树叶、墙壁等遮挡物，此类物体易造成近处反光而导致画面过曝。

• 进行接线、拆装等操作时，应将摄像机电源断开，切勿带电操作。

• 适用在室内安装的摄像机类型，应避免安装在可能淋雨或十分潮湿的区域。

• 避免将摄像机安装在阳光直射、通风不良、加热器和暖气旁等地方，以防造成火灾。

• 取下透明罩时，避免用手直接接触透明罩。因为手指的酸性汗液可能会腐蚀透明罩的表面镀层，手指上的硬物刮伤透明罩可能导致摄像机成像模糊。

• 清洁透明罩时，请使用足够柔软的干棉布或其他替代品擦拭内外表面，切勿使用碱性清洁剂洗涤。

（2）支架选择

支架是视频监控摄像机的配属部件，为摄像机适应不同环境、满足不同安装需求提供了支撑。支架的选择与摄像机形态、适用环境、安装要求有着密不可分的关系。选择时，需考虑外观颜色、适用机型、材质材料、最大承重、调整角度范围、可配支架等因素。

• 外观颜色：支架的外观颜色通常依据摄像机的颜色选择。

• 适用机型：主要依据支架和摄像机固定螺丝口的接口是否匹配选择机型。

• 材质材料：不同材质的支架最大承重不同，同时，支架材质的选择需依据摄像机所处的安装环境，例如存在腐蚀性气液体的环境，需要选择不锈钢材质的支架。

• 最大承重：支架最大承重应大于监控摄像机及其配属部件的总重量。

• 调节角度范围：关注支架可调整的水平、垂直方向的角度范围是否符合现场环境要求。

• 可配支架：如现有支架无法满足场景安装要求时，需要考虑与其他类型支架配合使用。

（3）吸顶式安装半球形网络摄像机

半球形网络摄像机适用于室内安装，外观以白色、银灰色色调为主，小巧轻便，一般依托室内天花板吸顶安装，与环境适配。具体安装步骤如下。

① micro SD 卡安装。拧松螺丝，拆开上盖组件，取下内罩，找到卡槽位置，插入 micro SD 卡（按照卡槽上丝印显示方向），如图 3-74 所示。

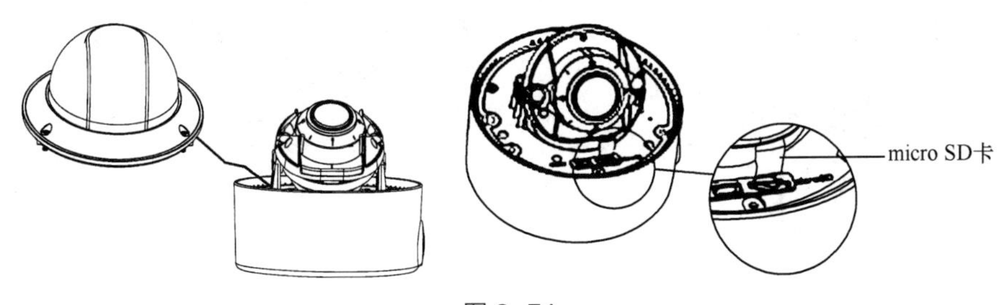

图 3–74

② 摄像机安装。

步骤 1：用螺丝将安装盘固定在天花板吸顶上，螺丝孔径参考安装盘尺寸数据，如图 3-75 所示。

步骤 2：整理并连接摄像机的电源线、网线等线缆，从安装盘中间穿过。

步骤 3：将摄像机底座孔位与安装盘孔位对齐，旋转摄像机机身使摄像机卡住安装盘，如图 3-76 所示。

步骤 4：调整镜头角度，如有必要还需调整焦距和对焦。

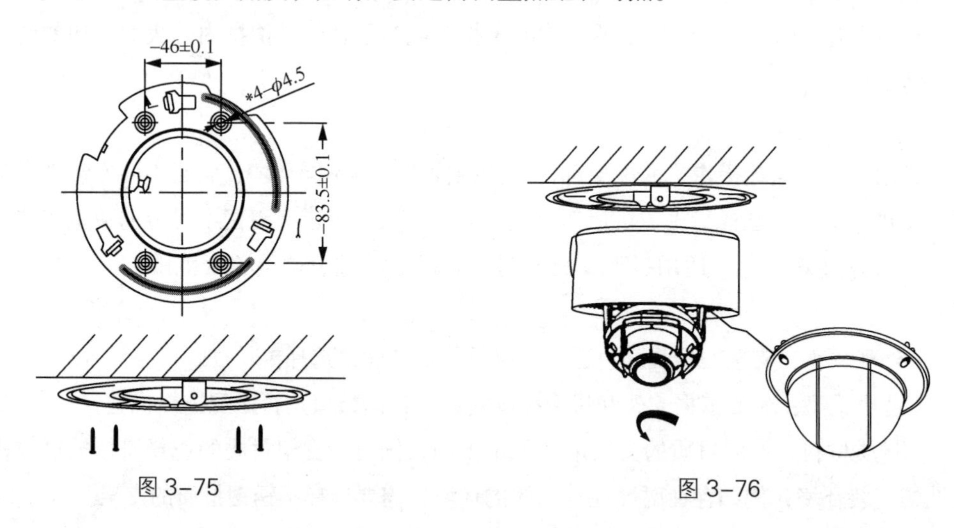

图 3–75　　图 3–76

步骤 5：将上盖组件中的导向柱与底座上的导向孔对齐，如图 3-77 所示，盖上上盖组件，并拧紧上盖组件上的螺丝。

步骤 6：安装结束后，将摄像机的原包装箱及其他配套工具、说明书整理收回。

③ 镜头调试。

• 调节镜头角度。半球形网络摄像机一般支持两轴或三轴方向调整镜头角度。通过镜头外壳可实现垂直方向的调节，通过摄像机底座可实现水平方向的调节，通过摄像机镜头可实现旋转方向的调节，如图 3-78 所示。

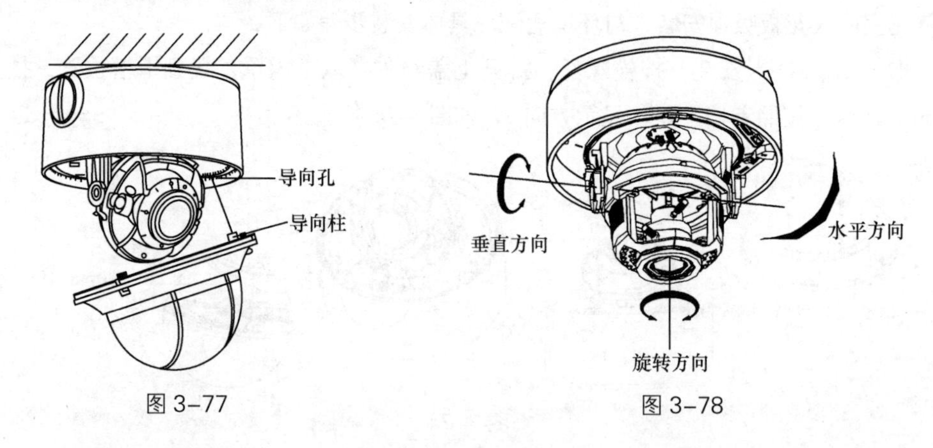

图 3–77　　图 3–78

• 调节焦距和聚焦。部分半球形网络摄像机对焦距、聚焦的调节需通过手动拧动螺杆实现。调节 Zoom 调焦螺杆（T ～ W）可选择合适的焦距、视场角，调节 Focus 聚焦螺杆（F ～ N）可使整个画面清晰。所有操作完成后须拧紧镜头调节螺杆，如图 3-79 所示。

（4）壁装枪形网络摄像机

枪形网络摄像机主要由机身和镜头组成，该形态的摄像机结构简单、镜头可选、安装方便。枪形网络摄像机常见的安装方式是壁装，其具体安装步骤如下。

① micro SD 卡安装。在机身上找到卡槽位置，并插入 micro SD 卡，安装完成后 micro SD 卡可用于摄像机的视频和图片本地存储，如图 3-80 所示。

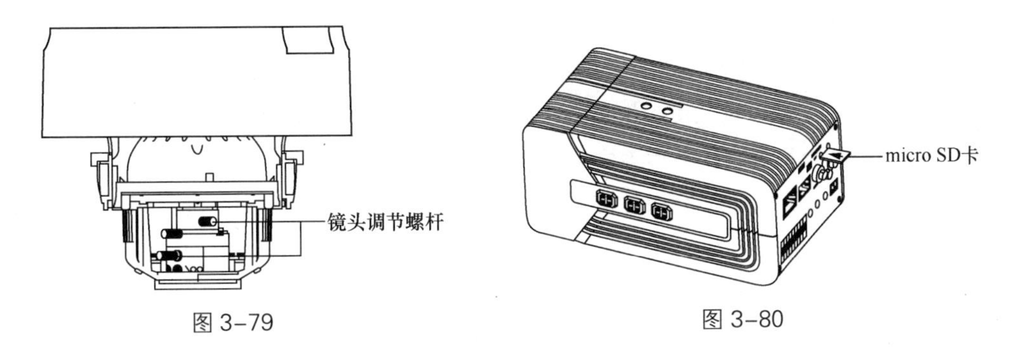

图 3-79　　图 3-80

② 镜头安装。

步骤 1：参考镜头选型要求，检查镜头参数和摄像机参数是否匹配。如需要转接环，需先将转接环安装到摄像机镜头接口上。

步骤 2：打开镜头和摄像机的外包装，检查镜头外观有无损坏和污渍。

步骤 3：移开镜头尾部的防尘保护罩有无破损，如完好则将镜头与摄像机接口对齐并迅速旋转接入、拧紧。

步骤 4：将控制线与摄像机或者控制板连接。

步骤 5：如果是自动光圈镜头，需要将镜头上的光圈驱动线插入摄像机侧边的四孔接口上，如图 3-81 所示。

③ 镜头调试。镜头类型不同，其调试步骤和注意事项也存在一定差异。常见调试顺序为调节光圈、调节焦距、调节聚焦位置、检查成像效果。

• 调节光圈。当镜头为固定光圈时，光圈大小无须调节；当镜头为手动光圈时，光圈大小可以手动调节。根据镜头类型的不同，手动调节方式通常有以下两种。

通过手动拧转镜头上的光圈控制螺杆，控制光圈大小，方向一般为从 O（OPEN）到 C（CLOSE），O 方向为放大至完全打开，C 方向为缩小至关闭，如图 3-82 所示。

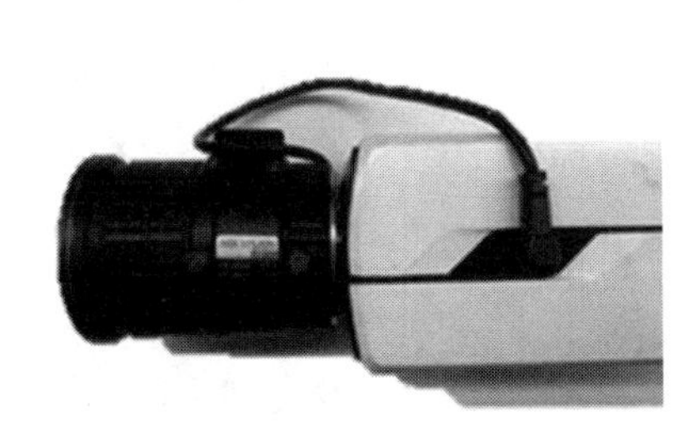

图 3-81

图 3-82

镜头通过控制线与摄像机机身或控制板连接，可利用调节软件，通过控制协议调节光圈大小，光圈调节界面如图 3-83 所示。

当镜头为自动光圈时，光圈大小由摄像机自动调节。摄像机根据视频图像的亮度、增益等参数的变化，通过光圈驱动线主动控制光圈的大小，保证视频图像的曝光和亮度维持在合适的水平。

• 调节焦距。一般大场景监控焦距调小；远距离物体监控焦距调大。

当镜头为固定焦距时，镜头焦距大小无须调节；当镜头为手动变焦时，镜头焦距大小可以手动调节。根据镜头类型不同，调节方式通常有以下两种。

通过手动拧转镜头上的焦距控制螺杆，调节焦距大小，调节方向一般为从 T（Tele）到 W（Wide）。T 方向为长焦端，调节后焦距增大、视角变小，W 方向为广角端，调节后焦距减小、视角变大。

镜头通过控制线与摄像机机身或控制板连接，可利用调节软件，通过控制协议调节焦距大小，焦距调节界面如图 3-84 所示。

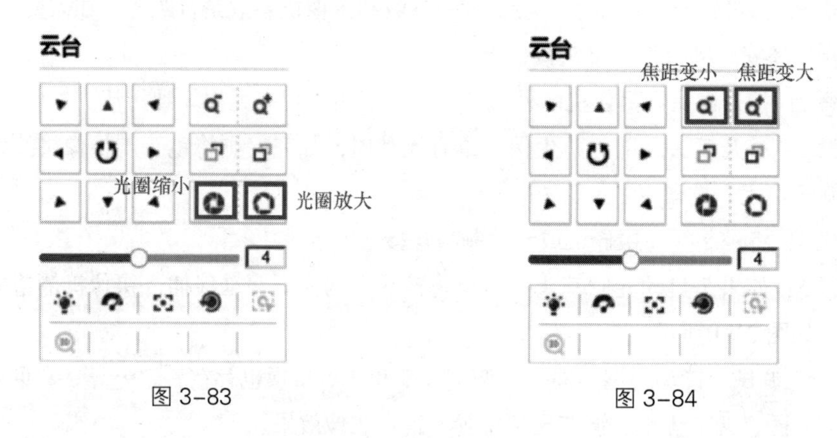

图 3-83　　图 3-84

• 调节聚焦位置。手动聚焦，即镜头焦点位置手动可调。根据镜头类型不同，调节方式通常有以下两种。

通过手动拧转镜头上的聚焦控制螺杆，调节聚焦位置，调节方向一般为从 N（Near）到 F（Far）。N 方向为聚焦位置后退（靠近），F 方向为聚焦位置前移（远离）。

镜头通过控制线与摄像机机身或控制板连接，可利用调节软件，通过控制协议调节聚焦位置的前移和后退，聚焦调节界面如图 3-85 所示。

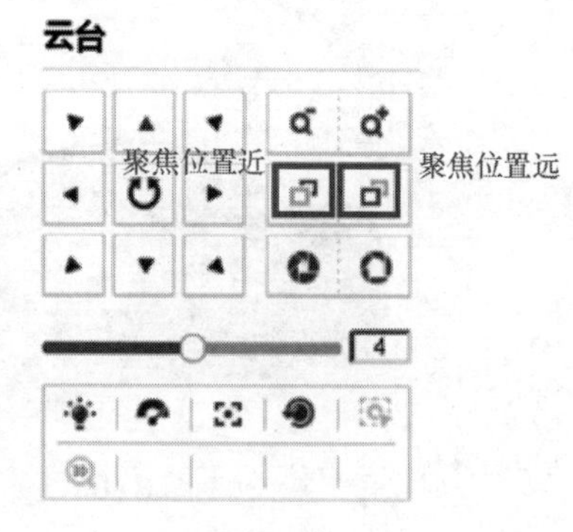

图 3-85

自动聚焦，指摄像机通过自动聚焦算法或者变倍聚焦曲线对监控图像进行监测判断。当镜头焦距变化、监控场景发生变化、图像中物体模糊、边缘不清晰时，自动进行聚焦位置的校准。拥有自动聚焦功能的镜头或摄像机，通常只需调节焦距，摄像机将自动完成聚焦位置的判断和锁定。

半自动聚焦，与自动聚焦的实现原理相同，但使用场景略有差异。原因在于自动聚焦可能会使摄像机误判或者频繁进行聚焦操作，导致该时段的监控图像模糊、无法看清。使用半自动聚焦时，通常只需调节焦距，摄像机将自动完成聚焦位置的判断和锁定，聚焦清楚后不会再次聚焦。

• 检查成像效果。检查图像的亮度，是否存在较多跳跃变化的噪点；检查监控范围是否满足设预期计，是否存在未完全覆盖的区域；检查监控范围内目标物体边缘是否清晰；若是手动调节的镜头，待成像整体效果确认后，应锁紧调节螺杆，并检查接线是否牢固。

④ 摄像机安装。

步骤 1：拆卸支架的上下摆动支架，将上下摆动支架安装至摄像机底部，如图 3-86 所示。

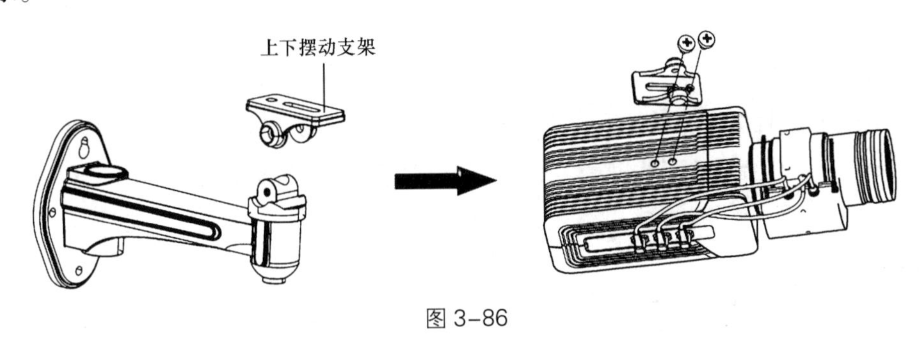

图 3–86

步骤 2：将壁装支架固定在安装墙面后，拧入（不完全拧紧）垂直调节螺丝，固定摄像机至壁装支架上，如图 3-87 所示。

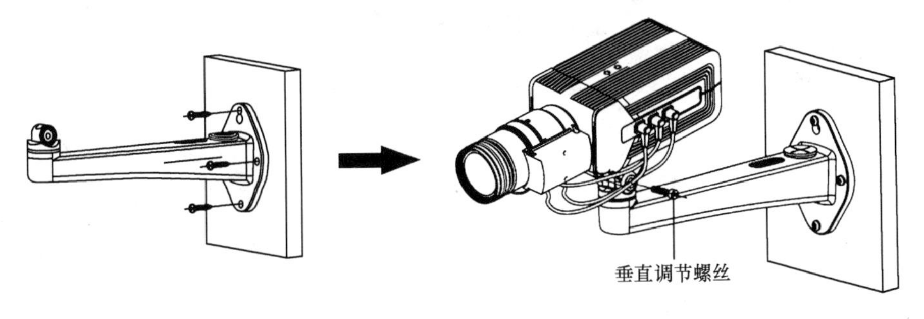

图 3–87

步骤 3：整理并连接摄像机的电源线、网线等，并做好线缆的防水和绝缘处理。

步骤 4：拧松垂直和水平调节螺丝，调整摄像机的角度至目标监控场景，并拧紧所有调节螺丝，如图 3-88 所示。

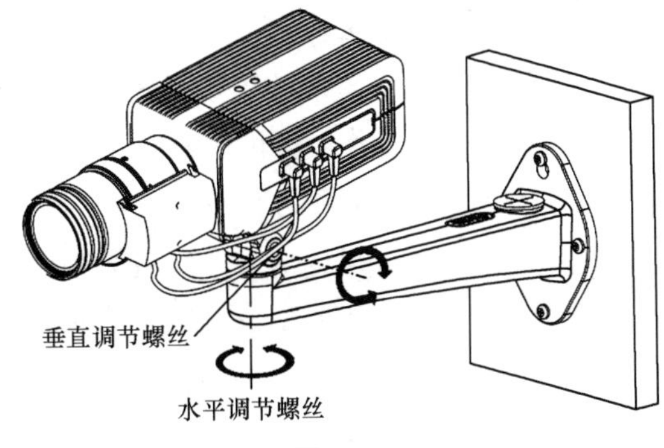

图 3–88

步骤 5：安装结束后，将摄像机的原包装箱及其他配套工具、说明书整理收回。

⑤ 调整焦距和聚焦。摄像机安装到支架上后，通常需要根据实际监控场景调整焦距和聚焦来获得合适的视场角和清晰的画面。

部分设备可通过手动调节镜头焦距控制螺杆来获得合适的焦距、视场角，通过调节聚焦控制螺杆来获得清晰的图像，最后锁紧镜头的焦距、聚焦控制螺杆。

部分设备支持电动调焦，可登录设备调节界面进行调整。

（5）吊装球形网络摄像机

球机常见的安装方式是吊装，具体安装步骤如下。

① micro SD 卡安装。在机身上找到卡槽位置，拧开护罩盖，插入 micro SD 卡，如图 3-89 所示。

② 摄像机安装。吊装支架适用于室内环境的硬质天花板安装。天花板的厚度应足够安装膨胀螺栓，且至少能承受的重量是球形网络摄像机与支架等附件总重量的 8 倍。

步骤 1：选择合适的安装位置，根据支架法兰盘上的孔径进行开孔，如图 3-90 所示。

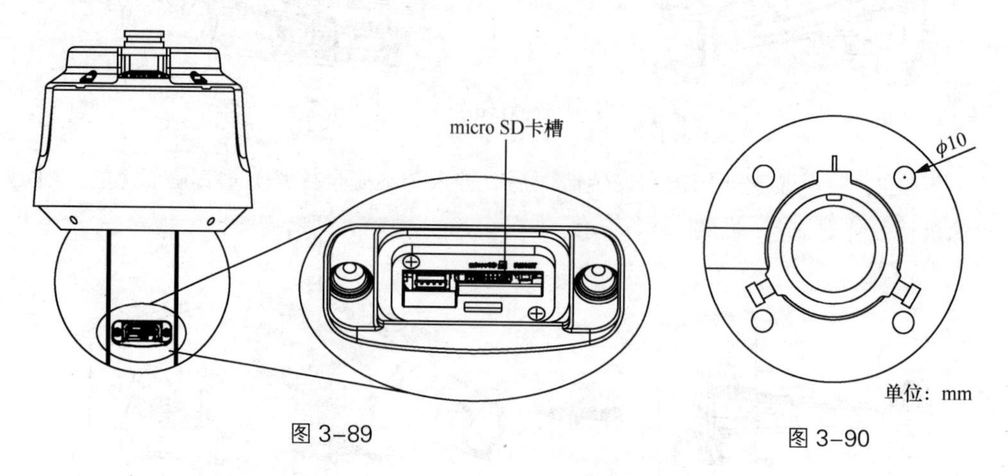

图 3–89　　图 3–90

步骤 2：将电源、网口等连接线穿过支架，用膨胀螺栓将支架固定到天花板上，如图 3-91 所示。

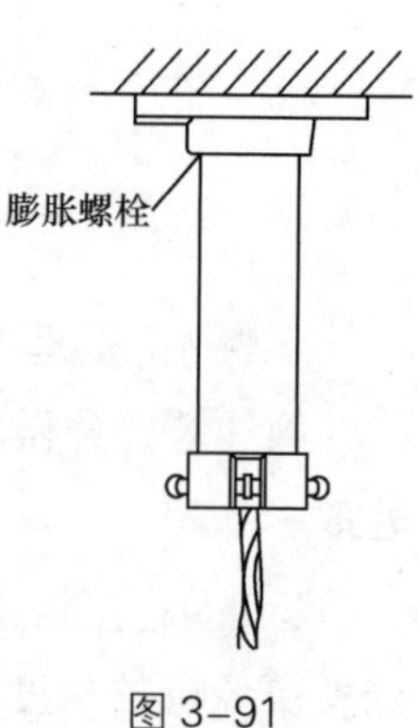

图 3–91

步骤 3：将摄像机的安全绳挂载到支架转接头的安全绳挂钩处，连接好各线缆，并将剩余的线缆拉入支架内，如图 3-92 所示。

步骤 4：确认支架上的锁紧螺丝处于非锁紧状态（锁紧螺丝没有在内槽出现），将摄像机送入支架内槽，并向左（或者向右）旋转一定角度固定，如图 3-93 所示。

步骤 5：连接好摄像机后，使用 L 形六角扳手拧紧螺丝，使得球体能够稳定地挂在支架上，如图 3-94 所示。

步骤 6：固定完毕后，撕掉镜头附近的红外灯保护膜，安装结束。

步骤 7：安装结束后，将摄像机的原包装箱及其他配套工具、说明书整理收回。

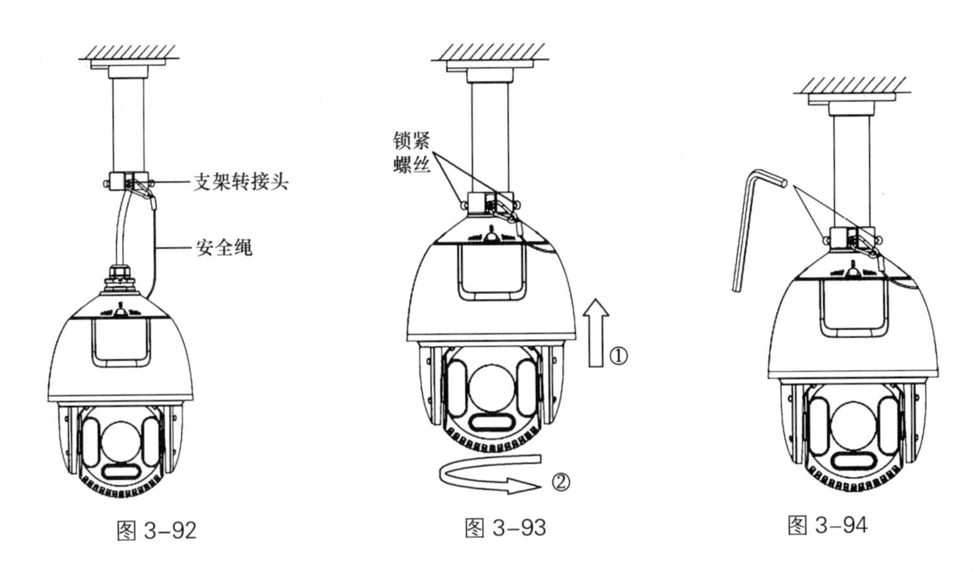

图 3–92　　图 3–93　　图 3–94

4. 配件安装

摄像机配件可以通过与摄像机的不同接口连接，接收或者传输相关数据，如音频、报警信号等，用来辅助摄像机实现功能的拓展。常用的配件有拾音器、音箱、报警器、温 / 湿度传感器、补光灯等。

（1）音频设备安装

支持音频拓展功能的摄像机会预留音频接口用于和音频设备连接。其中，摄像机获取外部音频信号的过程为拾音，主要搭配拾音器；摄像机对外输出音频信号过程为语音广播，主要搭配音箱、喇叭等。

常见的摄像机音频接口如图 3-95 所示。

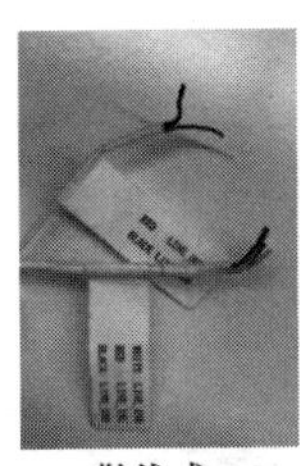
散线式

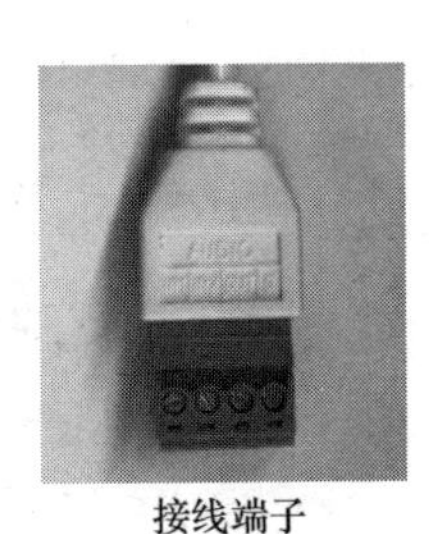
接线端子

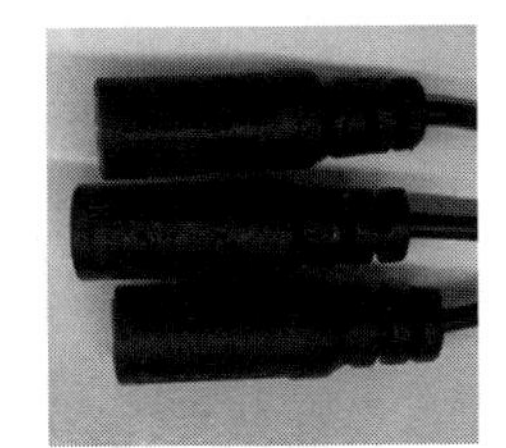
3.5mm圆口

图 3–95

常见的摄像机音频接口标签或丝印含义如表 3-16 所示。

表 3–16　常见的摄像机音频接口标签或丝印含义

标签或丝印	含义
AUDIO IN/LINE IN	音频输入口
AUDIO OUT/LINE OUT	音频输出口
GND/G	音频地线（音频输入与输出共用）

① 拾音器。拾音器主要用于采集音频，通常由一个话筒音头和放大输出电路组成。

拾音器一般需要单独供电，不能与摄像机共用电源。部分摄像机支持 DC 12V 电源输出，可用于给拾音器供电，如图 3-96 所示。常见的拾音器输出线缆中，红线为拾音器供电正极（+），黑线为拾音器供电负极和音频地线（-），白线为拾音器音频输出线。

拾音器建议安装在室内等相对封闭的环境中，远离室内出风口。接线方式根据摄像机音频接口的不同，通常有如下两种。

当摄像机音频接口为散线或者接线端子时，接线方式如图 3-97 所示。

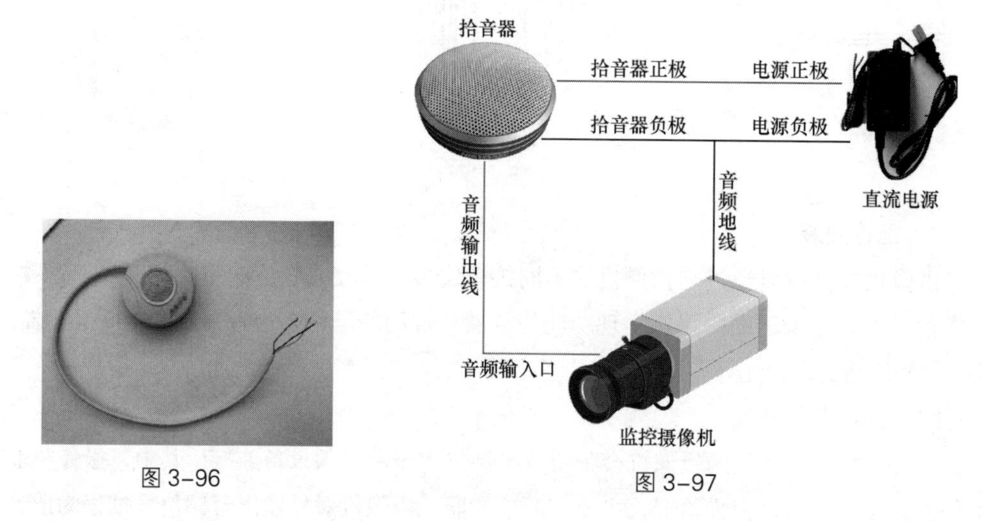

图 3-96　　图 3-97

当摄像机音频接口为 3.5mm 圆口时，由于拾音器输出线通常为散线，则需要增加 3.5mm 圆口转散线的转接线与拾音器连接，接线方式如图 3-98 所示。

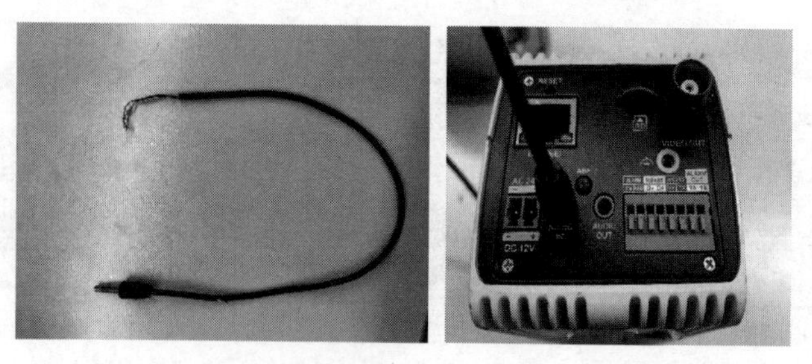

图 3-98

② 音箱。音箱通常采用单独供电，摄像机通过音频输出口传输模拟音频信号给音箱，音箱对声音进行放大播放。

根据摄像机音频接口的不同，音箱通常有如下两种接线方式。

当摄像机音频接口为散线或者接线端子时，摄像机 AUDIO OUT/LINE OUT 与音箱音频输入（红色）相接，摄像机 GND/G 与音箱音频输入（黑色）相接，接线方式如图 3-99 所示。

当摄像机音频接口为 3.5mm 圆口时，由于音箱输入线通常为散线，则需要增加 3.5mm

圆口转散线的转接线与音箱连接，接线方式如图 3-100 所示。

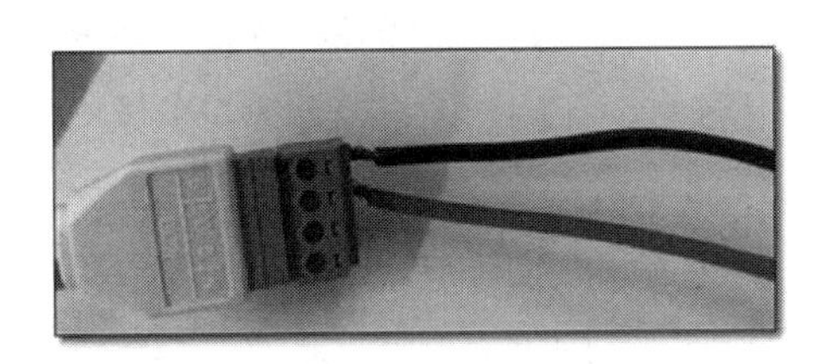

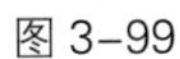

图 3–99

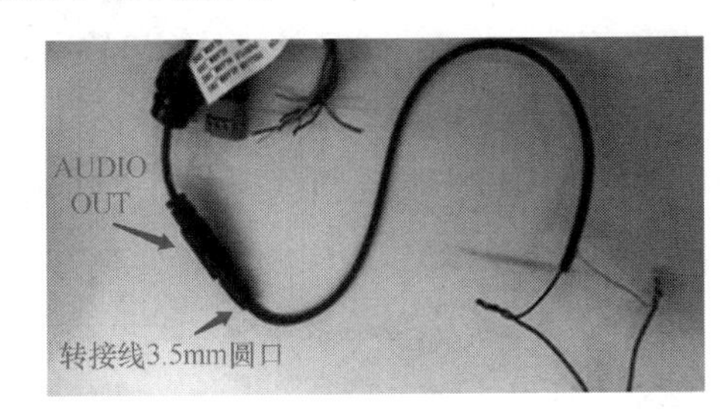

图 3–100

（2）报警设备安装

摄像机预留报警输出和输入接口用于连接外部的报警设备。常见的摄像机报警接口如图 3-101 所示。

散线式

接线端子

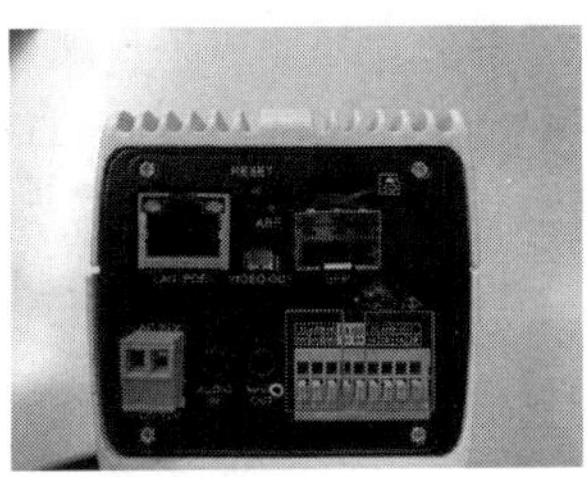

排插式

图 3–101

常见的摄像机报警接口标签或丝印含义如表 3-17 所示。

表 3–17　常见的摄像机报警接口标签或丝印含义

标签或丝印	含义
ALARM IN	报警输入
ALARM OUT	报警输出
ALARM GND	报警地线（音频输入与输出共用）
ALARM OUT 1A 和 1B	报警输出，不区分极性

如表 3-18 所示，报警输出类型通常分为两种。一是开关量输出，其内部为开关，没有极性，连接报警设备时接线无须区分正负极。二是信号量输出，其内部为晶体管，依靠极性导通、截止，控制输出状态，接线时需要区分正极（报警输出 ALARM OUT）和负极（GND）。

表 3–18　摄像机报警输出区分

报警输出类型	内部构造	有无极性	供电负载	接口类型
开关量	开关	无	DC/AC 24V 1A	1A&1B，2A&2B
信号量	晶体管	有	DC12V 30mA	ALARM OUT &GND

① 报警探测器。报警探测器自带传感装置对环境进行监测，发现异常时输出开关量的报警信号，并传送给摄像机的报警输入口进行相关处理或者转发至中心管理处。

报警探测器的接线方法：摄像机的报警输入与报警探测器的报警输出连接，报警探测器的报警输出与摄像机报警输入（ALARM IN）连接，探测器的报警地线与摄像机的报警地线（ALARM GND）连接。

② 继电器。摄像机报警输出的负载电压有一定范围。在实际应用中，可能需要摄像机控制工作电压较大的报警设备，超出了摄像机报警输出的负载范围。此时，需要增加合适的继电器配合摄像机使用。

继电器是一种电控制器件，当输入量的变化达到规定要求时，在电气输出电路中使被控量发生预定阶跃变化或使被控电路连通 / 断开的一种电器。继电器通常应用于自动化的控制电路中，是利用小电流控制大电流运作的一种“自动开关”。

继电器与摄像机报警输出的接线方法：摄像机的报警输出（ALARM OUT）接继电器 control 端的负极（-），直流电源的正极（+）接继电器 control 端的正极（+），报警地线与直流电源负极相接，将交流电源和报警器（如警示灯）接到继电器的 output 端，如图 3-102 所示。

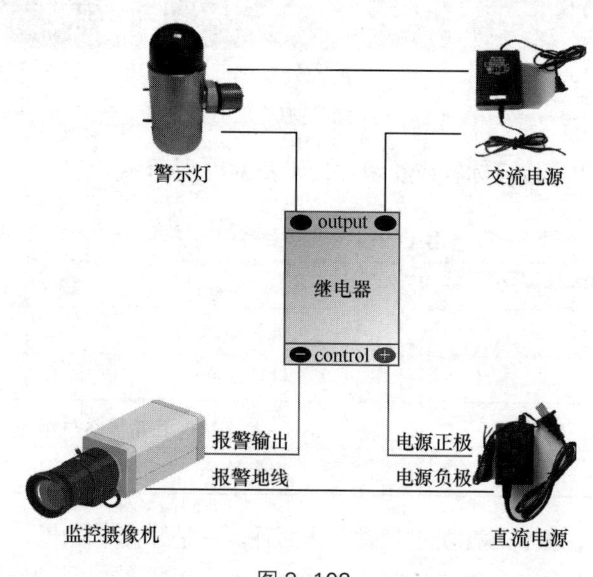

图 3–102

（3）补光灯安装

根据发光类型的不同，补光灯可以分为红外灯、白光灯、暖光灯、混合补光灯等。摄像机可集成补光灯，并控制其工作状态，也可根据环境的需求独立架设。安装补光灯时，应注意以下事项。

① 补光灯安装位置与摄像机位置应保持一定距离，建议不小于 2m，距离过近容易对摄像机镜头产生干扰。

② 补光灯朝向应对准监控区域或目标物体，不宜朝向天空，建议俯角为 30°。

③ 补光灯安装在居民区时，应当充分考虑夜晚光线对居民休息的影响，不宜朝向建筑物的窗户。

④ 特殊频率的补光灯，如频闪灯，不宜与 CMOS 传感器的摄像机放置在同一环境下使用。

（4）传感器安装

RS-485 是基于串口的通信接口，采用半双工数据通信模式[22]进行数据的收发。摄像机一般通过 RS-485 完成拓展功能的实现，如获取温 / 湿度数据。

RS-485 接线时需注意，RS-485+ 接对端的 RS-485+，RS-485- 接对端的 RS-485-。

（5）护罩安装

护罩主要用于保护枪机，防止外界水汽、尘土等的影响，材质一般为塑料或铝合金，可以支持 IP66 防护等级，可以按需选择带风扇、雨刷、加热或制冷装置的型号。

如图 3-103 所示，安装时需注意摄像机和护罩接线一一对应。

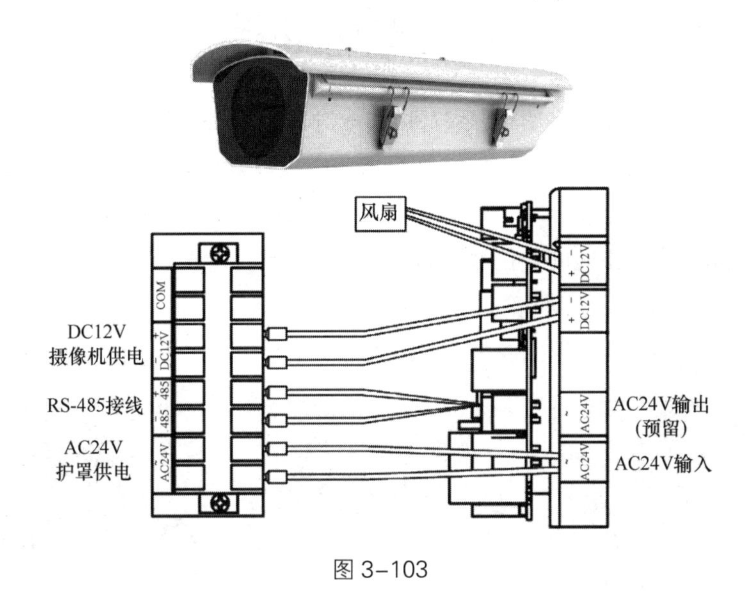

图 3-103

5. 防雷防水处理

（1）防雷与接地

为充分保证摄像机工作的稳定性和可靠性，需对摄像机采取有效的防雷 / 接地措施，以避免受到雷击或静电的干扰。防雷 / 接地的措施应符合《建筑物电子信息系统防雷技术规范》（GB 50343—2012）中的有关规定。

① 摄像机接地一般通过终端设备，如通过硬盘录像机接地则可实现间接接地。若无终端设备，则建议在摄像机端做接地处理。

22　半双工数据通信模式：允许在两个方向上传输数据，即从 A 端发送数据到 B 端，或从 B 端发送数据至 A 端，但不能同时进行双向传输，方向的选择由数据终端设备控制。

② 集中供电时，电源的交流电和直流电的接地端需共地。

③ 接地线所用的铜芯绝缘导线和电缆，其截面不应小于 6mm^2，埋线深度≥ 0.5m，接地电阻 $< 4\Omega$。室外安装防雷标准请参见“9.2.2 电气安全”。

（2）防水绝缘

安装在室外的摄像机在结构设计上需要具备防水能力。安装时也需要做好防水绝缘处理，保证摄像机可长期安全使用。

① 摄像机立杆规范如下。

• 安装 L 形立杆时，建议横杆应有一定的上扬角度 θ，防止横杆密封性不好导致雨水倒灌至球形网络摄像机顶部，如图 3-104 所示。

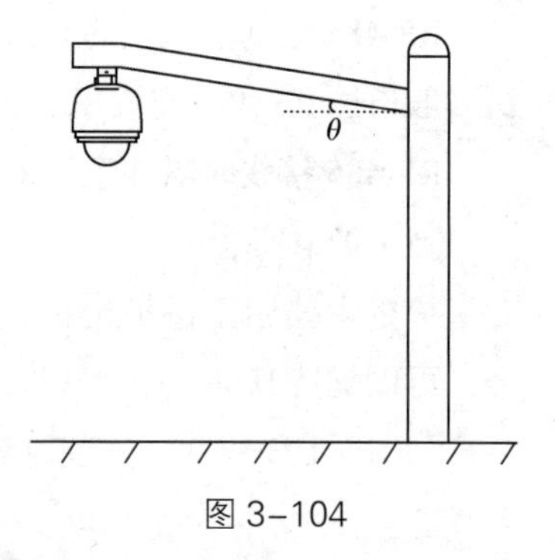

图 3–104

• 摄像机壁装时，推荐使用长壁装支架，不推荐使用短壁装支架或者吊装支架。

• 室外摄像机安装时，如需采用吊装方式，应使用专用防水吊装支架，不可将室内吊装支架应用在室外环境中。

• 自制球形网络摄像机支架时，应选用连接口为内螺纹的支架，并确保支架防水。

• 接线端口需做好防水处理，防止锈蚀造成图像异常。同时，电源适配器应放置在配电箱内。

• 室内型摄像机，不能安装在可能淋雨或非常潮湿的地方。

② 网口的防水处理步骤如下。

步骤 1：准备防水帽、防水胶带、绝缘胶带等工具，如图 3-105 所示。

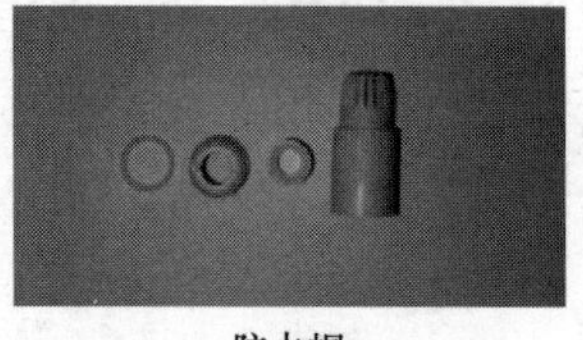

防水帽

防水胶带

绝缘胶带

图 3–105

步骤 2：将未做水晶头的网线按图 3-106 所示顺序穿过网口防水帽的各个部件，然后完成水晶头制作，插上网线。

步骤 3：将防水帽组合完成后，顺时针拧紧即可，如图 3-107 所示。

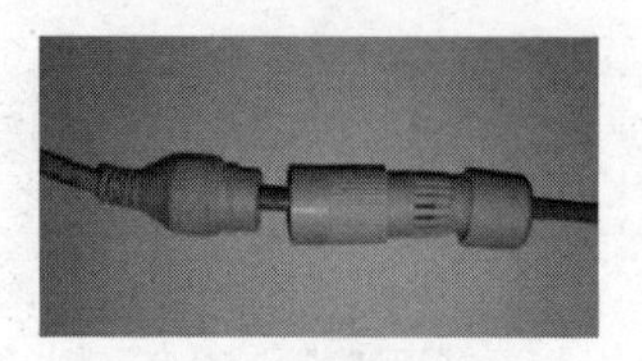

图 3–106

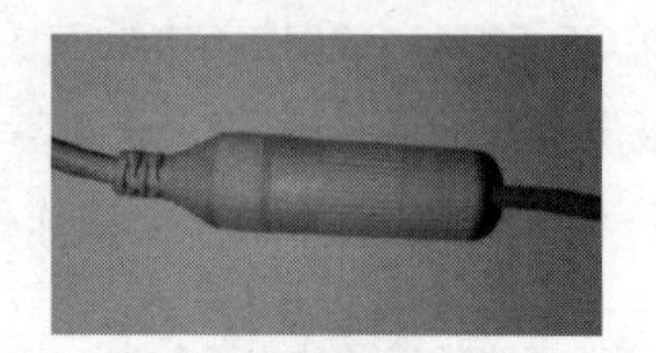

图 3–107

如无网口防水帽，则使用防水胶带与绝缘胶带将网口上下部分缠绕，上下各覆盖至少 3cm。

③ 电源的防水处理步骤如下。

步骤 1：准备防水胶带和绝缘胶带等工具。

步骤 2：完成摄像机电源接口的接线，并拧紧固定接头的螺丝。

步骤 3：剪一小段防水胶带，长度适中，撕掉防水胶带的隔离膜，并将防水胶带拉长至原长度的 2 倍左右，如图 3-108、图 3-109 所示。

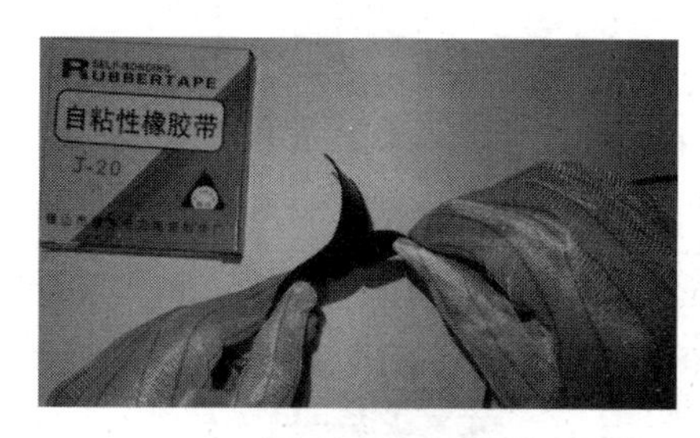

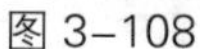
图 3-108

图 3-109

步骤 4：将防水胶带以半搭式缠绕在需要做防水的接口上，需覆盖住接口上下部分至少各 3cm，如图 3-110、图 3-111 所示。

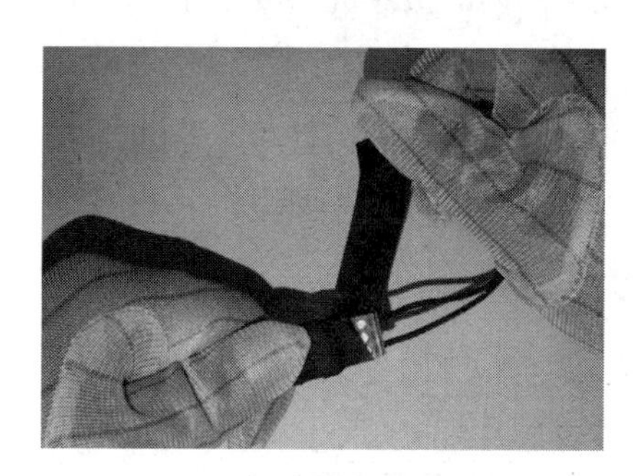

图 3-110

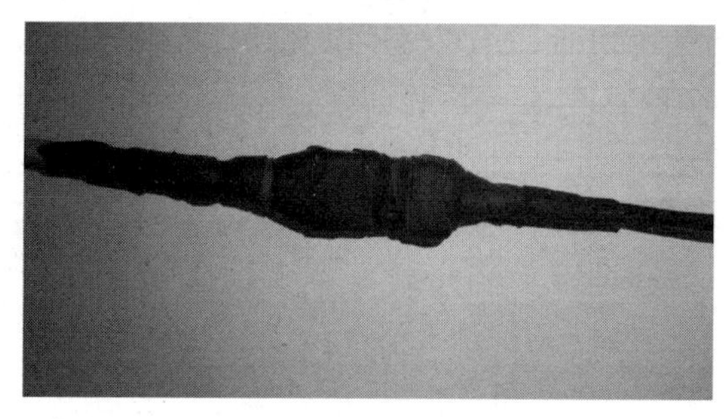

图 3-111

步骤 5：依照防水胶带的缠绕方式，在表层缠绕一层绝缘胶带，如图 3-112、图 3-113 所示。

图 3-112

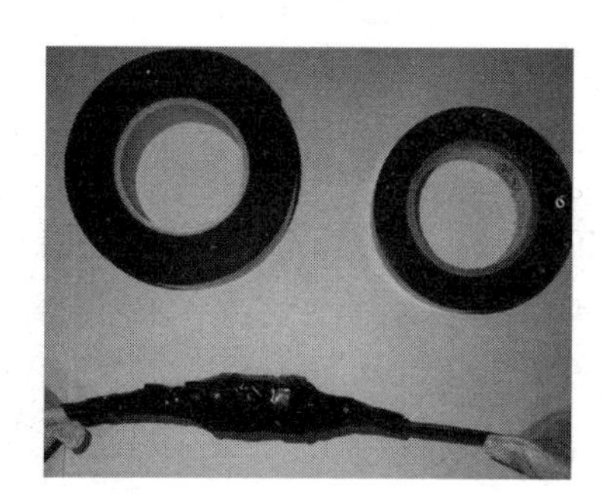

图 3-113

其他未使用的线缆也需进行相同的防水绝缘处理，如图 3-114 所示。

6. 基础配置

网络摄像机完成安装后，可通过网络浏览器进行基础配置。

（1）上电激活

步骤 1：网络连接。配置前应先确认计算机与网络摄像机是否连接完成，能否访问该网络摄像机。网络连接方式有两种，如图 3-115、图 3-116 所示。

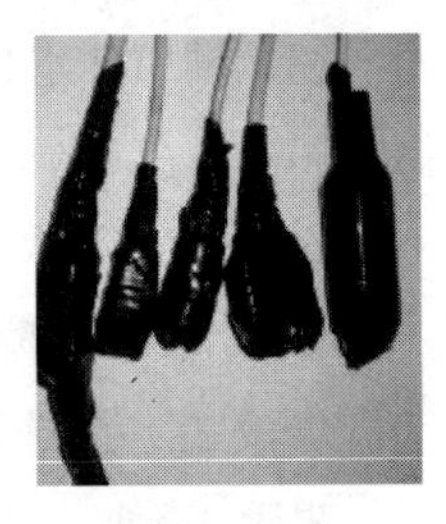

图 3–114

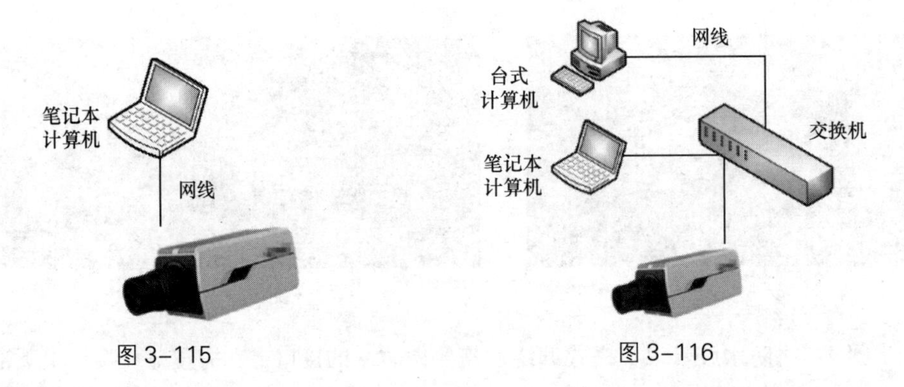

图 3–115　　图 3–116

步骤 2：激活摄像机。打开 SADP[23]，可搜索到局域网内的摄像机。摄像机初始 IP 地址为 192.168.1.64，状态为未激活。按照图 3-117 所示步骤，设置密码并激活摄像机。对密码的要求：8 ~ 16 位，数字、大写字母、小写字母、特殊字符中两种及以上组合。

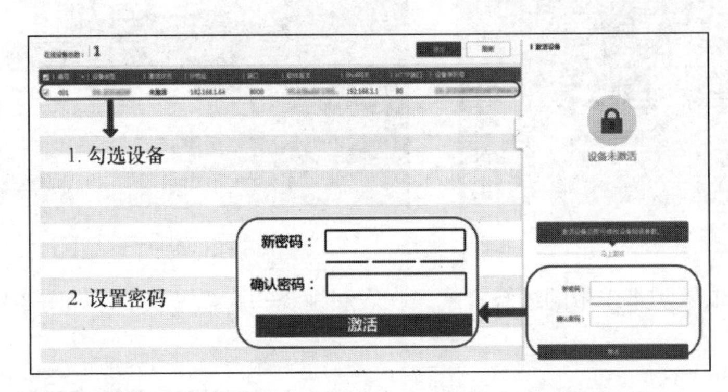

图 3–117

步骤 3：修改摄像机网络参数。勾选已激活的设备，在右侧“修改网络参数”处输入 IP 地址、子网掩码、网关等信息，输入管理员密码，如图 3-118 所示单击“修改”，提示“修改网络参数成功”则表示网络参数设置生效。需要注意的是，修改的网络参数需在当前局域网网段中。

（2）访问登录

在浏览器地址栏中输入网络摄像机的 IP 地址登录，将自动弹出安装浏览器控件的

23　SADP：介绍详见“7.3.2 设备网络搜索软件”

界面，选择允许安装。

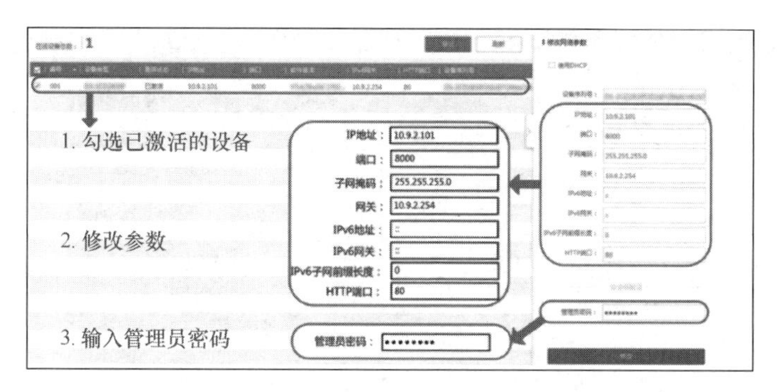

图 3–118

控件安装完成后，重新打开浏览器，输入网络摄像机 IP 地址并按 Enter 键。此时，将弹出如图 3-119 所示的登录界面，输入用户名和密码即可登录摄像机。默认用户名为 admin，密码为激活摄像机时所设置的密码。

图 3–119

（3）预览与控制

登录设备后，可以进行与预览、回放、图片、应用、配置等相关的操作，如图 3-120 所示，单击“帮助”可获取联机帮助文档。

图 3–120

预览。在此界面中可查看实时视频的预览画面，如图 3-121 所示。

图 3–121

控制。界面右侧区域为控制区，可用来控制设备云台，镜头变焦、聚焦，光圈闭合等功能，如图 3-122 所示。

图 3–122

7. 安装效果验收

摄像机安装与基础调试完成后，需对安装效果进行验收，其验收项可参考表 3-19 所示检查表。

表 3–19　摄像机安装验收检查表

序号	检查项目	检查内容	检查结果	备注
1	支架安装	支架固定，螺丝拧紧	□合格　□不合格	
2	设备安装	摄像机与支架固定，螺丝拧紧。如有安全绳，检查安全绳是否扣住	□合格　□不合格	

续表

序号	检查项目	检查内容	检查结果	备注
3	镜头安装	镜头调节螺杆拧紧锁死，镜头前保护罩拆除	□合格 □不合格	
4	线缆接线	供电、信号等线缆正确接线，接线接口处螺丝拧紧固定	□合格 □不合格	
5	防水绝缘	摄像机供电、信号等传输线缆做好防水、绝缘措施，并将线缆用扎带收束，固定在支架内部	□合格 □不合格	
6	监控角度	摄像机镜头监控角度对准监控区域	□合格 □不合格	
7	环境检查	1. 摄像机前方没有物体遮挡视野。 2. 摄像机云台上电自检转动时，周围环境不会产生干涉	□合格 □不合格	
8	包装带	摄像机镜头与机身出厂自带的保护膜和泡棉撕掉	□合格 □不合格	
9	成像效果	1. 登录摄像机，预览画面正常。 2. 查看图像细节，监控区域内物体轮廓、边缘清晰。 3. 与实际场景对比，视频监控效果没有明显色差	□合格 □不合格	
10	控制功能	1. 检查云台控制功能，垂直方向和水平方向转动正常。 2. 检查镜头电动变焦、聚焦正常	□合格 □不合格	
11	拓展功能	1. 摄像机拾音清晰，无杂音。 2. 摄像机语音广播清晰，无杂音	□合格 □不合格	

3.3.3 后端存储设备实施

后端存储设备是视频监控系统的重要组成部分，用于视频文件的安全保存。接下来从机房建设要求、机柜安装和录像机安装三个方面进行详细介绍。

1. 机房建设要求

机房的建设需考虑选址、机房设备布置、电气、防雷与接地、电磁屏蔽、智能化系统和消防安全等因素。

（1）选址

机房选址应远离产生粉尘、油烟、有害气体的，以及生产或贮存具有腐蚀性、易燃、易爆物品的场所；远离强振源和强噪声源，避开强电磁场干扰。机房围护结构应满足保温、隔热、防火、防潮、少产尘等要求。

（2）机房设备布置

主机房内通道与设备间的距离应符合下列规定。

① 面对面布置的机柜（架）正面之间的距离不宜小于 1.2m。

② 背对背布置的机柜（架）背面之间的距离不宜小于 0.8m。

③ 当需要在机柜（架）侧面和后面维修测试时，机柜（架）与机柜（架）、机柜（架）与墙之间的距离不宜小于 1.0m。

④ 成行排列的机柜（架），其长度超过 6m 时，两端应设有通道。当两个通道之间的距离超过 15m 时，在两个通道之间还应增加通道。通道的宽度不宜小于 1m，局部可为 0.8m。

（3）电气

供配电系统应预留备用容量，需由不间断电源（uninterruptible power supply，UPS）系统供电。UPS 系统应有自动和手动旁路装置，UPS 系统的输出功率应满足负载满载情况下仍有 20% 输出功率剩余。

正常电源与备用电源之间的切换采用自动转换开关电器时，自动转换开关电器宜具有旁路装置或采取其他措施，确保在自动转换开关电器检修或故障时不影响电源的切换。

需保障机房安装维护的正常灯光亮度，照明灯具不宜布置在设备的正上方。监控中心应设置通道疏散照明及疏散指示标志灯。

机房地板或地面应有静电泄放措施和接地构造，且应具有防火、环保、耐污、耐磨等性能。

（4）防雷与接地

保护性接地和功能性接地宜共用一组接地装置，其接地电阻应按其中最小值确定。对功能性接地有特殊要求需单独设置接地线的电子信息设备，接地线应与其他接地线绝缘；供电线路与接地线宜同路径敷设。监控中心内所有设备的金属外壳、各类金属管道、金属线槽、建筑物金属结构等必须接地。

（5）电磁屏蔽

监控中心应采取电磁屏蔽措施，避免电磁干扰导致数据传输出现异常。电磁屏蔽室与建筑（结构）墙之间宜预留维修通道或维修口，壳体应对地绝缘，接地宜采用共用接地装置和单独接地线的形式，若使用屏蔽门、滤波器、波导管、通风截止波导窗等屏蔽件，安装位置应便于检修。

（6）智能化系统

监控中心根据规模和需求会设置总控中心、环境和设备监控系统、安全防范系统、火灾自动报警系统、监控中心基础设施管理系统等智能化系统。

（7）消防安全

监控中心的主机房宜设置气体灭火系统，也可设置细水雾灭火系统。当监控中心内的电子信息系统在其他监控中心内安装有承担相同功能的备份系统时，也可设置自动喷水灭火系统。总控中心等长期有人工作的区域应设置自动喷水灭火系统。监控中心需设置火灾自动报警系统，并设置室内消火栓和建筑灭火器，室内消火栓应配置消防软管卷盘。

2. 机柜安装

在监控中心，机柜主要用于安装供电设备、网络设备、存储设备和解码设备，具有防水、防尘、防电磁干扰等防护作用。机柜一般分为服务器机柜、网络机柜、控制台机柜等。

（1）安装环境要求

为了让机柜安装便捷且运行在最佳的状态，在进行安装前需对安装环境进行检查。可以按照表 3-20 中的检查项目来评判安装环境是否满足安装要求。

表 3-20　机柜安装环境要求

序号	检查项目	检测内容	检查结果
1	电梯	电梯承重≥ 1.5 t。 电梯内尺寸：高度> 2.4m，深度> 1.6m。 电梯门尺寸：高度> 2.2m，宽度> 0.9m	□合格　□不合格
2	过道门或机房门	高度> 2.2m，宽度> 0.9m	□合格　□不合格
3	机房内环境	环境温度 30 ℃以内，干净。 无蒸汽或腐蚀性气体	□合格　□不合格
4	机房高度	机房净高度≥ 2.6m	□合格　□不合格
5	机房面积	机房面积大小需满足机器的安装需求	□合格　□不合格
6	机房维修操作空间	机柜前门至少预留 0.8m 以上的安装空间。机柜后门至少预留 0.6m 以上的安装空间。侧门至少预留 0.8m 以上的安装空间	□合格　□不合格
7	机房承重条件	机房楼板承重条件需满足机柜承重要求（尤其要注意动力柜、电池柜的重量）	□合格　□不合格
8	机房电源	电源需满足设备的电压、相数要求。 电源进线和总空开需满足设备运行的最大功率要求	□合格　□不合格
9	空调安装条件	连管长度、高低落差（正 / 负）符合要求，给排水顺畅等	□合格　□不合格
10	当地海拔	不超过 1000m。若超过 1000m，需要降额使用	□合格　□不合格

（2）安全事项

设备安装前佩戴防静电手套和手环，检查设备接地。相关人身安全注意事项和电气使用安全注意事项可参考“第 9 章 安全生产”相关内容。

（3）机柜水平调节

将机柜移至安装位置，用 19mm 规格的开口扳手调节支脚自带螺母，按顺时针方向旋转，使支脚伸长至所需高度（40mm ～ 70mm），保持机柜水平状态，然后锁紧 M12 螺母，如图 3-123 所示。

为了保证整个机房的稳定性，需要将各个机柜合并到一起，且柜体的每个面保持在同一平面上，如图 3-124 所示。另外需要测量通道的宽度，确保宽度均为 1200mm，误差不超过 1mm，若误差较大可以稍微挪动柜体调节。

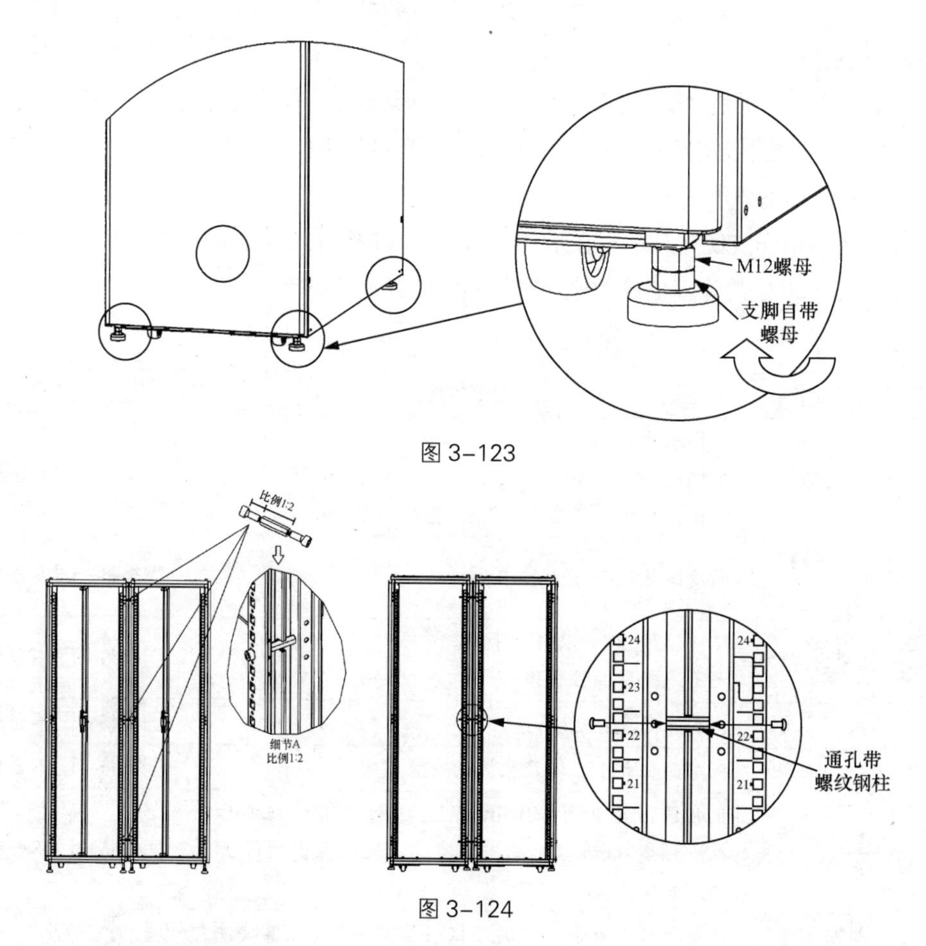

图 3–123

图 3–124

（4）安装导轨和托盘

机柜中安装设备时需要加固。通常服务器等产品使用导轨固定，硬盘录像机、显示器等设备需要放置在托盘上。其中，托盘安装时需要将托盘固定在高度相同的 4 个 U 数孔中，如图 3-125 所示。

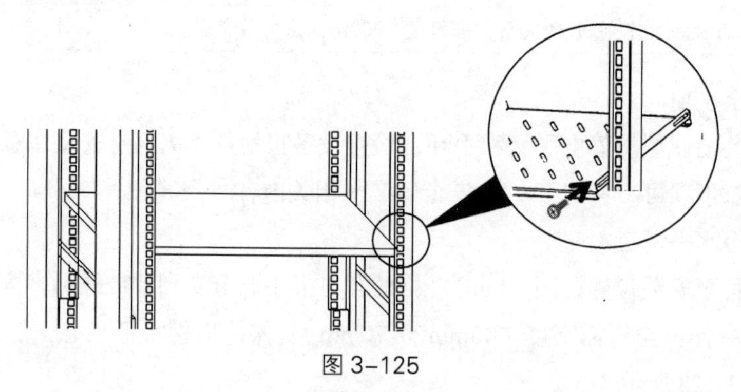

图 3–125

导轨安装步骤如下。

① 打开机柜后门，根据现场实际情况确定导轨安装高度。

② 将内轨抽出直到内轨自锁，用手按压内轨锁扣解锁，将内轨完全抽出，如图 3-126

所示。

③ 将内轨安装孔对准机柜 U 数孔，插入浮动螺母定位。

④ 确认两侧安装水平后，固定浮动螺母，将卡位螺钉卡入机柜前后立柱的对应孔里，如图 3-127 所示。

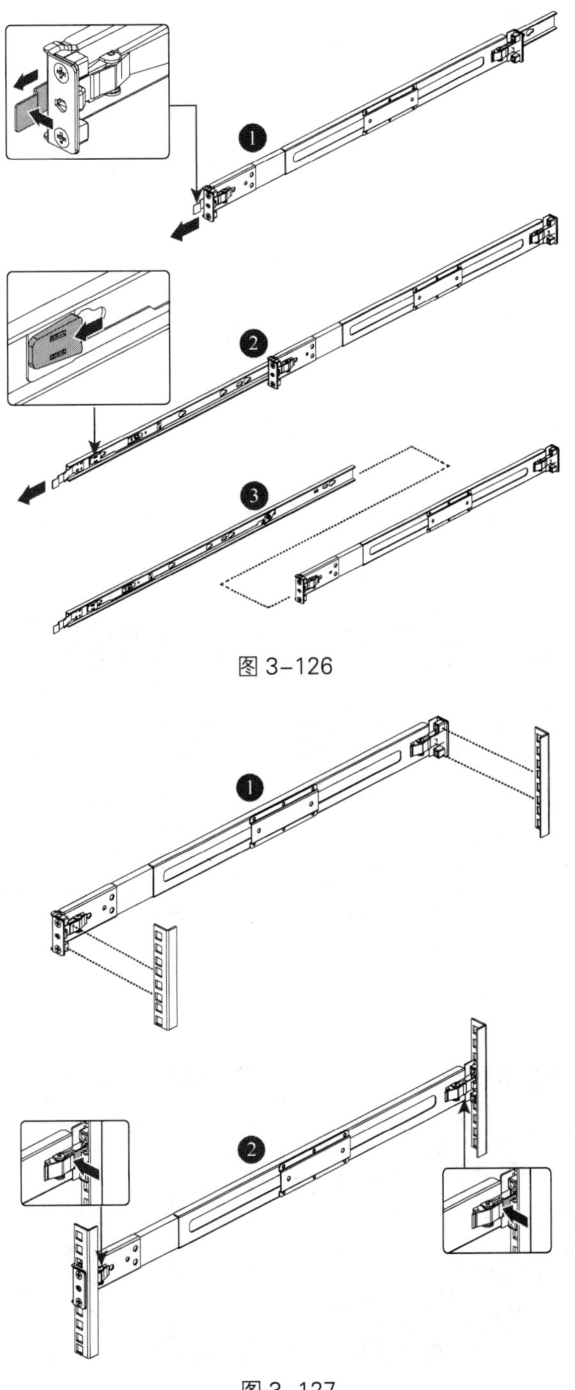

图 3–126

图 3–127

（5）安装 PDU

电源分配单元（power distribution unit，PDU），即机柜电源分配插座，PDU 是为机柜式安装的电气设备提供电力分配的产品。PDU 分为横装 PDU、竖装 PDU，这里以横装 PDU 为例，如图 3-128 所示，其安装步骤如下。

① 打开机柜后门，根据现场实际情况确定 PDU 安装高度。

② 将 PDU 安装孔对准机柜 U 数孔，插入浮动螺母定位。

③ 确认两侧安装水平后，固定浮动螺母。

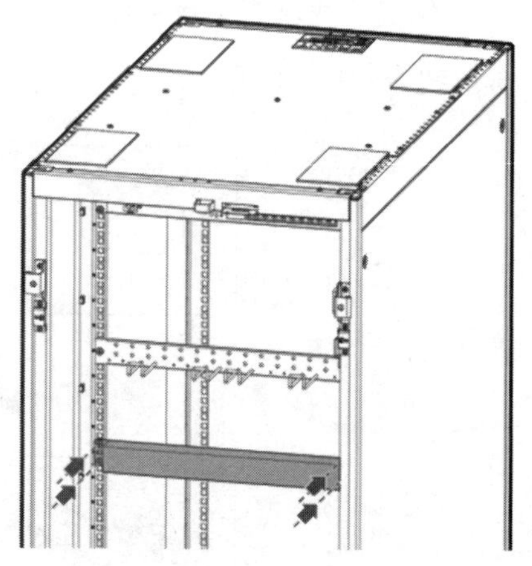

图 3-128

（6）接地

单机柜场景时，机柜从机房接地排接地。多机柜场景时，根据机柜厂家提供的说明书，从一体柜接地排接地。接地一般使用两根接地导线进行连接，其中一根为接地备线。接地步骤如下。

① 将接地线一端连接到机房接地铜排（如图 3-129 所示）或连接到桥架接地线（如图 3-130 所示）。

图 3-129

图 3-130

② 将接地线另一端连接到机柜接地铜排，如图 3-131 所示。

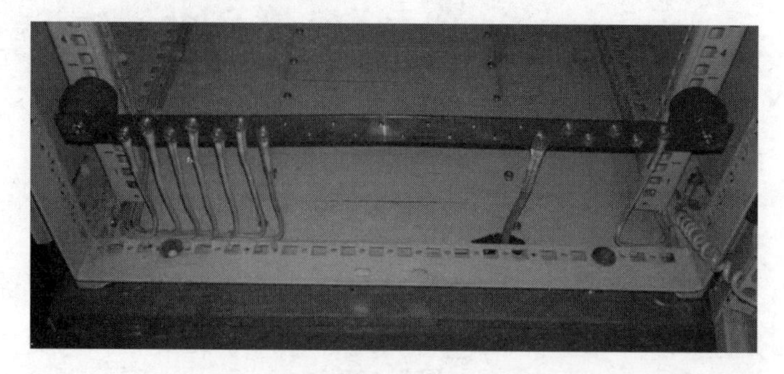

图 3-131

③ 找到机柜侧板和前后门板的接地端子，通过接地线接入机柜接地排，如图 3-132 所示。

④ 将机柜上的每台设备通过接地线与机柜接地排连接，如图 3-133 所示。

图 3-132

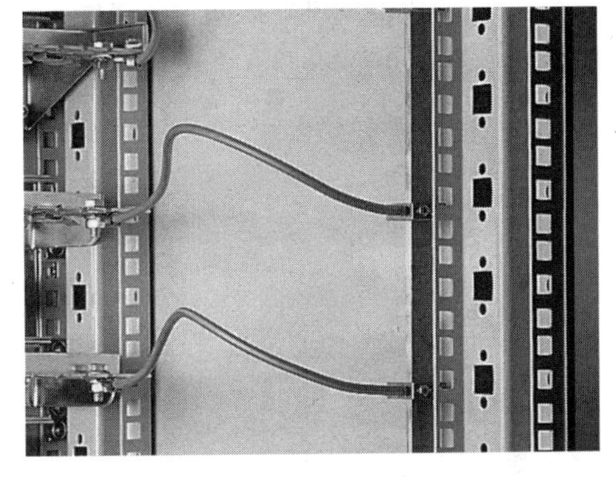

图 3-133

3. 录像机安装

（1）安装要求

硬盘录像机是一种专用的监控设备，在安装使用前应对使用环境进行检查，确保硬盘录像机可以正常使用。检查项目如下。

- 机柜需要安装在干净整洁的、干燥的、通风良好且温度稳定的场所，场所严禁出现渗水、滴漏、结露等现象。
- 硬盘录像机工作在允许的温度（-10℃～ +50℃）及湿度（10% ～ 90%）范围内。
- 安装录像机的机柜应有水平托盘，用于放置录像机。
- 安装多台设备时，设备上下应预留 1m 的高度。
- 确保机柜可靠接地。
- 信号线缆应沿室内墙壁走线，应避免室外架空走线。
- 信号线缆应避开电源线、避雷针引下线等高危线缆走线。
- 建议使用不间断电源（UPS），以免服务器受到电源波动和临时断电的影响。

安装硬盘录像机时应注意以下细节。

- 安装设备时应佩戴绝缘工作手套或静电腕带。
- 安装设备期间应保持环境清洁，避免汗液、杂物进入设备。
- 硬盘录像机为精密电子设备，操作期间应轻拿轻放，避免撞击和暴力操作。

（2）硬盘安装

在硬盘安装前应根据录像要求（录像类型、录像资料保存时间）计算一台录像机所需的存储容量，从而确认所需安装硬盘的单盘容量和总盘数。不同型号的 NVR 可支持接入的硬盘数量以及单块硬盘最大容量不同，建议根据设备生产厂商推荐的硬盘型号选择。下面介绍几种常见硬盘的安装步骤，安装前需要先确认硬盘录像机已经断开电源。

① 支架式硬盘安装步骤如下。

准备工具：十字螺丝刀一把，硬盘安装螺丝若干，SATA 线若干。

步骤 1：拧开机箱背部的螺丝，取下盖板，如图 3-134 所示。

步骤 2：用螺丝将硬盘固定在硬盘支架上，如图 3-135 所示。如果硬盘需安装在下层支架，先将图中所示金色，金属支柱螺丝拧出，将上层硬盘支架拆卸后再进行硬盘安装。

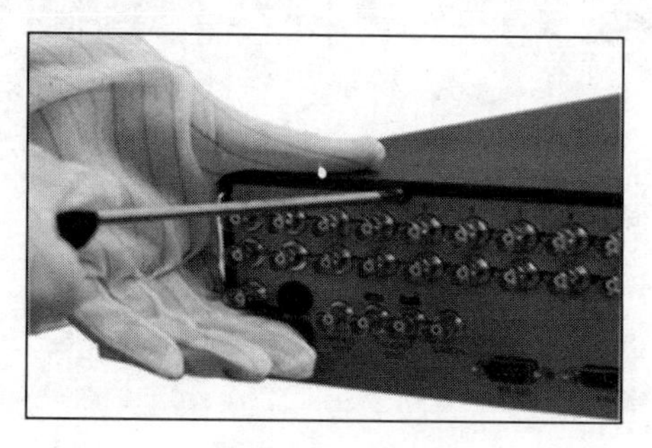

图 3-134

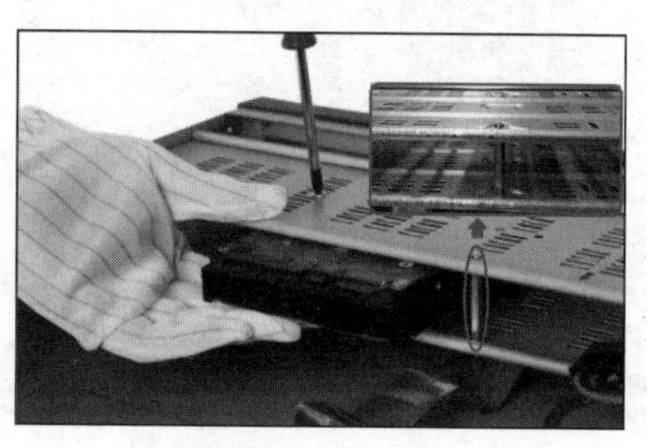

图 3-135

步骤 3：将 SATA 线一端连接在主板 SATA 接口上，如图 3-136 所示。

步骤 4：将 SATA 线的另一端连接在硬盘 SATA 接口上，如图 3-137 所示。

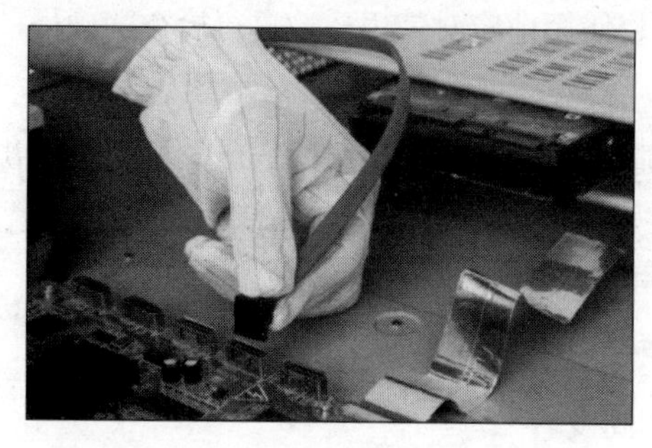

图 3-136

图 3-137

步骤 5：将电源模块预留的电源线连接在硬盘电源接口上，如图 3-138 所示。

步骤 6：盖好机箱盖板，并将盖板用螺丝固定，如图 3-139 所示。

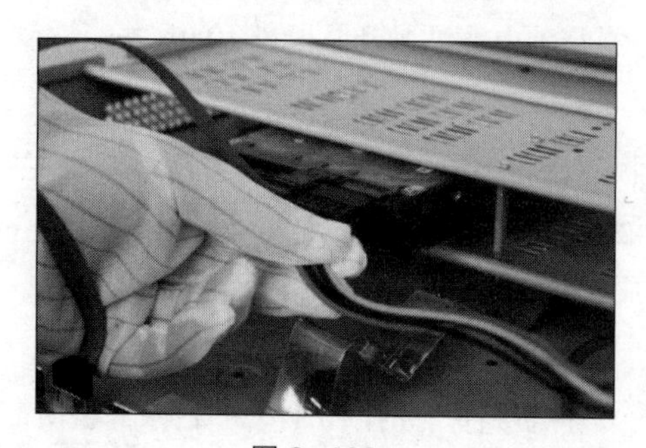

图 3-138

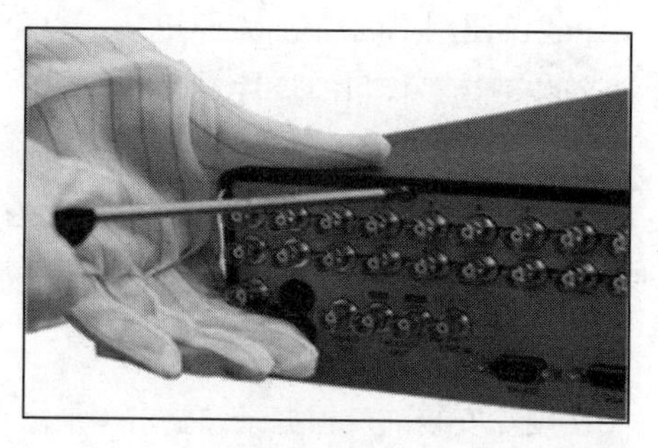

图 3-139

② 导轨式硬盘安装步骤如下。

准备工具：十字螺丝刀一把，硬盘安装螺丝若干，前面板钥匙。

步骤 1：将硬盘与直插支架使用螺丝固定，如图 3-140 所示。

步骤 2：逆时针旋转钥匙，打开面板锁，如图 3-141 所示。

图 3–140

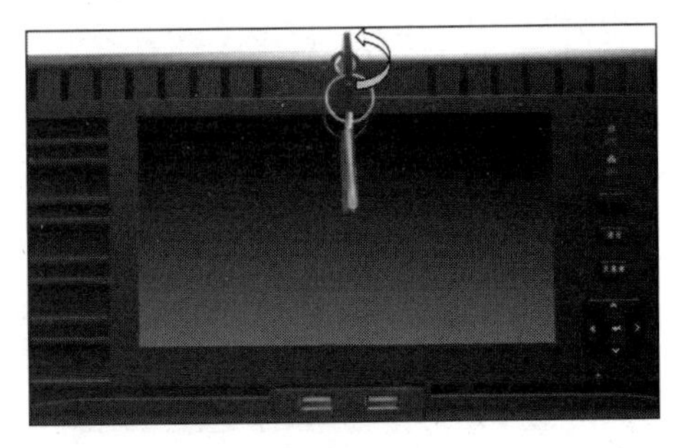

图 3–141

步骤 3：参照图 3-142 所示方向按下面板两侧的锁扣，打开前面板。

步骤 4：参照图 3-143 所示，使用食指和拇指拿住硬盘直插支架的塑料耳朵，将硬盘缓慢插入，当听到“咔嗒”的声音后，代表该硬盘已安装牢固。

图 3–142

图 3–143

步骤 5：参照图 3-144 所示，关上机箱前面板，并顺时针转动钥匙将其锁定。

③ 托盘式硬盘安装步骤如下。

准备工具：十字螺丝刀一把，硬盘安装螺丝若干，前面板钥匙。

步骤 1：逆时针旋转钥匙打开面板锁，如图 3-145 所示，取下机箱前面板。

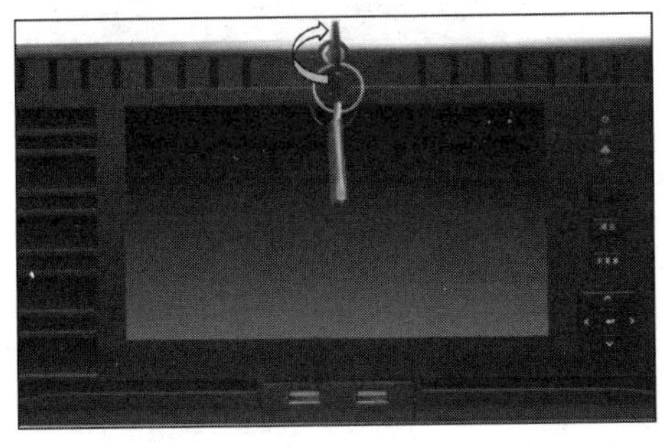

图 3–144

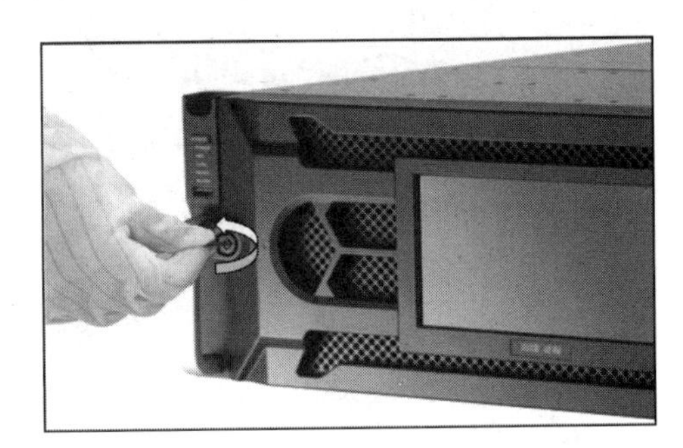

图 3–145

步骤 2：将前面板带有面板锁的一侧向外拉出，注意拉出角度小于 10°，再向左平移取出前面板，如图 3-146 所示，请注意避免前面板右侧的金手指被掰断。

步骤 3：按照图 3-147 所示方向拉起硬盘盒的蓝色弹簧扣，拉出拉杆，将硬盘盒沿导轨从机箱中取出。

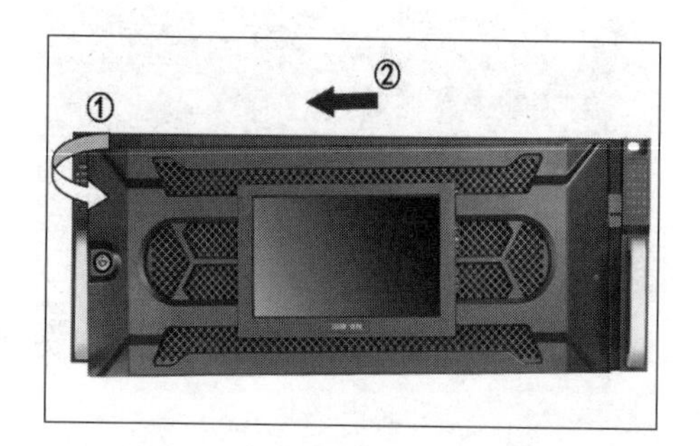

图 3-146

图 3-147

步骤 4：使用 4 颗螺丝将硬盘固定在硬盘盒上，如图 3-148 所示。

步骤 5：按照图 3-149 所示方向，将硬盘盒插入机箱，并沿导轨推到底。

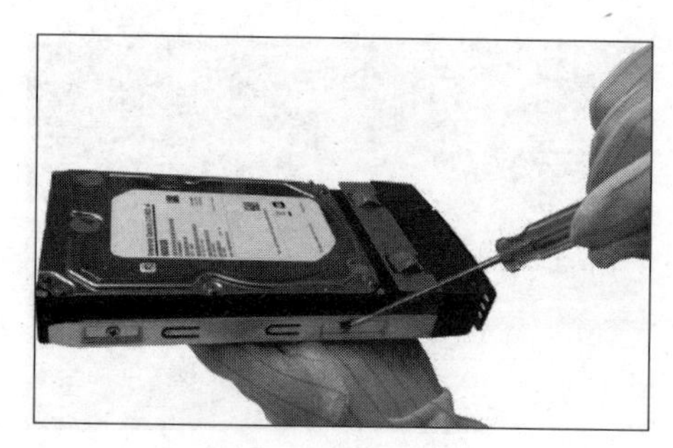
图 3-148

图 3-149

步骤 6：按压拉杆，闭合蓝色弹簧扣，确保硬盘盒放到位并锁好，如图 3-150 所示。

步骤 7：重复以上步骤，完成其他硬盘安装后，合上机箱前面板，顺时针转动钥匙将其锁好，如图 3-151 所示。

图 3-150

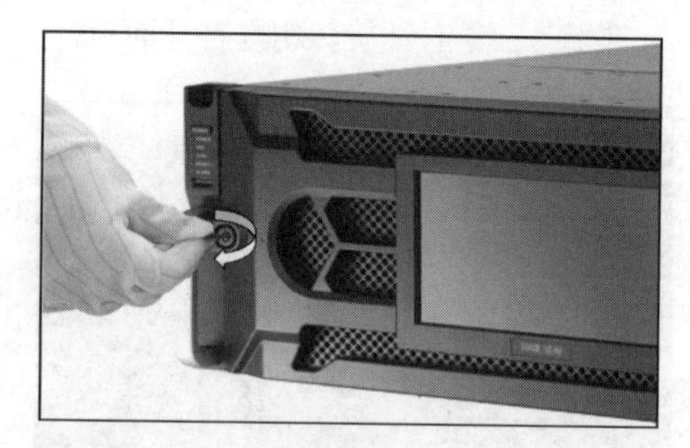
图 3-151

（3）硬盘录像机上架

硬盘录像机主要在室内场景使用，并放置在机柜托盘上。

安装硬盘录像机时，将硬盘录像机放置在干净、平坦的机柜托盘上，如图 3-152 所示。操作中需要注意，应保证机柜平稳性良好并接地，录像机四周应预留 50mm 以上的散热空间。安装完成后，设备上禁止堆放杂物。

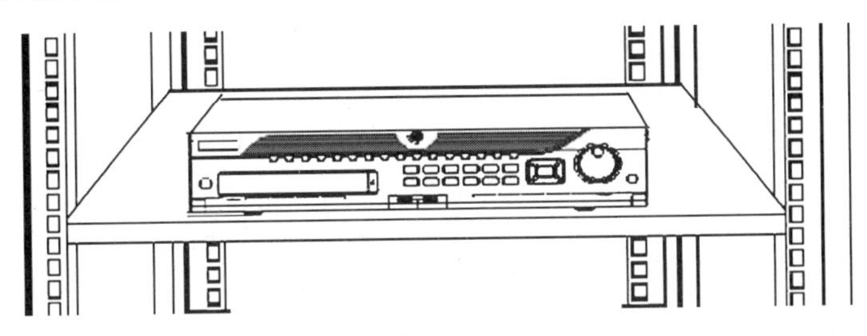

图 3-152

（4）后面板接线

以海康威视硬盘录像机 DS-8632N-I8 为例，图 3-153 所示为其后面板接口示意。

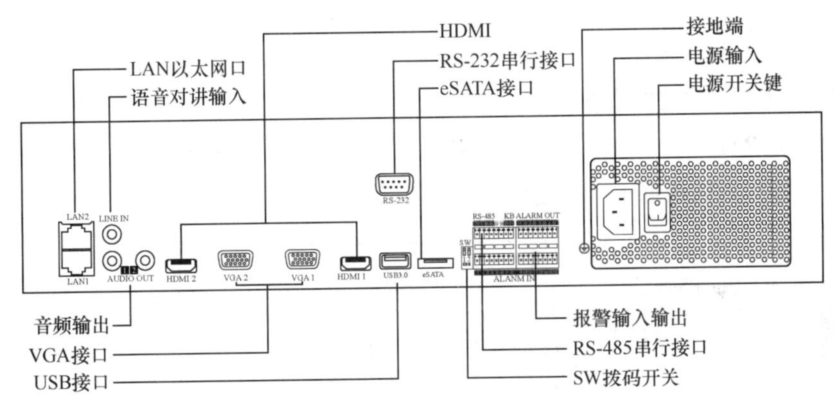

图 3-153

① 视音频接线。

• 连接显示器时，将后面板 VGA 接口或 HDMI 与显示器连接，VGA 接线长度不宜超过 20m，HDMI 接线长度不宜超过 15m。

• 连接语音对讲设备时，将拾音器或话筒的 RCA 接口接入 LINE IN，将音箱 RCA 接口接入 AUDIO OUT，如图 3-154 所示。拾音器、话筒和音箱需要单独供电。

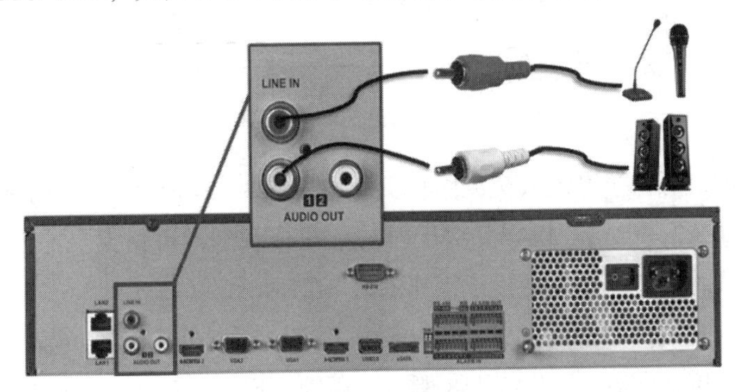

图 3-154

② 接地。

后面板接线时应先接地，再连接其他线缆，如图 3-155 所示。录像机后面板上的接地端与设备主板、外机箱、视频传输线和音频传输线共地，可有效避免静电损坏电子器件。

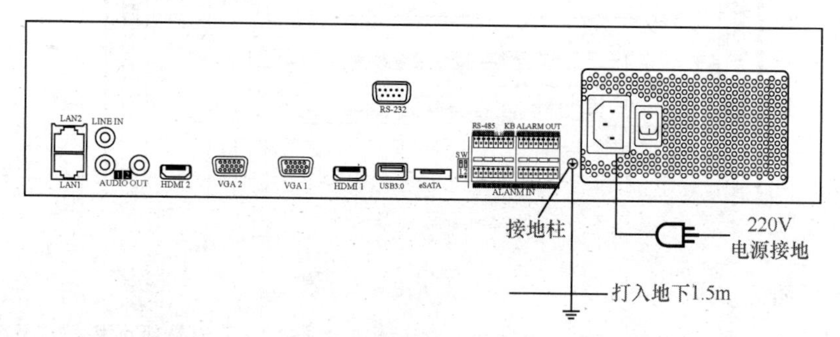

图 3-155

③ 连接报警输入输出。

报警输入接口的连接方法：将报警输入设备的正极（+）接入硬盘录像机的报警输入端口（ALARM IN 1 ～ 16），将报警输入设备的负极（-）接入硬盘录像机的接地端（G），使用接口上的任意一个接地端（G）即可，接线如图 3-156 所示。

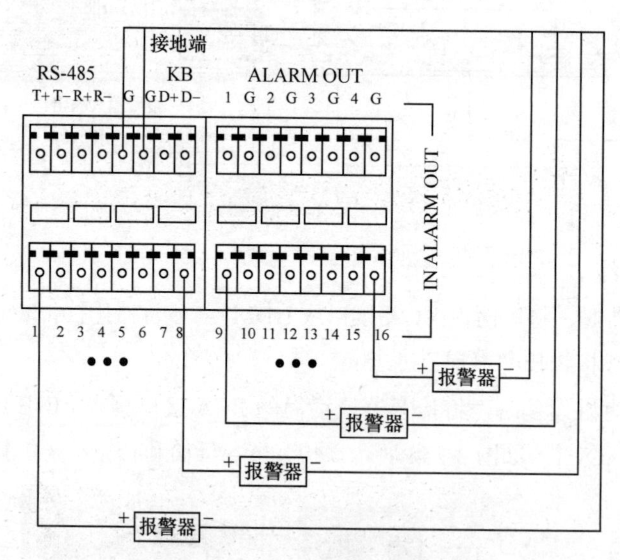

图 3-156

报警输出接口可以接直流或交流两种负载。如图 3-157 所示，主板上有 4 个短接子，分别为 JPA1、JPA2、JPA3、JPA4，出厂时均是短接状态，每路报警输出对应一个短接子。接两种负载时端口连接及短接子操作如表 3-21 所示。

由于一般的交流负载电压过大，无法触发报警，所以外接交流负载时，必须拔掉短接子，并使用外接继电器，如图 3-158 所示，否则会损坏设备并有人员触电危险。

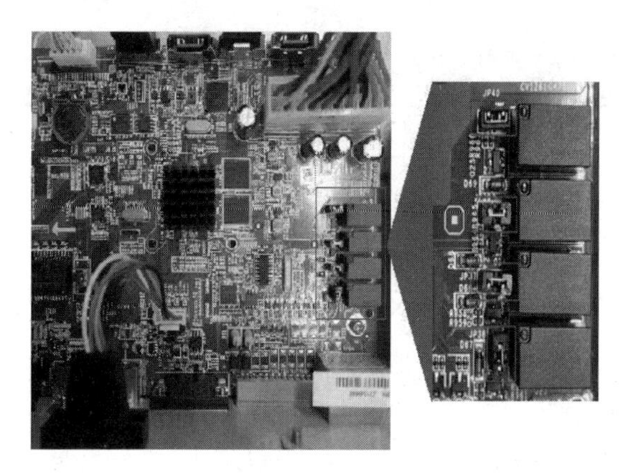

图 3-157

表 3-21　端口连接及短接子操作

负载类型	端口连接	短接子操作
外部接直流负载	将报警输出设备的正极（+）接入硬盘录像机报警输出端口（ALARM OUT）的正极（标记为 1 ～ 4）。将报警输出设备的负极（-）接入硬盘录像机报警输出端口（ALARM OUT）的相应接地端（G）	短接子断开和闭合两种方式均可安全使用（建议在 12V 电压、1A 电流限制条件下使用）
外部接交流负载	将报警输出设备的一端接入硬盘录像机报警输出端口（标记为 1 ～ 4），另一端接入相应接地端（G）	短接子必须断开（即拔掉主板上相应短接子）

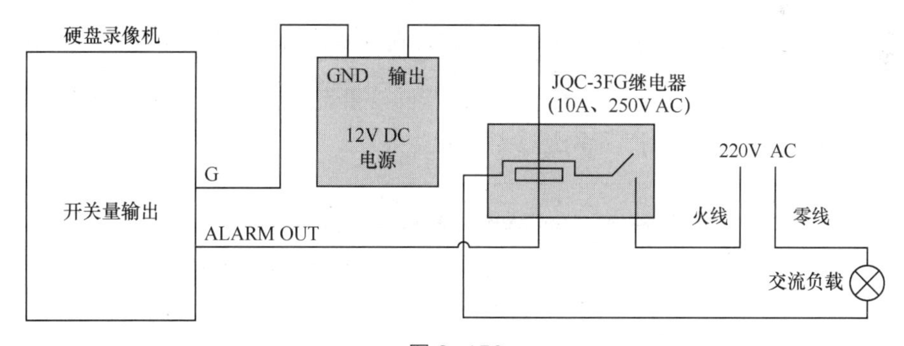

图 3-158

④ 设备供网供电。

以上接线完成后，连接网线和电源线并打开电源开关，对设备供网供电。

⑤ 外接线缆的传输距离。

常见的外接线缆的传输距离如表 3-22 所示。

表 3-22　外接线缆传输距离

外接线缆	传输距离 /m
普通网线	≤ 100
鼠标延长线	≤ 10

续表

外接线缆	传输距离 /m
VGA	≤ 20
HDMI	≤ 15

（5）基础配置

以海康威视硬盘录像机 DS-9632N-I8 为例，打开设备网络搜索软件（SADP），搜索局域网内的录像机。录像机初始 IP 地址为 192.168.1.64，状态为未激活。按照如下步骤激活并配置相关参数。

① 使用 SADP 激活录像机，如图 3-159 所示。

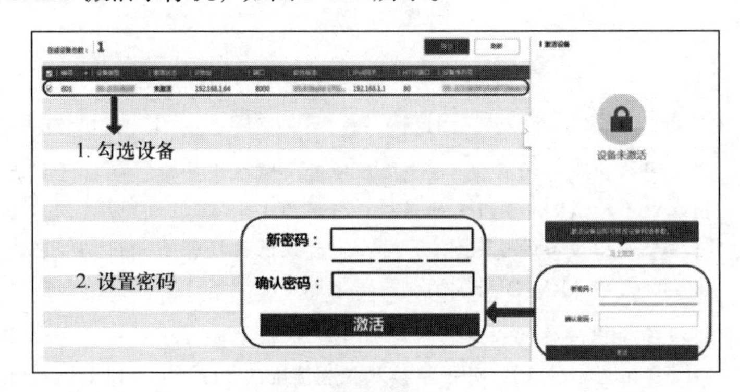

图 3-159

② 修改录像机网络参数。勾选已激活的设备，在右侧“修改网络参数”处输入 IP 地址、子网掩码、网关等信息，输入管理员密码，单击“修改”，如图 3-160 所示。提示“修改网络参数成功”则表示网络参数设置生效。

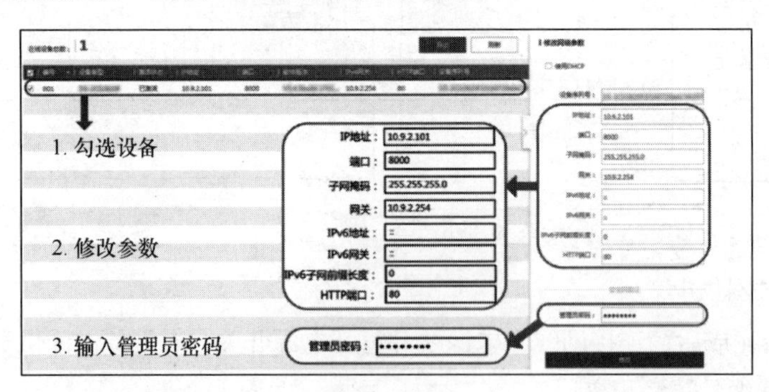

图 3-160

③ 访问登录。在浏览器地址栏中输入录像机的 IP 地址进行登录，将自动弹出安装浏览器控件的界面。安装控件后，重新打开浏览器输入 IP 地址并按 Enter 键，将弹出图 3-161 所示的登录界面，输入用户名和密码即可登录系统。

④ 硬盘初始化。在配置界面左侧单击“存储”下的“存储管理”进入“硬盘管理”界面，如图 3-162 所示，勾选状态为“未初始化”的硬盘，单击“格式化”完成硬盘激活。

图 3-161

图 3-162

（6）安装验证

完成安装后，需对设备功能进行检测，确认设备可以正常使用。每个厂家对录像机的指示灯和外部结构设置均有区别。下面以海康威视硬盘录像机 DS-9632N-I16 为例进行安装检测说明，如表 3-23 所示。完成检测后，安装结束。

表 3-23 安装检测说明

检测项	检测步骤
供电检测	将设备后面板电源开关键拨至“-”，主板上电。设备正常上电后位于两侧的散热风扇开始工作，前面板电源指示灯常亮则设备正常供电
漏电检测	检查接地是否符合要求
前面板锁扣检测	开机后若有连续、急促的蜂鸣器报警，则设备前面板锁扣闭合异常，需检查前面板闭合情况
显示输出检测	检查 VGA/HDMI 显示器是否正常显示开机动画。一般嵌入式设备启动 3s 后会有开机动画，如果 VGA/HDMI 显示器没有画面显示，需检查 VGA/HDMI 接线和显示器是否存在问题

续表

检测项	检测步骤
LAN 以太网卡连接检测	前面板网传指示灯绿色并闪烁代表网络连接正常。 网传指示灯不亮代表接线异常，可排查水晶头线序等
硬盘安装检测	前面板状态指示灯红色常亮代表硬盘安装正常但未初始化。 状态指示灯不亮代表未检测到硬盘，需检查硬盘接线或硬盘是否存在问题。 状态指示灯闪烁代表硬盘正在读写，该硬盘已被同类硬盘录像机使用过
PoE 网口检测	内嵌交换机上网口灯闪烁代表 PoE 网口连接正常。 网口灯不亮可检查摄像机是否支持 PoE 网口，功率是否超过录像机单通道接入的额定功率限制
报警输出检测	在硬盘录像机网页中进行检测，检测报警输出接线是否正常
语音对讲检测	由客户端或网页发起语音对讲，测试 LINE IN、AUDIO OUT 连接是否正常

3.3.4 视频传输设备、显示设备、解码设备实施

1. 视频传输设备

视频传输设备用于对视频数据进行编码处理并完成网络传输，从而实现远程监控。其实施步骤依次为安装环境确认、设备安装和安装确认。

（1）安装环境确认

① 了解安全事项。

通电安全事项如下。

• 请保持交换机清洁，请勿将交换机放置在潮湿的地方，也不要让液体进入交换机内部。

• 请确保地面是干燥、平整的，并做好防滑措施。

• 在安装和维护交换机时，请勿穿戴首饰（如项链等）、宽松的衣服，或者其他可能被机箱挂住的饰物。

用电安全事项如下。

• 请仔细检查工作区域内是否存在潜在的危险，比如电源未接地、电源接地不可靠、地面潮湿等。

• 在安装前，请熟悉交换机所在房间的紧急电源开关的位置，当发生意外时，请先切断电源。

• 在带电状态下对交换机进行维护时，请尽量不要独自操作。

• 需要对交换机进行断电操作时，请先仔细检查，确认电源已经关闭。

为了避免静电对交换机的电子器件造成损坏，请在安装和维护交换机时注意以下要求。

• 为交换机提供良好的接地系统，并确保交换机接地良好。

• 在安装交换机的各类可插拔模块时，请佩戴防静电腕带或防静电手套，并确保防静电腕带接地良好。

• 存放单板时，请使用静电屏蔽袋，切勿将其随意放置。

② 检查安装场所。

• 温 / 湿度要求：机房内的温 / 湿度过高、过低或者剧烈变化，都将降低交换机的可靠性，影响其使用寿命。机房温 / 湿度要求如表 3-24 所示。

表 3-24　机房温湿度要求

指标	工作期间	非工作期间
温度 /℃	0 ～ 45	-40 ～ 75
相对湿度	5% ～ 95%RH，无冷凝	5% ～ 95%RH，无冷凝

• 洁净度要求：机房内需维持一定的洁净度，以保证交换机正常工作。机房机械活性物质含量要求如表 3-25 所示。

表 3-25　机房机械活性物质含量要求

机械活性物质	颗粒 / μm	含量单位	含量
灰尘粒子	≥ 5	粒 /m^3	≤ 3×10^4（3 天内桌面无可见灰尘）
悬浮尘埃	≤ 75	mg/m^3	≤ 0.2
可降尘埃	75 ～ 150	mg/（$m^2\cdot h$）	≤ 1.5

• 接地要求：良好的接地系统是交换机稳定、可靠运行的基础，是交换机防雷击、抗干扰、防静电的重要保障。交换机机箱与大地之间的电阻应小于 1Ω。

• 防水要求：当传输设备需要应用在室外时，通常会配置防水配电箱用于设备的供电供网，其箱体采用不锈钢材料，具备防水、抗腐蚀及电化学反应的功能；箱体门采用不锈钢铰链，具有防水功能；设备箱结构为露天防雨箱设计；防护等级至少为 IP55。

（2）交换机安装

交换机按外形可分为盒式交换机和框式交换机，本小节以海康威视 DS-3E03xxP-S 系列盒式交换机为例介绍交换机安装方法。

① 准备工作。

交换机出厂时随机附带接地线、螺钉、脚垫、L 形支架和电源线。安装前我们还需要准备一字螺丝刀、十字螺丝刀、记号笔、防静电腕带和浮动螺母等工具。

② 设备安装。

交换机配置了 L 形支架和螺钉，支持标准 19 英寸（1 英寸≈ 2.54cm）机架安装。具体步骤如下。

步骤 1：检查机架，确定交换机安装位置，并安装浮动螺母组件到预设位置，如图 3-163 所示。

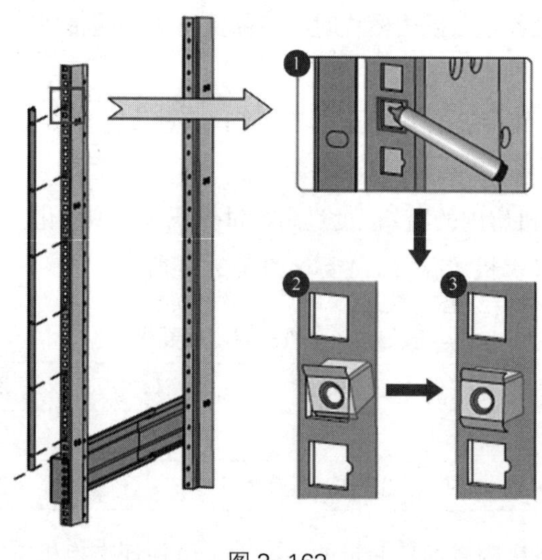

图 3–163

步骤 2：使用随机配件中的螺钉将两个 L 形支架分别安装固定在交换机两侧，如图 3-164 所示。

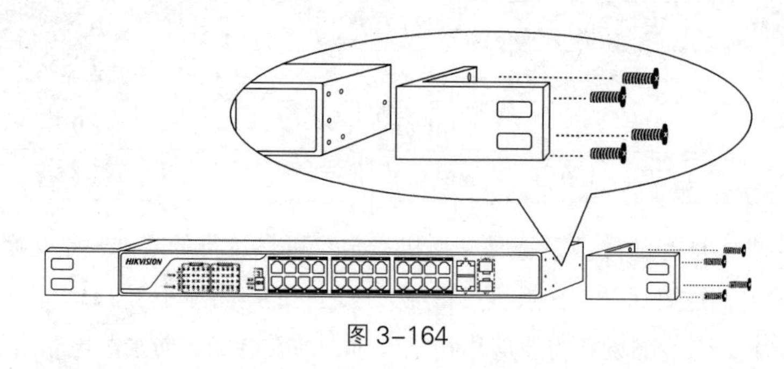

图 3–164

步骤 3：将交换机托举到预设位置，用螺钉将 L 形支架固定在机架两端导槽上固定的浮动螺母上，如图 3-165 所示。

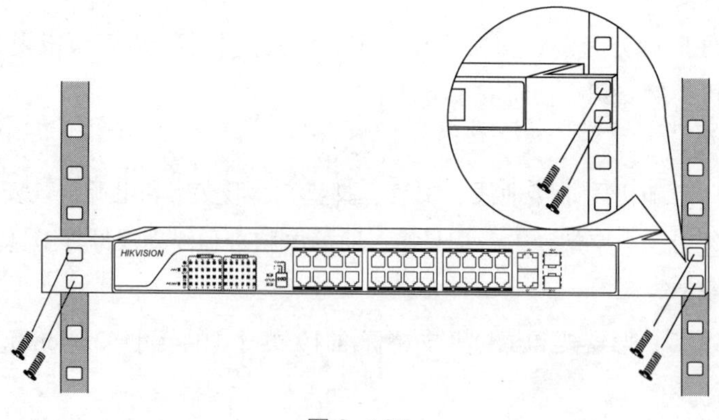

图 3–165

步骤 4：连接接地线。当机房内已做好接地排时，只需用接地线将交换机接地端子与机房接地排上的接线柱连接起来，并拧紧固定螺钉即可，如图 3-166 所示。

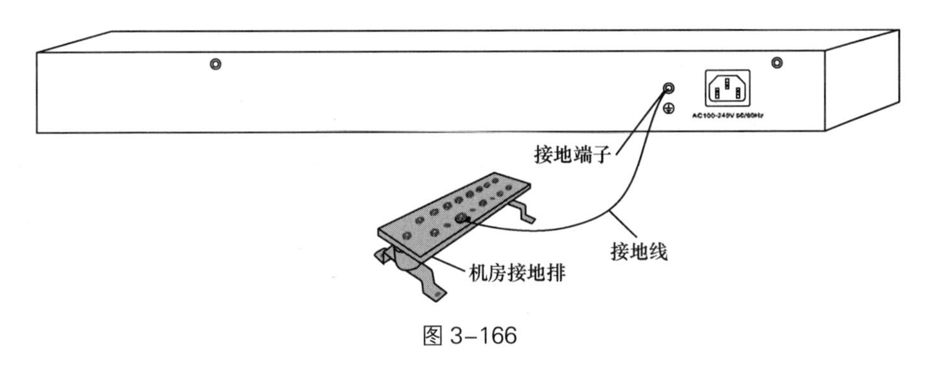

图 3-166

③ 设备上电及确认。

上电前请对交换机做好如下安全检查。

• 供电电源是否符合交换机输入电压规格。

• 地线是否连接正确。

• 接口线缆是否都在室内走线，如存在室外走线，请确认是否进行防雷防水等保护处理。

接通电源后，检查设备指示灯、网口灯是否正常。

以海康威视 DS-3E03xxP-S 系列盒式交换机为例（如图 3-167 所示），交换机上有 1 组电源（PWR）指示灯、1 组 PoE-MAX 指示灯，每个下联 RJ-45 端口都有 1 个 LINK/ACT 灯、1 个网口状态（PoE STATUS）指示灯。部分指示灯说明如表 3-26 所示。

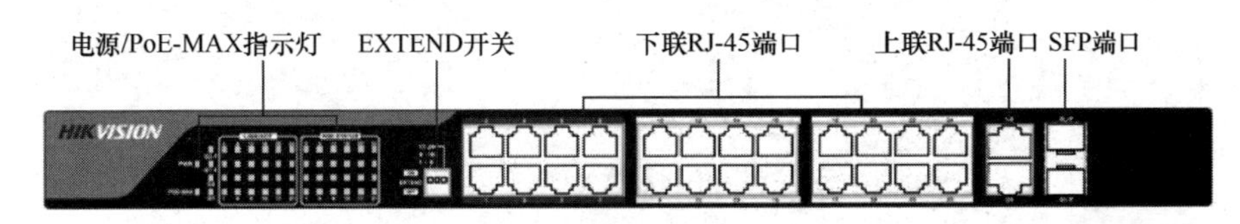

图 3-167

表 3-26　交换机部分指示灯说明

状态灯	状态
PWR	常亮：供电正常。 不亮：未通电或供电异常
PoE-MAX	常亮：PoE 总供电功率达到预警功率。 闪烁：PoE 总供电功率达到最大功率。 不亮：总供电功率未达到预警功率
LINK/ACT	常亮：对应 RJ-45 端口正常连接。 闪烁：对接 RJ-45 端口正常传输数据。 不亮：对应 RJ-45 端口未连接或连接异常
PoE STATUS	常亮：对应 RJ-45 端口已连接受电设备，并正常供电。 闪烁：对应 RJ-45 端口接入功耗过大（大于 30W）。 不亮：对应 RJ-45 端口未连接受电设备或没有供电

（3）无线网桥安装

① 准备工作。

安装无线网桥时，首先要对现场进行勘测，确定无线网桥的安装位置，从而确定无线网桥的传输方案。

安装前需要提前准备好指南针、远距离望远镜、笔记本计算机、手机、螺丝刀和钳子等工具。

② 环境勘测。

如果无线网桥需要传输的是视频类数据，建议根据摄像机的位置进行传输方案初设，再结合现场勘测情况来确定最终的传输方案。如图 3-168 所示，在初设传输方案中，地图软件上标识了需部署无线网桥的点位。

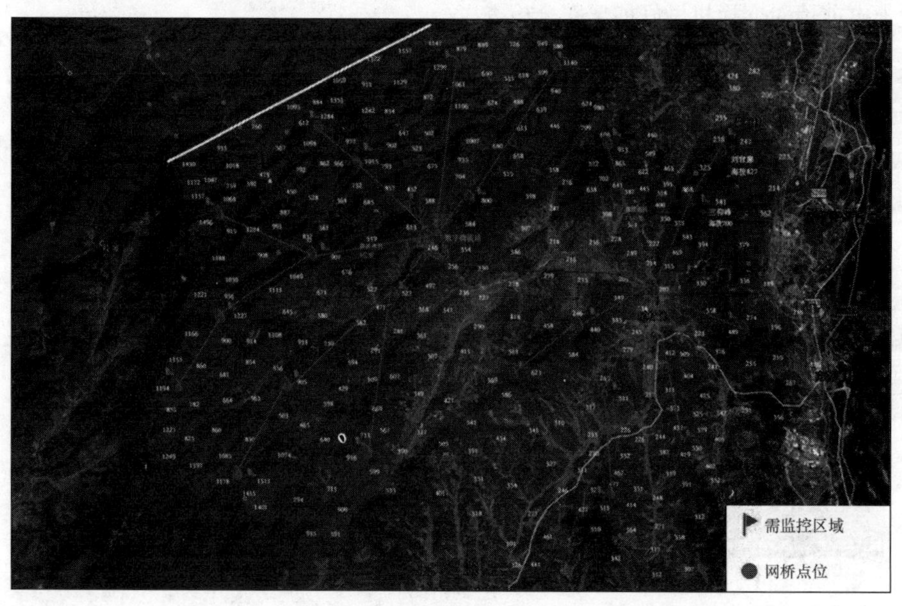

图 3–168

确认各点位之间的遮挡情况，保留两点之间无遮挡的链路，再进行传输方案的设计。具体步骤如下。

步骤 1：新建点位，根据现场勘测得到的点位的经纬度，在地图软件中单击新建点位，如图 3-169 所示，输入经纬度及点位名称，如图 3-170 所示。

图 3–169

步骤 2：使用地图软件的 3D 模式，选择一条传输链路上的两点，然后将两点连接，通过中间链路的海拔情况确认两点之间是否存在遮挡。

步骤 3：选择“添加路径”，将两个云台点位进行连线并命名，如图 3-171 所示。连线时，把视图放到最大后再连接，以提高精度。

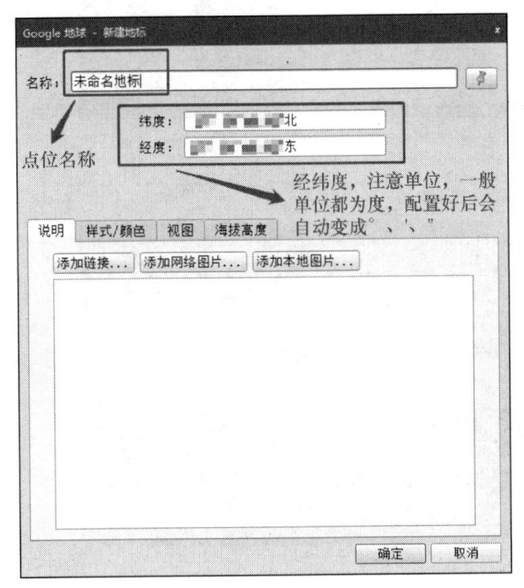

图 3-170

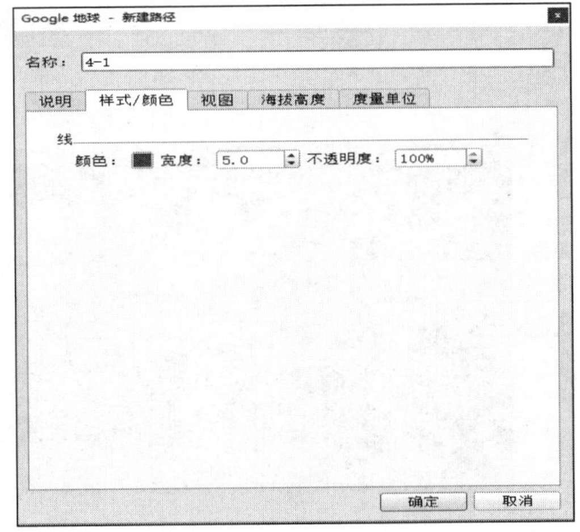

图 3-171

步骤 4：右键单击上一步所添加的路径，选择“显示高度配置文件”，查看该两点之间所经路径的海拔变化，如图 3-172 所示；将两个顶点使用直线连接起来，如果直线没有穿过任何障碍物，说明中间无遮挡，如图 3-173 所示；使用平视图也可以从一端看到另一端，如图 3-174 所示。

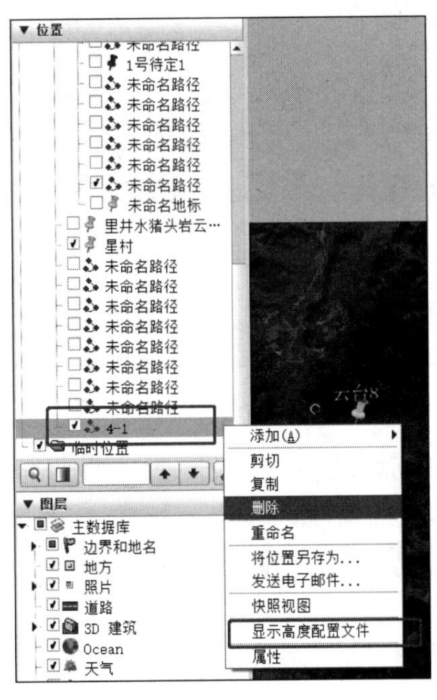

图 3-172

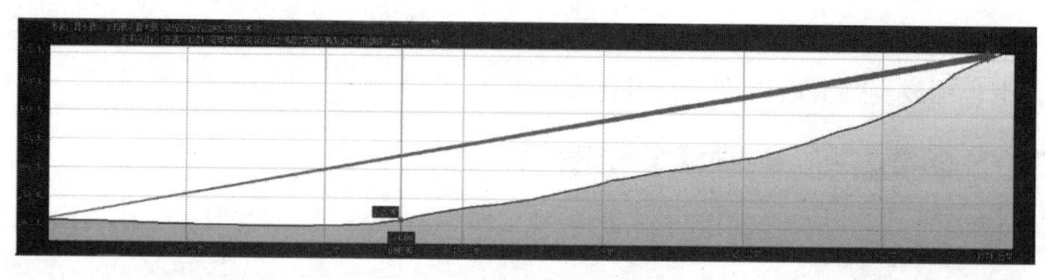

图 3-173

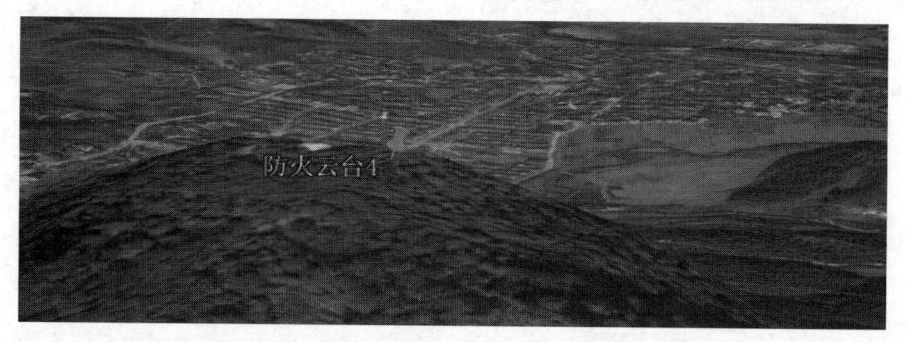

图 3-174

如果中间链路存在高海拔的地势，两点连线需要穿过该地势，说明两点之间存在遮挡，无法连接。有遮挡的点位效果如图 3-175 所示。

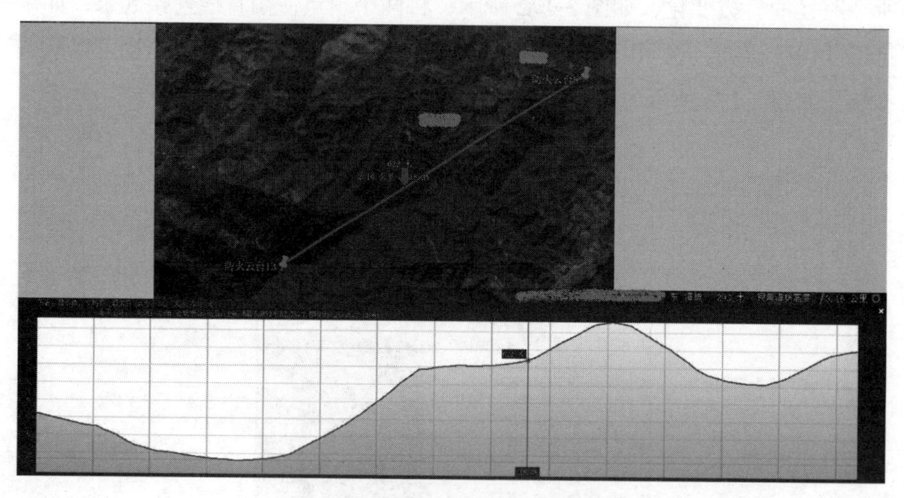

图 3-175

步骤 5：根据点位之间的遮挡状况，以及传输链路的带宽情况确定最终传输方案。

根据无线网桥的传输带宽及前端的码流，保证每级的最大链路带宽不超过无线网桥的传输带宽。根据点位之间的链路情况设计的最终传输方案如图 3-176 所示。

③ 设备安装。

设备标配安装抱箍，选择直径 40mm ～ 80mm 的圆杆进行设备安装。具体安装步骤如下。

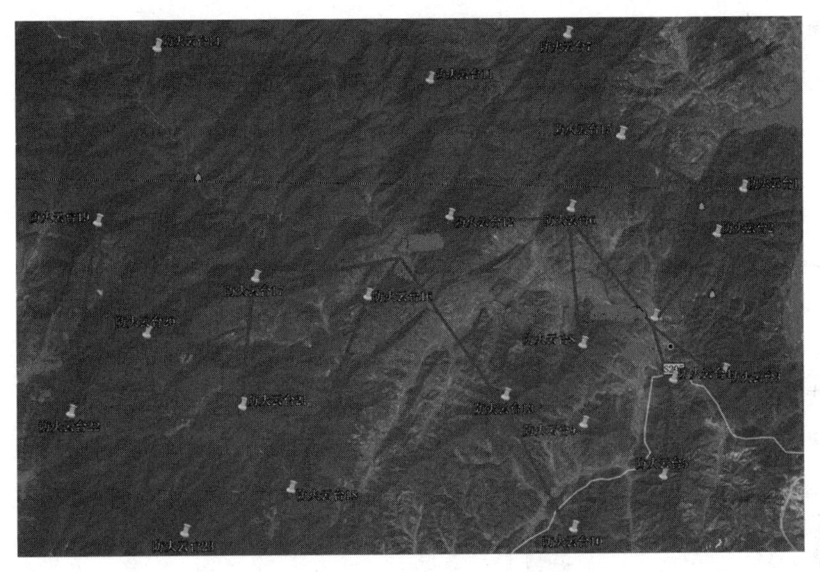

图 3–176

步骤 1：按图 3-117 所示箭头方向，安装万向节组件。

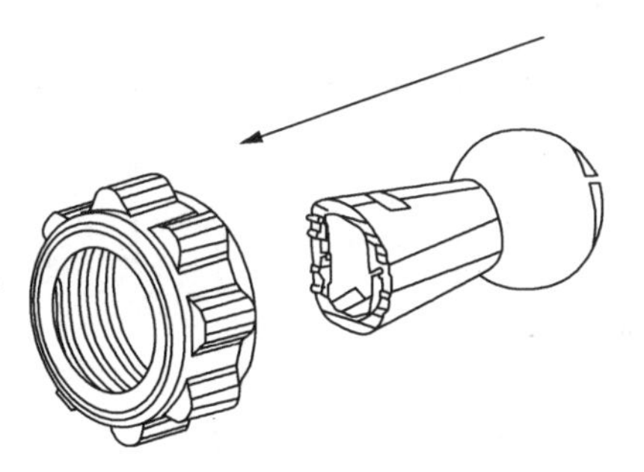

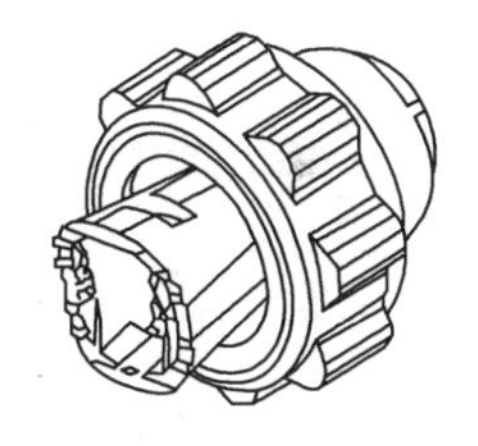

图 3–177

步骤 2：将设备旋入万向节，完成效果如图 3-178 所示。

步骤 3：将抱箍穿过万向节，固定在杆上，手动调整设备方向，保持正向竖直，如图 3-179 所示。

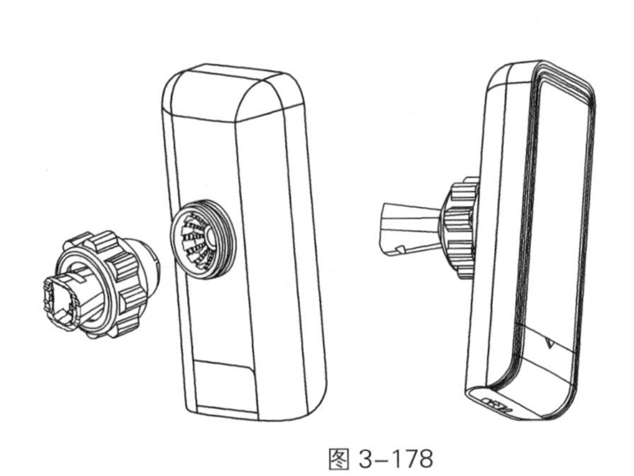

图 3–178

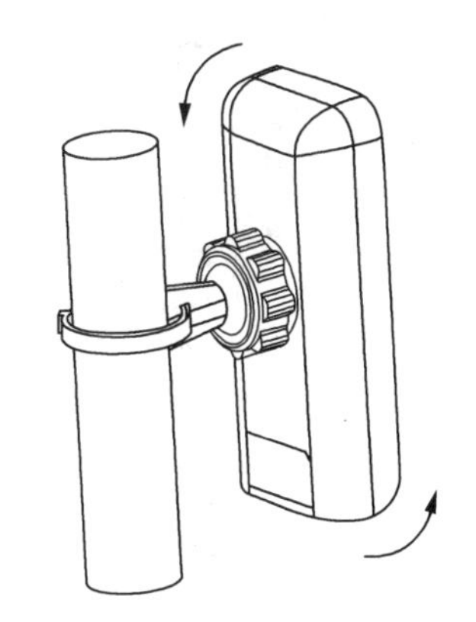

图 3–179

注意事项：

- 注意使用包装盒内配套的电源适配器和 PoE 注入器[24]给无线网桥供电；
- 尽量保持无线网桥正向竖直安装，切勿倒装、横装；
- 注意盖好无线网桥防水盖，同时建议对空隙进行点胶处理，防止进水；
- 电源适配器与 PoE 注入器应放置在干燥处，避免淋雨，建议放入防水箱中；
- 无线网桥拆装过程注意将设备电源断开，切勿带电操作。

④ 设备接线。

设备接线分为机房端接线和摄像机端接线，机房端接线用于连接机房交换机，摄像机端接线一般用于连接网络摄像机。

机房端接线：PoE 注入器的 PoE 口连接机房端的 PoE/WAN 口，PoE 注入器 LAN 口连接远端的交换机，如图 3-180 所示。

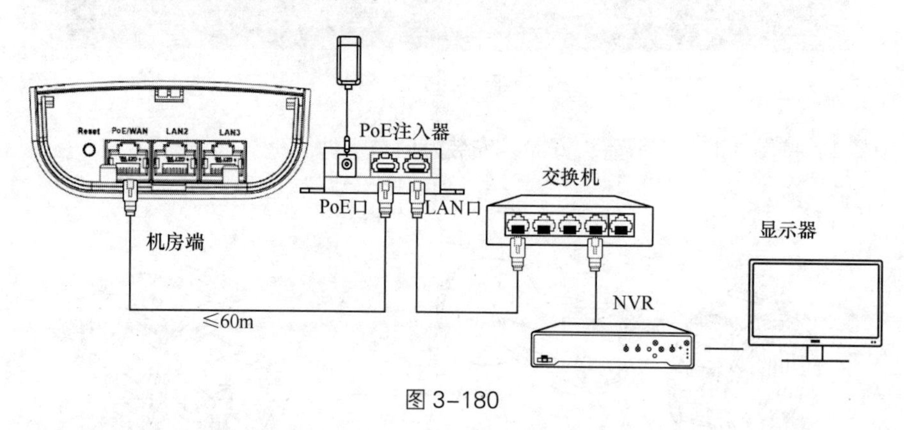

图 3-180

摄像机端接线：PoE 注入器的 PoE 口连接摄像机端 PoE/LAN1 口，PoE 注入器 LAN 口可连接网络摄像机（摄像机需另置供电电源），如图 3-181 所示。

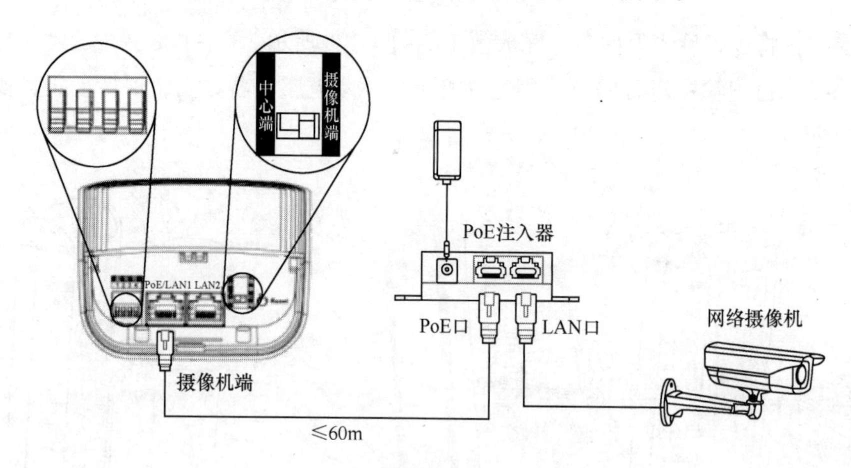

图 3-181

24 PoE 注入器：PoE 注入器又称为 PoE 适配器，能通过以太网线连接非 PoE 交换机和 PoE 设备，为 PoE 设备供电。尽管以太网交换机具有 PoE 功能，但是目前也有很多常规的非 PoE 交换机正在或仍将被使用。

（4）无线网桥角度调整

① 在无线网桥的安装位置，通过手机的指南针功能获取无线网桥安装点位的经纬度，在手机地图 App 内，分别输入两端无线网桥点位的经纬度，在地图中分别建立标签。

② 使用直线将两个标签连接起来。

③ 将手机放在无线网桥一端前面，使手机上的指示箭头和所绘制的直线方向重合。

④ 微调手机端无线网桥的垂直方向的角度，根据界面中显示的信号强度，选择最强的信号强度，并将该端无线网桥固定，然后使用同样的方法调整另一端。

⑤ 安装验证。

设备安装完毕后，可通过无线网桥的信号指示灯进行确认，无线网桥信号指示灯外观如图 3-182 所示，无线网桥信号指示灯说明如表 3-27 所示。

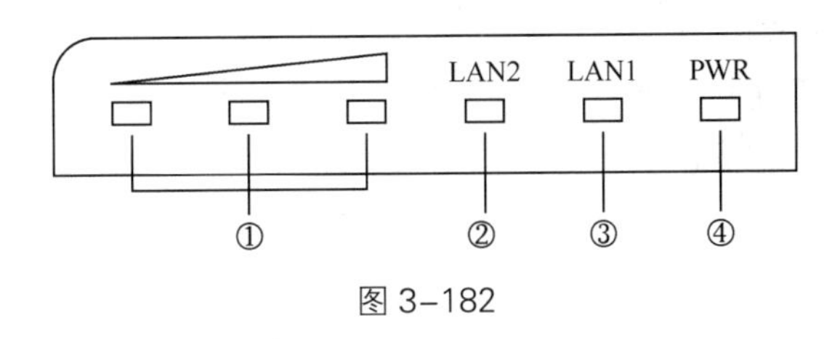

图 3–182

表 3–27　无线网桥信号指示灯说明

序号	名称	说明	
①	信号强度指示灯	常亮	无线网桥配对成功。 红、黄、绿常亮：信号强（RSSI ≥ -60）。 红、黄常亮，绿灯不亮：信号一般（-75 ≤ RSSI < -60）。 红灯常亮，黄、绿灯不亮：信号差，需调整配对无线网桥的位置及方向（RSSI ≤ -75）
		熄灭	无线网桥未完成无线配对，需检查配置及无线网桥安装角度
②、③	LAN2/LAN1 口指示灯	绿色常亮	端口已连接
		绿色闪烁	端口正常传输数据，闪烁越快，传输速率越快
		熄灭	端口未连接或连接异常
④	PWR（电源指示灯）	绿色常亮	设备正常通电
		熄灭	设备未通电或通电异常

2. 显示设备

显示设备实施的环节依次为安装环境确认、现场环境勘测、设备安装和安装验证，下面分别介绍。

（1）安装环境确认

显示产品的工作环境必须满足以下要求。

① 供电及防雷接地要求。

· 拼接显示屏峰值功率为屏幕总功率的 1.5 倍。

· 为拼接显示屏设备的配电柜设置总控制开关，给拼接显示屏单独分配控制开关，并提供稳定的单相 220V/380V 供电。

· 拼接显示屏需使用有保护接地线的三孔插座。

· 须保证拼接显示屏和拼控解码及个人计算机等设备共地，且机房联合接地电阻不大于 3Ω。

·拼接显示屏的防雷接地须按现行国家标准 GB 50057—2010《建筑物防雷设计规范》执行。

② 环境温 / 湿度要求。

· 拼接显示屏建议工作温度为 22℃ ±5℃，建议湿度为 30%～70%。

· 拼接显示屏后的温 / 湿度需保持一致，且保证空气循环对流。

· 显示屏前后严禁正对出风口，以避免屏幕因冷热不均匀而出现凝露或损坏情况。

③ 装修及防尘要求。

· 装修需预留安装尺寸。屏幕左右两侧与装修墙之间至少各预留 30mm，上下各预留至少 50mm，以方便调试屏幕。

· 确保拼接显示屏在安装调试和使用期间的环境干净，灰尘浓度要求可参照普通办公室的。

④ 其他要求。

· 为了保证显示效果，灯光应避免直射屏幕，建议在屏幕前面 4m 内设置暗区。

· 布线过程中强电线槽与弱电线槽应严格分离，不能交叉。

· 拼接显示屏安装位置地面需保持平整，地面不平整度要求不大于 ±3mm。

（2）现场环境勘测

① 准备工作。

勘测前需要提前与用户约定勘测时间，确认现场已满足勘测条件，并准备好相关的勘测工具，具体包括勘测表（可通过设备商获取模板）、卷尺、激光测距仪和温 / 湿度计。

② 现场勘测。

安装环境勘测，主要是确认现场环境是否满足安装条件，具体包括以下内容。

· 勘查安装位置地面是否平整，若平整度不符合要求，需告知用户整改。

· 确认支架底座是否放在静电地板下。

· 确认屏幕安装区域是否有空调，或后期是否安装空调。如有，需明确告知用户空调出风口不能正对屏幕。

• 确认屏幕安装区域温 / 湿度是否满足安装条件，不满足条件需告知用户屏幕使用环境要求并提供整改建议。

• 确认安装环境是否满足承重要求，主要指承重墙、楼层地板与静电地板承重能力，若显示系统是安装在静电地板上的，须对静电地板做加固处理。

• 若现场无法直观判断承重条件，可由设备厂商提供设备重量数据，由用户咨询专业机构评估承重情况。

尺寸信息勘测，主要是测量现场屏幕安装区域尺寸，确认是否满足安装条件。

• 根据现场环境，与用户确认屏幕安装位置。

• 确认拼接屏维护通道尺寸，建议不少于 60cm。

• 底座高度建议为静电地板以上 80cm 左右，特殊情况除外，如房间尺寸不足或者用户有特殊高度要求等。

• 确认静电地板高度，确保机柜能正常开门。

• 如果支架的拉杆固定点位在天花板上，需确定地面与天花板的高度。

• 测量特殊障碍物尺寸。

支架选型沟通：若勘测前已经确定安装方式和支架类型，则根据支架型号进行现场安装条件评估；若勘测前还未确定，则根据现场环境和用户需求选择合适的安装方式和支架类型。

• 如需采用壁挂或前维护等安装方式，支架需安装在承重结构上，如不满足要求，则应建议更换支架类型或固定方式。

• 确认屏幕支架的颜色是否有特殊要求，通常默认为黑色。

• 是否有其他特殊要求。

供电及线缆确认：用户需在安装前完成设备供电，并预留进出线位置。

• 电源需要满足功率要求、接地及共地的需求，并确认进出线位置。

• 确认信号线缆类型（如 HDMI/DVI/VGA 等）、长度等。确认长度时除了要明确拼控设备到屏体的距离，还要充分考虑布线的折弯情况等，预留足够的长度。

装修及其他环境确认。具体如下。

• 确认屏幕四周是否要装修，若是，确认装修时间是在屏幕安装前还是安装后，并告知用户装修注意事项。

• 确认预留的装修尺寸、装修灯光、散热设计等。

• 注意温湿度、粉尘、防雷等是否符合要求。

搬运及存放条件确认，需提前确认搬运方式。此外也需要考虑搬运空间能否满足要求，大屏到货后存放环境是否满足要求等。

• 确认安装现场楼层及搬运条件。

• 确认后期是否有二次搬运的情况。

• 告知存放环境要求（避免磕碰、进水、环境潮湿）。

（3）设备安装

① 到货检查。

设备到货后，按装箱单确定货物完整无缺，规格数量相符。

② 安装要求。

• 安装人员均需穿戴防护装备。

• 高空作业时做好安全保护措施。

• 支架安装应与水平面垂直，不能有侧倾、扭曲等情况。

• 检查所有结构件和紧固件是否安装齐全，没有缺漏。

• 配件安装完后，清理框架里面所有杂物，确保没有金属碎屑残留。

• 支架安装完成后，进行屏幕安装。

（4）安装验证

屏幕安装完成后，首先要做好设备清洁工作，并对支架和屏幕进行整体性检查。以LCD拼接显示屏和LED拼接显示屏为例，具体要求如下。

① LCD拼接显示屏。

• 支架安装应稳定牢固，垂直平整度偏差小于2°，当显示屏拼接高度大于或等于3行，且采用落地安装方式时，第3行及以上需安装拉杆。

• 所有显示屏十字拼缝对齐，不能有明显错位；屏与屏之间拼缝均匀，不能有挤压，需保证一张A4纸能顺利划过拼缝。

• 在机场、海关、物流中心、加油站、码头等可能引起较大振动的场景，建议拼缝预留大一些（1mm以上），避免长期振动导致支架变形，屏幕下沉而相互挤压损坏。

• 每块屏幕背后挂钩上的4颗竖向螺丝需与支架横杆接触受力，严禁处于悬空状态。

② LED拼接显示屏。

• 支架安装应稳定牢固，垂直平整度偏差小于1°。

• 所有箱体/模组平整度、拼缝不能有明显凹凸不平、错位现象，相邻箱体平整度及错位偏差不超过0.3mm。

• 壁挂支架安装方式，墙体必须为实心墙体且受重合格，墙体达不到要求时需做对应加固措施，屏幕支架与对应加固件对接安装。

3. 解码设备

本节将以海康威视视频综合平台DS-B21（下文简称DS-B21）为例，详细介绍解码设备的安装准备、设备安装、设备连线和安装验证。

（1）安装准备

① 安全用电注意事项。

• 在DS-B21的安装、接线、拆卸、维护等操作时，请断开电源，切勿带电操作。

• 请使用DS-B21配备的电源适配器。

• 须将 DS-B21 接地处理。

• 如在 DS-B21 使用过程中出现冒烟、有异味等异常现象时，请立刻切断电源，并及时与售后服务中心联系。

② 防静电措施。

DS-B21 属于精密电子设备，为了避免静电对元器件造成损坏，除了安装机房要采取防静电措施，还需要注意以下几点。

• 在安装时（特别是安装主控板及业务板时），必须佩戴防静电手套或防静电腕带。

• 手持主控板或业务板时，应尽量避免接触元器件或印制电路。

③ 环境要求。

DS-B21 是系统级监控设备，一般放置在各级监控系统的中心机房使用。其安装场所的选择应符合使用国家和地区机房建设的相关标准。

• 确保机柜内温度在 0℃～ 45℃。

• 确保机房内湿度在 10% ～ 90%RH。

• 确保机柜足够牢固，能够支撑 DS-B21 及其附件的重量，同时安装时注意避免机械负荷不均匀而造成危险。

• 确保视音频线缆有足够的安装空间，线缆弯曲半径应不小于线缆外径的 5 倍。

• 确保通风环境良好，建议综合平台安装位置离地 50cm 以上。

（2）设备安装

① 检查设备清单。

安装之前需检查设备清单是否齐全，以确保产品的完整性。DS-B21 设备清单如表 3-28 所示。此外还需要准备十字螺丝刀、佩戴防静电手套或防静电手腕。

表 3-28　DS-B21 设备清单

编号	物品	数量	编号	物品	数量
1	机箱	1	7	网线	2
2	主控板	1	8	交流电源线	1
3	交换板	1	9	冗余电源	2
4	业务板	若干	10	挂耳	2
5	串口线	1	11	M4×6 螺钉	6
6	接地线	1	12	光盘	1

② 设备安装步骤。

DS-B21 为插卡式模块化设计，所有功能通过业务板卡实现，通过主控板卡进行管理。安装板卡的基本步骤如下。

步骤 1：用螺丝刀松开挡板两边的螺丝，拔出挡板，如图 3-183 所示。

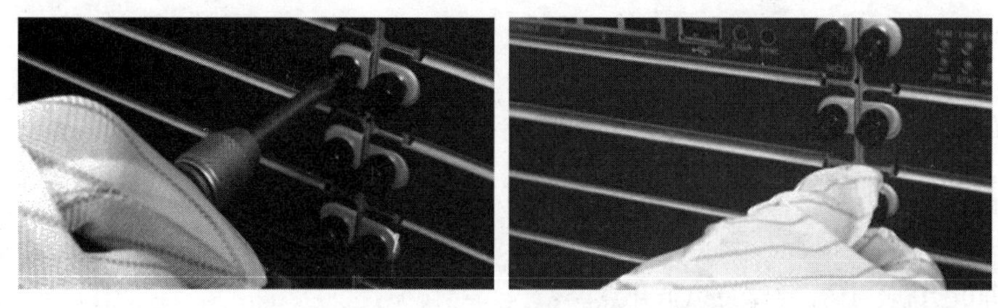

图 3-183

步骤 2：在空槽位上沿插槽插入板卡，将板卡推到最底端，如图 3-184 所示。

步骤 3：将板卡两端的螺丝拧紧，完成板卡安装，如图 3-185 所示。

图 3-184

图 3-185

步骤 4：用同样方法安装其他板卡，直至完成所有板卡的安装，如图 3-186 所示。

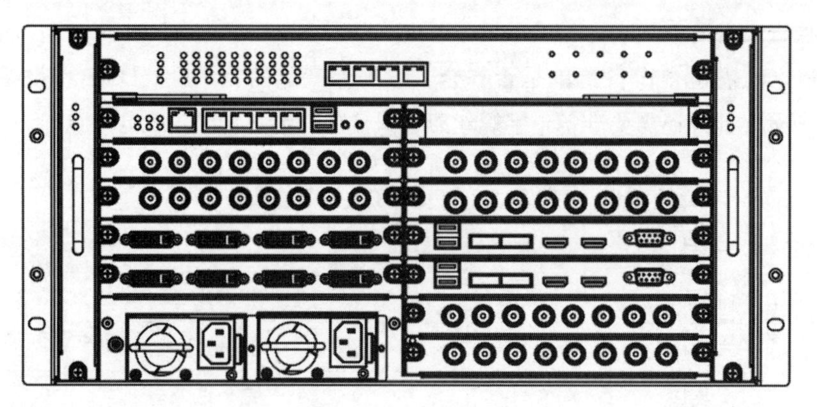

图 3-186

③ 设备上架及接地。

DS-B21 按照 5U 标准机箱架构设计。安装过程如下。

步骤 1：在机柜的一个空槽位上安装机柜托架（确保能承受 DS-B21 的重量），并用螺钉将其固定。

步骤 2：将 DS-B21 放置在托架上，并用螺钉将机箱挂耳固定在机柜两侧的固定导槽上。DS-B21 机箱挂耳安装固定螺钉位置如图 3-187 所示。

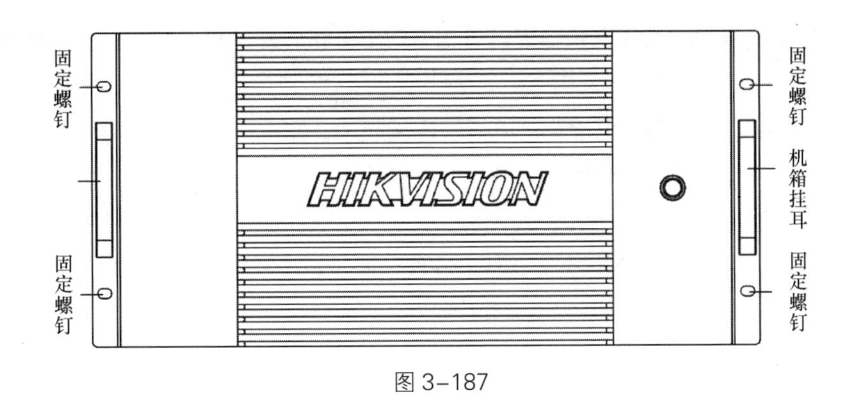

图 3-187

步骤 3：将 DS-B21 视频综合平台的接地点与机柜实现可靠接地。接地点位于机箱后侧，位置如图 3-188 所示。

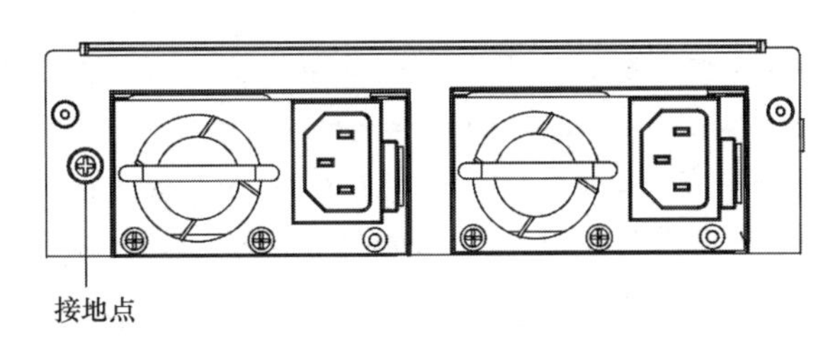

图 3-188

（3）设备接线

设备上架后，需要连接电源线、视音频信号线和网线等。DS-B21 安装操作如下，设备接线如图 3-189 所示。

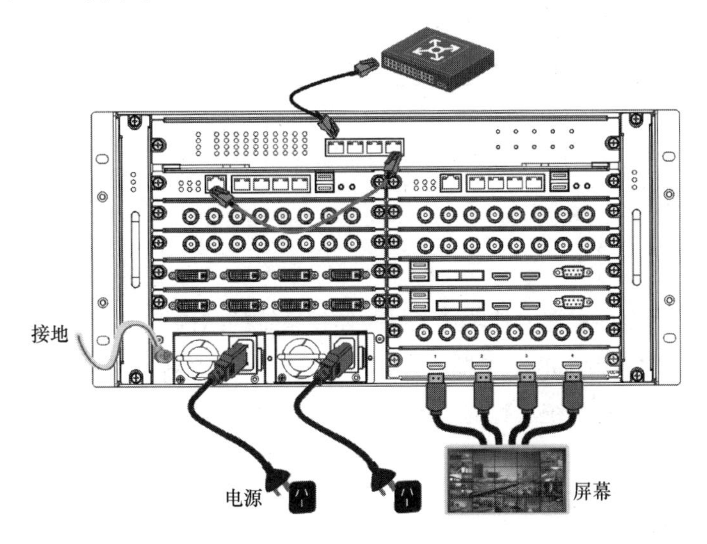

图 3-189

① 用网线连接主控板的 LAN 网口和交换板上的网口 4。

② 用网线连接交换板的其他任意网口和外部交换机的网口。

③ 用视音频信号线连接视频输出口（如 HDMI）和屏幕，根据实际情况选择端口和数量。

④ 使用电源线将设备的电源和供电插座连接起来，双电源需要连接两个。

⑤ 设备上电，连接电源线后打开电源即可启动。

（4）安装验证

设备安装完成后须对设备供电、接线和在线情况进行确认，具体的检测方法如表 3-29 所示。

表 3-29 检测方法

序号	检测项	检测步骤	检查结果
1	供电	设备电源指示灯绿色常亮，交换板和主控板指示灯绿色常亮	□合格 □不合格
2	接线	供电、信号视频接线稳定牢固，标签完整，走线固定	□合格 □不合格
3	网络	① 交换板、主控板网口灯指示正常； ② 在计算机端打开命令提示符界面，输入命令“ping 主控地址或 NAT 地址”，显示“0% 丢失”说明设备网络正常，如图 3-190 所示	□合格 □不合格

```
C:\Users\>ping 10.41.101.171

正在 Ping 10.41.101.171 具有 32 字节的数据:
来自 10.41.101.171 的回复: 字节=32 时间=4ms TTL=63
来自 10.41.101.171 的回复: 字节=32 时间=5ms TTL=63
来自 10.41.101.171 的回复: 字节=32 时间=6ms TTL=63
来自 10.41.101.171 的回复: 字节=32 时间=4ms TTL=63

10.41.101.171 的 Ping 统计信息:
    数据包: 已发送 = 4, 已接收 = 4, 丢失 = 0 (0% 丢失),
往返行程的估计时间(以毫秒为单位):
    最短 = 4ms, 最长 = 6ms, 平均 = 4ms
```

图 3-190

本章总结

本章首先较为全面和深入地阐述了视频监控系统的结构组成及主要设备特点，其次具体说明了视频监控系统的施工勘测规范及内容，最后系统介绍了设备的安装调试方法。对于初涉视频监控系统工程的工作人员，本章内容可提供较为全面的工作过程依据及参考。

思考与练习

1. 用于办公写字楼室内监控，哪种摄像机较为合适，为什么？

2. 云台网络摄像机和枪形网络摄像机的差异是什么？

3. 根据“勘测信息记录表”，选择一处学校的室内区域，模拟视频监控摄像机勘测，并记录相关信息，总结勘测心得。

4.【操作题】完成一组枪形网络摄像机和镜头的安装调试工作，并根据镜头调试步骤，将视频图像调节至清晰。

5.【操作题】独立完成摄像机和拾音器的组合接线，并登录摄像机，进行视频预览和环境声音播放。

第4章

门禁管理系统

门禁管理系统包括门禁管理、人员发卡、梯控、可视对讲、访客管理、考勤管理、巡更等功能，利用卡片、人脸、指纹等媒介，实现人员识别、出入管控、巡更、考勤等智能应用。采用B/S架构配置与C/S架构控制结合的方式对资源、卡片、人员、权限等进行一体化管理，实现设备接入、业务配置和功能应用。以中心、区域为单位实现了物理概念与逻辑概念的巧妙融合，从而在满足用户对出入口安全需求的同时，给予统一、集中、系统化管理的解决方案。对出入口人员管控的门禁管理系统与对出入口车辆进行管控的系统，在国家标准GB 50348—2018中被统称为出入口系统。本章通过介绍门禁管理系统的组成及施工布线规范，帮助读者快速掌握门禁管理系统的基本原理和安装施工方法。

4.1 门禁管理系统的定义

门禁管理系统的定义参考国家标准GB 50348—2018《安全防范工程技术标准》对出入口控制系统（access control system，ACS）的定义：利用自定义符识别和（或）生物特征等模式识别技术对出入口目标进行识别，并控制出入口执行机构启闭的电子系统。

门禁管理系统的主要应用场景是企业园区、学校、小区等的出入管理，安保、物业等系统管理人员，可使用门禁管理功能，根据卡片、指纹、人脸等媒介分别配置人员门禁权限，以满足人员进出区域的安全管控要求。

4.2 门禁管理系统的组成

- **学习背景**

现代门禁管理系统集门禁、考勤、梯控、消费、巡更、消防等功能于一体，门禁的前端识别从早期的实体卡片识别扩展到生物特征识别等更丰富的技术手段，使出入口的人员管控更加安全、智能、科学和高效。随着门禁管理系统功能的不断扩充，门禁管理系统组成设备的类型和功能也日益丰富。

- **关键知识点**

✓门禁管理系统前端设备的分类、应用及特点

✓门禁管理系统管理 / 控制设备的功能

✓门禁管理系统执行设备的分类

4.2.1 门禁管理系统的结构

门禁管理系统主要是由前端设备、管理 / 控制设备、执行设备、管理终端和通信传输设备组成，具体结构如图 4-1 所示。

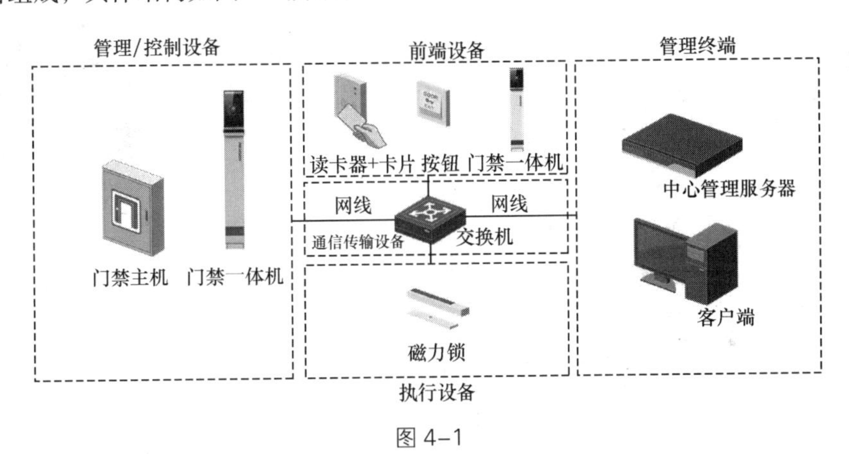

图 4-1

前端设备主要包含读卡器、卡片、按钮、门禁一体机。这里的“读卡器”是一个统称，泛指所有在门禁系统中起到身份信息采集和传输作用的设备。读卡器中使用最广泛的是刷卡读卡器，除此之外，还有生物特征识别读卡器和二维码阅读器等，无论什么形态的读卡器，最终的目的都是识别人员特征。

管理 / 控制设备是门禁管理系统的处理器，具有存储人员信息及进行逻辑判断的功能。通过比对接收到的人员信息和控制器中有权限的人员信息，为权限匹配的人员执行开门动作。

执行设备是权限认证通过后，需要执行相应动作的设备，例如磁力锁等。

接下来对前端设备、管理 / 控制设备、执行设备进行详细介绍。

4.2.2 前端设备

前端设备里的“读卡器”是一个统称和泛指，在门禁管理系统中扮演“钥匙”的角色。

读卡器根据读卡距离可以分为接触式读卡器和非接触式读卡器。

读卡器根据接口类型可以分为并口读卡器、串口读卡器和USB口读卡器等。

读卡器根据读卡协议可以分为RS-485读卡器和Wiegand读卡器，其中Wiegand协议常用的数格格式有26-bit、34-bit和37-bit等。

读卡器根据读取内容可以分为卡片读卡器、生物特征识别读卡器和二维码阅读器等。

下面按读卡器的读取内容分类做详细介绍。

1. 卡片读卡器

卡片读卡器对应的卡片类型主要有磁条卡、接触式IC卡、无源感应卡和有源感应卡等，如图4-2所示。其中无源感应卡在门禁系统的应用最为广泛。

图4-2

无源感应卡在接触式IC卡的基础上，采用射频识别技术（RFID）进行信息传递，具有识别速度快、抗干扰能力强、成本低等优点。

常用的无源感应卡有M1卡、CPU卡、ID卡和NFC等。

（1）M1卡

M1卡全称为NXP Mifare1卡，常用的有S50和S70两种型号，通常用作公交卡和饭卡等。

M1卡内部有16个扇区，每个扇区有4个块。其中0扇区的0块存储的是卡片卡号，当用手机或其他方式复制卡片时，复制的就是卡号信息。为了防止复制卡片开门，M1卡的扇区进行了加密。加密不是让卡号无法读取，而是加了一层验证，当读卡器读卡时需要先校验密钥，成功后才能接收卡号。

卡片的序列号是固定且唯一的，但当采用不同协议传输时，协议会对序列号按不同规则进行转换，所以采用不同协议读取的卡号不同。

（2）CPU卡

CPU卡芯片内置8/16/32位的CPU，具备逻辑处理能力。

CPU卡片也可以通过加密来防止被复制。CPU卡不存在扇区概念，它的加密解密需要搭配SAM卡进行。SAM卡插到读卡器内，刷卡时CPU卡会发送一串数据给读卡器，读卡器与SAM卡进行运算，接收一串SAM卡返回的数据并确认，之后再进行交易或身份认证。

CPU卡的安全级别比M1卡的高，一般用作银行卡、市民卡等。

（3）ID卡

ID卡内部除卡号外，无任何保密措施，所以目前已很少应用于门禁系统中。

（4）NFC

NFC指近场通信，是在RFID技术的基础上，结合无线互连技术研发而成。NFC主要用于手机、手表等电子设备，在乘公交上下车、乘地铁进出站等场景实现电子支付功能。

2. 生物特征识别读卡器

（1）指纹读卡器

指纹读卡器是通过指纹识别来认证身份的设备，如图 4-3 所示。指纹具有唯一性，将指纹特征用于门禁系统能够为用户带来更安全、便捷的体验。

（2）人脸门禁一体机

人脸识别是通过识别人脸特征进行比对，比对流程同指纹识别类似，都是建立特征点模型。相较于其他类型的生物特征识别，人脸识别更加便捷。人脸门禁一体机如图 4-4 所示。

为了避免通过照片完成识别的情况，人脸识别应用于门禁系统时，可以开启活体检测，并利用立体检测、红外检测等技术提高活体检测准确性。

3. 二维码阅读器

二维码是近些年兴起的编码方式，其基本原理是通过使用若干个与二进制数值对应的黑白图形来存储信息。二维码阅读器的扫描识别，就是一个解码的过程，根据二维码的编码格式信息和纠错码读取数据。二维码阅读器如图 4-5 所示。

图 4-3

图 4-4

图 4-5

二维码分为静态二维码和动态二维码。静态二维码存储固定的信息，一般存储卡号等；动态二维码可以与后台交互产生变化。一般在门禁管理系统中，静态二维码和动态二维码都会被使用到。当需要完成付费等操作时，通常使用动态二维码。

4.2.3 管理 / 控制设备

管理 / 控制设备即门禁控制器，是门禁管理系统的“大脑”。它对前端传输过来的数据进行逻辑判断，对权限匹配的人员开放相应的动作指令。门禁控制器存储着大量被授权人员的姓名、卡号、权限有效期等信息，并且可以存储大量的刷卡事件，方便回溯和返查。

门禁控制器一般同时支持 Wiegand、RS-485 两种读卡器接口，并可以扩展 RS-232 接口，用于接入二维码阅读器、身份证阅读器等前端识别设备。

图 4-6 所示为常用的一种门禁控制器。

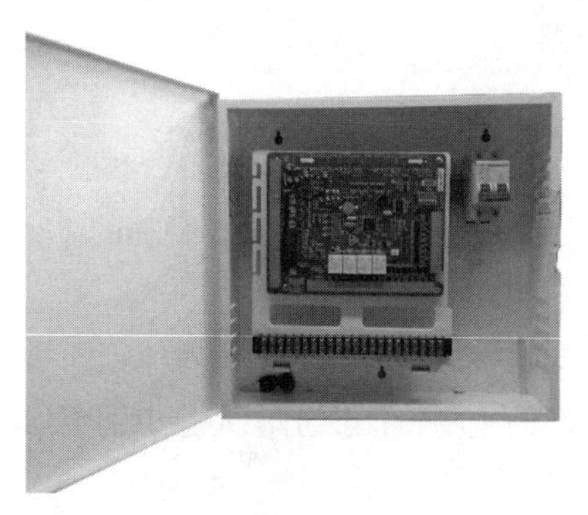

图 4-6

4.2.4 执行设备

在门禁系统中，控制出入口开和关的装置就是执行设备。传统门禁系统的执行设备是电子锁，在人员通道里对应的执行设备是电机。

1. 电子锁

常用的电子锁有磁力锁、电插锁和灵性锁等。

（1）磁力锁

磁力锁利用电流生磁的原理，当电流通过其中的硅钢片时，电磁锁便会产生磁吸力吸住铁板以达到锁门的效果，断电则实现开门效果。磁力锁如图 4-7 所示。

磁力锁通常是阳极锁。阳极锁的工作方式是通电上锁，断电开锁。这种工作方式适用于大部分场所，例如办公室、教室等。

（2）电插锁

电插锁是通过电流的通和断，驱动“锁舌”的伸出或缩回以达到锁门或开门的功能。电插锁如图 4-8 所示。

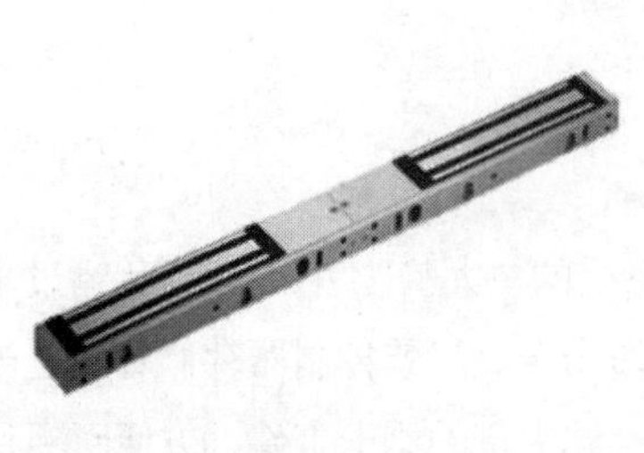

图 4-7

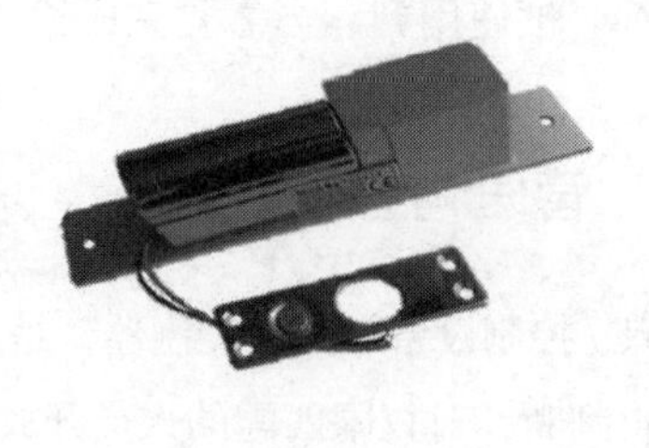

图 4-8

电插锁有阴极锁也有阳极锁，通常采用阳极锁。阴极锁的工作方式是断电上锁，通电开锁。出于消防安全考虑，阴极锁应用场景较少，主要应用于监狱等特殊场所。

（3）灵性锁

灵性锁需要两组供电，一组 V+、V- 端子需要 12V 直流供电，另一组 L+、L- 端子则通电开锁，断电上锁。它可以用钥匙开门，是传统钥匙锁和电子锁的结合。灵性锁适用于小区单元的防火门、防盗门。灵性锁如图 4-9 所示。

2. 电动门

电动门就是通过电机驱动的各种门，主要包括平移门、旋转门等。

电动门通常由一组预留在控制盒内的开门端子，接收开关信号，当接收到开门的信号后，电机会驱动门打开。平移门如图 4-10 所示。

图 4-9

图 4-10

3. 人员通道

人员通道整体可以作为一体机来看待，其包含信息采集、逻辑判断、控制执行完整的功能。其中电机可以视作门禁管理系统的执行设备，通过电机的运转带动门摆的开关。人员通道产品结构如图 4-11 所示。

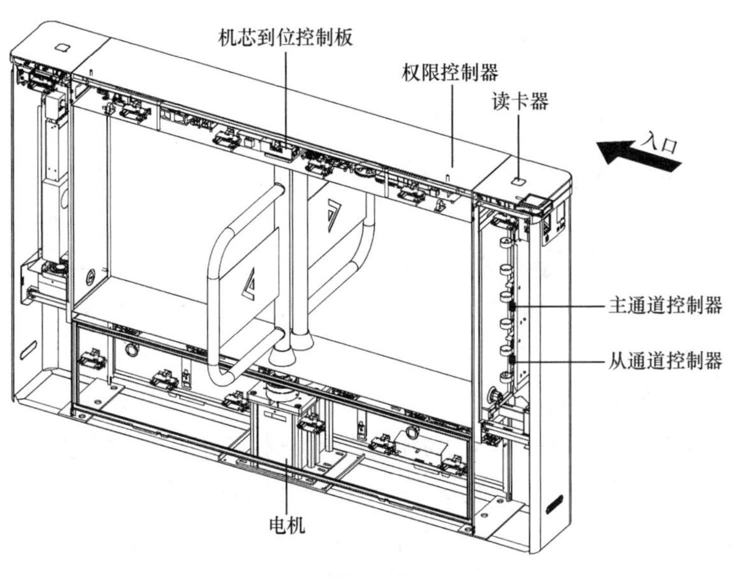

图 4-11

4.3 门禁管理系统的实施

· 学习背景

门禁系统由于使用场景多样，并且当系统整体实施完成后再整改难度大，所以要求在施工布线前要仔细进行现场勘测，充分考量，避免后续返工。同时，系统设备的安装和连接必须遵照相关规范进行，以确保系统的运行效果。

门禁管理系统设备的安装环节依次为安装准备、布线、安装和接线。

· 关键知识点

✓ 门禁管理系统主要设备的安装位置勘测

✓ 门禁管理系统布线规范

✓ 门禁管理系统设备的安装与接线

4.3.1 实施规范

门禁管理系统工程实施应符合国家标准 GB 55029—2022《安全防范工程通用规范》，同时满足国家标准 GB 50348—2018《安全防范工程技术标准》中关于出入口控制设备安装的规定：

① 各类识读装置的安装应便于识读操作；

② 感应式识读装置在安装时应注意可感应范围，不得靠近高频、强磁场；

③ 受控区内出门按钮的安装，应保证在受控区外不能通过识读装置的过线孔触及出门按钮的信号线；

④ 锁具安装应保证在防护面外无法拆卸。

4.3.2 安装准备

门禁管理系统中，通常需要对读卡器、电子锁、人脸门禁一体机和人员通道的安装提前确认现场环境。

（1）读卡器安装位置确认

读卡器安装要求距离地面 1.3m 左右，尽量不要安装在金属物体上，且安装位置周围不要有强电流。

（2）电子锁安装位置确认

电子锁需要根据具体场景和门的材质选择锁类型：磁力锁通常安装在单向开门的场景，用于木门、玻璃门、金属门、防火门；电插锁用于木门、铁门、玻璃门，其中木门和铁门只能单向开门，玻璃门可以双向开门；灵性锁用于木门或金属门，只能用于单向开门场景。

（3）人脸门禁一体机安装位置确认

建议摄像头距离地面 1.5m 左右，尽量避免安装在光照强的位置，避免发生逆光、阳光直射、灯源近距离照射等情况。

安装在室外时，需要勘测现场环境是否有遮阳棚，没有遮阳棚可增加遮阳罩，降低太阳光线的影响。

（4）人员通道安装位置确认

• 如果安装位置在室外，应选择防水的闸机；如果地面较低或者当地雨水较多，需要提前安装水泥基座。基座高于地面 5cm 左右，基座面保持水平。

• 确认闸机数量，一组通道内，闸机数量 = 通道数量 +1，通行方式分为双向进出、只出不进、只进不出，根据通行方式做好通道排布。

• 确认现场安装宽度，通道整体安装宽度 = 闸机宽度 × 闸机数量 + 通道宽度 × 通道数量。

具体勘测信息可参考人员通道现场勘测表，如图 4-12 所示。

<table>
<tr><th colspan="6">人员通道现场勘测表</th></tr>
<tr><td rowspan="3">项目信息</td><td rowspan="2">项目名称</td><td rowspan="2" colspan="2"></td><td>勘测人</td><td></td></tr>
<tr><td>日期</td><td></td></tr>
<tr><td>勘测地点</td><td colspan="4"></td></tr>
<tr><td rowspan="8">基本信息</td><td colspan="2">安装环境</td><td colspan="3">□室内 □室外 □半室外（带雨棚）</td></tr>
<tr><td colspan="2">意向通道类型</td><td colspan="3">□摆闸 □翼闸 □三辊闸
□全高门 □无障碍通道</td></tr>
<tr><td colspan="2">规划安装宽度/mm
（若有多组通道则按组区分）</td><td colspan="3"></td></tr>
<tr><td colspan="2">规划通道数
（若有多组通道则按组区分）</td><td colspan="3"></td></tr>
<tr><td colspan="2">地面是否水平
（若不水平则提供地面情况照片）</td><td colspan="3">□是 □否</td></tr>
<tr><td colspan="2">地面材质是否可开槽
（若不可开槽是否安装基座）</td><td colspan="3">□是 □否
（□是 □否）</td></tr>
<tr><td colspan="2">是否使用人证
（若有人证则提供现场光线环境、照明情况）</td><td colspan="3">□是 □否</td></tr>
<tr><td colspan="2">强电/网络环境情况
（能否布线，难易度）</td><td colspan="3"></td></tr>
<tr><td>通行规则</td><td colspan="2">进出方向分别标注通行状态：
受控、自由、禁止等
（多通道以草图形式标注）</td><td colspan="3"></td></tr>
<tr><td>注意事项</td><td colspan="5">① 需要拍几张现场实际环境的图片、地面图片；每个入口都需要有对应的图片。
② 对于多个位置安装的情况，需要每个位置都有对应的图片。
③ 如室外地面不平，则建议客户通过浇筑水泥等方式保证安装表面水平</td></tr>
<tr><td>特殊情况说明</td><td colspan="5"></td></tr>
</table>

图 4-12

4.3.3 布线

门禁管理系统通用布线参考综合安防系统布线施工规范，有以下注意事项。

1. 读卡器

• 读卡器到控制器的连接线建议采用 RVVP4 × 1.0。

• 接 RS-485 读卡器时，线缆长度不超过 800m，并且距离长的时候读卡器需要就近供电。

• 接 Wiegand 读卡器时，线缆长度不超过 80m，并且距离长的时候读卡器需要就近供电。

2. 电子锁

• 电子锁到控制器的连接线需采用 RVV4 × 1.0。

• 电子锁的电源回路长度建议在 15m 以内，如现场电子锁的电源回路超过限制距离，需要微调电源电压或使用更粗的线材。

3. 人脸门禁一体机

• 人脸门禁一体机由开关电源或变压器供电，线缆采用 RVV2 × 1.0 或更高规格的线材。

• 外接读卡器或电子锁时参考上述线材。

4. 人员通道

• 现场需要预留 220V 电源线和网线接口，建议电源线采用 RVV1.5 × 3 以上线材，网线采用超五类线材。

• 过桥线为自带线材，线缆不能剪断或延长。

4.3.4 安装

门禁管理系统设备的安装需要操作人员具有弱电方面的基础知识和操作技能，对所安装的设备的形态、功能、适用场景有一定了解，能够根据现场环境灵活选择安装位置并设计安装方案。

在安装前，须确认包装箱内的设备完好，部件和配件齐全，且设备安装位置符合勘测结果的要求。

1. 读卡器的安装

常见的读卡器安装底盒的标准尺寸为 86 底盒。安装读卡器时须注意以下内容。

① 读卡器一般装在距离门较近且方便触及的位置。

② 读卡器感应距离容易受到金属等物质的影响，安装位置如有金属物质，建议在读卡器背面加装适当厚度的塑胶隔离垫片。

③ 为了保证设备长久使用，尽量将读卡器安装在防雨防晒的环境中，对于有可能淋

雨的环境要做好读卡器防雨措施，如安装亚克力罩和做防水硅胶处理。

④ 安装前须先进行拨码设置和尾线接线，安装读卡器固定板时，请勿用力过大以避免造成读卡器固定板弯曲变形。

具体操作：将读卡器固定板固定在墙上或其他位置，依照接线说明接线，并将各接线端子插上；读卡器上方对准固定板卡榫，将读卡器往固定板方向密合，使用六角扳手将螺丝由下方拧入使底部密合锁上。如无底板则直接将读卡器装到 86 底盒上，如图 4-13 所示。

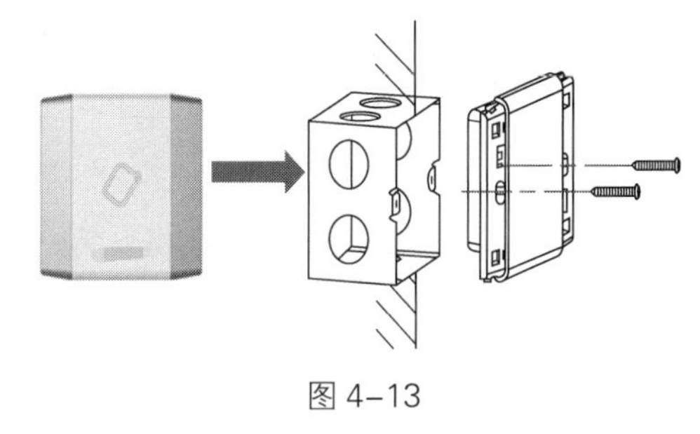

图 4–13

2. 电子锁安装

电子锁安装在门框中间，注意装在门上的铁块需要与电子锁对齐，否则电子锁指示灯会显示错误。线缆一般通过吊顶走线，布管要到位，方便后期维护。

电子锁的安装场景较多，安装方式也不同，安装须注意以下内容。

① 磁力锁安装在木门上或者可开孔的铁门上时，如果门框宽度足够安装锁体，则无须配 LZ 支架，将磁力锁体直接吊装在门框上，铁片固定在活动门上即可。如果门框宽度不够安装锁体，则需要配 LZ 支架。具体场景安装示意如图 4-14 所示。

图 4–14

② 为玻璃门安装磁力锁时，需要安装 U 形夹，用于固定铁片，如图 4-15 所示。玻璃门安装磁力锁，门只能单向打开。

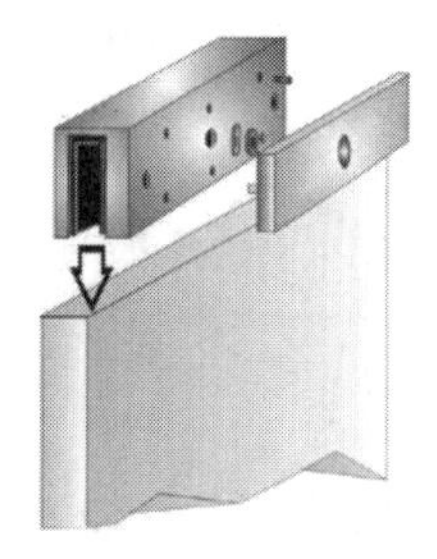

图 4–15

③ 电插锁安装时需要先将门关上，确定门与门框的中心线，然后用包装里自带的贴纸与中心线对齐并规划好孔位，最后在门框上安装锁体，在门上安装锁扣。要注意的是，玻璃门上安装电插锁时需要 U 形夹固定锁体，安装完成后，玻璃门可以双向开门。电插锁安装完成后如图 4-16 所示。

3. 人脸门禁一体机的安装

这里以室内壁挂安装为例，安装步骤如下。

① 根据安装贴纸上的基准线将安装贴纸贴在距离地面基准线 1.4m 处。

② 根据安装贴纸在墙上开孔，并安装 86 底盒。

③ 将安装挂板固定在 86 底盒上。

④ 将外接设备线缆与排线线缆连接，整理线缆，确定出线方式。

⑤ 将设备自上而下扣挂在安装挂板上，并确保挂板下方突起部分插入设备背部凹槽处。

⑥ 使用螺丝拧入设备固定孔位，固定设备与安装挂板，如图 4-17 所示。

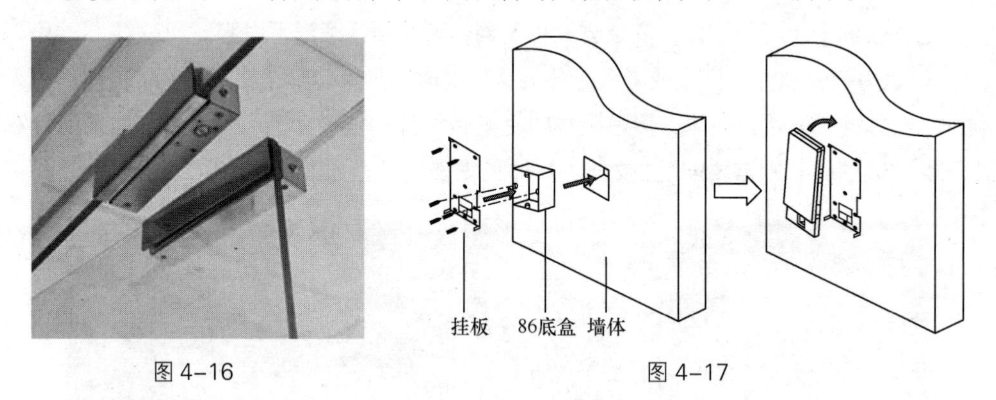

图 4–16　　图 4–17

4. 人员通道的安装

（1）常用工具

人员通道的施工安装涉及开槽布线，需要用到工程施工的许多常用工具，图 4-18 所示为人员通道施工布线的常用工具。

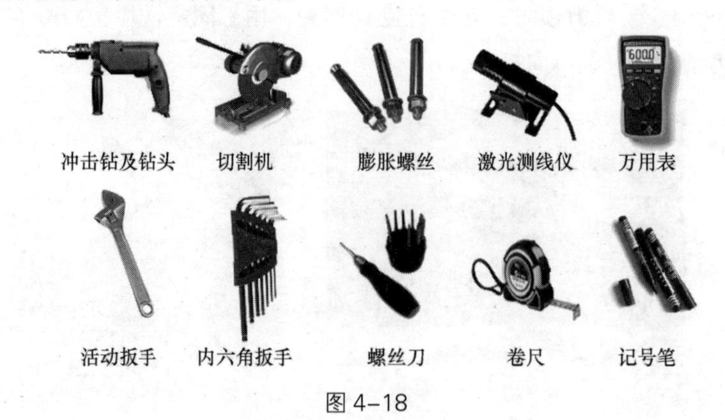

图 4–18

（2）通道布线

① 以最靠边的通道中心为基准，划两条平行线，其间距为 L+200mm（L 为通道宽度）。

② 确定各机箱的安装孔位和出线孔并进行开槽和开孔。

③ 预埋过桥线。

通道布线如图 4-19 所示。

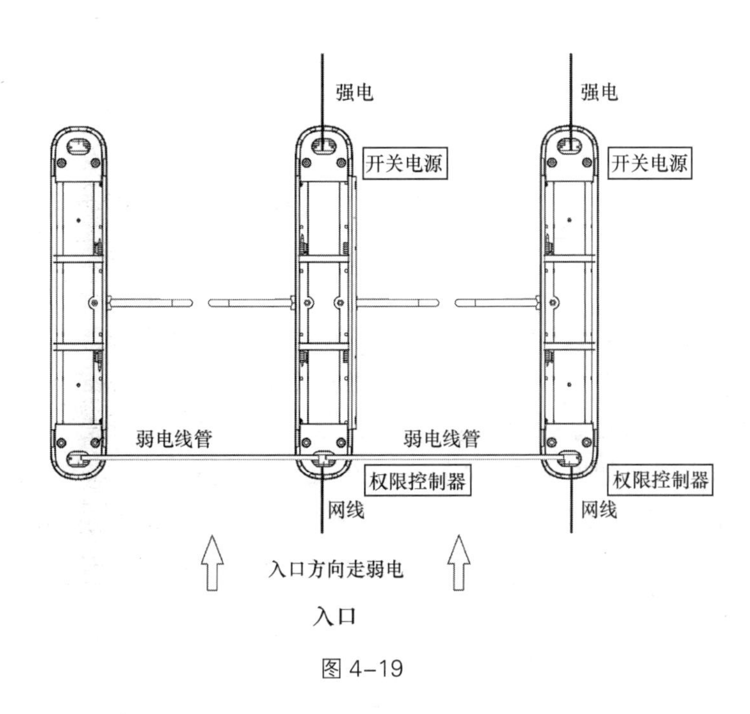

图 4-19

（3）通道安装

通道安装步骤如下。

① 准备安装设备的工具，清点配件，整理安装设备的地基基面。

② 确定安装孔位位置之后，开孔，埋下膨胀螺丝。

③ 用封堵材料密封人行通道底部，防止积水。

④ 根据人行通道上的标签进出方向，将人行通道分别搬到相应的安装位，逐个对准地脚螺栓并拧紧螺母。

4.3.5　接线

1. 门禁控制器接线

（1）门禁控制器接读卡器

将 RS-485 读卡器两芯电源线 PWR、GND 分别接到门禁控制器端子电源输出或者电源的 V+、V-。两芯信号线 RS-485+、RS-485- 分别接门禁控制器的 RS-485+、RS-485- 端子。如有多个 RS-485 读卡器接入，则多个读卡器并接到这 4 个端子上，读卡器以自身拨码区分在控制器上的编号。RS-485 读卡器接线如图 4-20 所示。

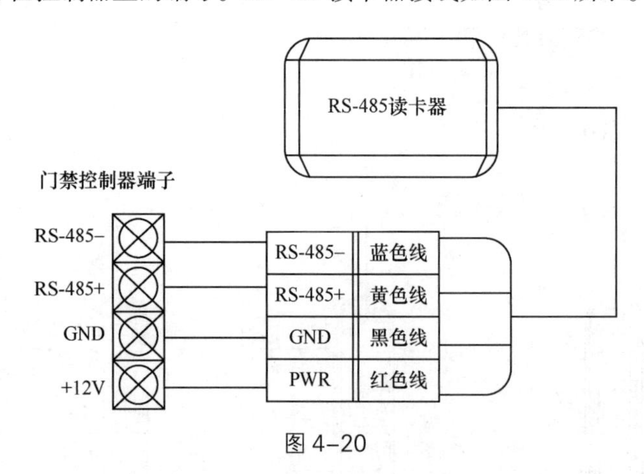

图 4–20

将 Wiegand 读卡器的两芯电源线 PWR、GND 分别接到接到门禁控制器端子电源输出或者电源的 V+、V-（一般为 12V）。五芯信号线 W0、W1、Beep、Red LED、Blue LED 分别接到门禁控制器的 W0、W1、BZ、ERR、OK。Wiegand 读卡器不可并接，需要一对一接线。主机如果要控制 Wiegand 读卡器的蜂鸣声和 LED，必须将 OK、ERR、BZ 端子接好，如果只接 W0、W1、GND 也能正常通信，但无法通过灯的颜色和蜂鸣器声音辨识合法卡与非法卡。以海康威视读卡器为例，Wiegand 读卡器的接线如图 4-21 所示。

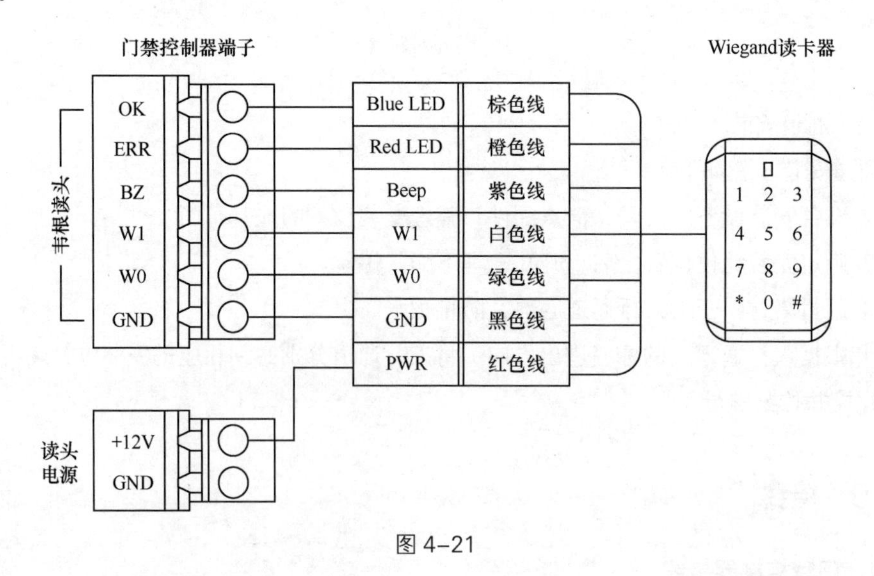

图 4–21

（2）门禁控制器接电子锁

以使用较为频繁的阳极锁为例。阳极锁通电上锁，断电开锁，所以可以直接通过控制锁通电断电的状态来控制锁的开合。阳极锁的两芯电源线分别接到门禁控制器的锁 2+ 和锁 2- 端子。门禁控制器的锁 + 和锁 - 端子常闭状态下默认带电，即上锁状态，触发开锁指令则断电，锁就打开了。阳极锁的接线如图 4-22 所示。

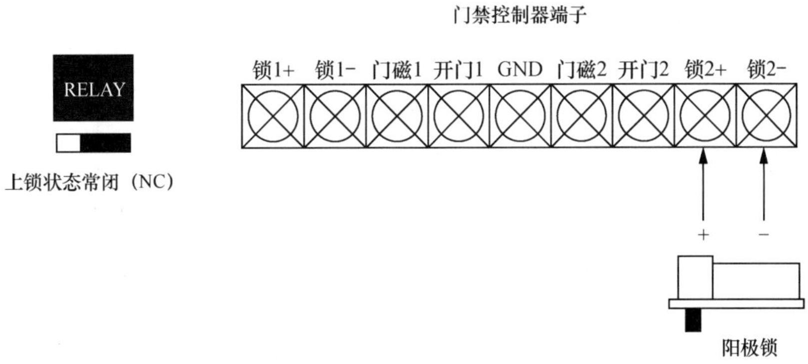

门禁控制器端子
RELAY
上锁状态常闭（NC）
锁1+ 锁1- 门磁1 开门1 GND 门磁2 开门2 锁2+ 锁2-
+
-
阳极锁

图 4-22

（3）门禁控制器接开门按钮

开门按钮负责输出开关量信号，将常开节点接到门禁控制器的开门按钮端子即可。开门按钮的接线如图 4-23 所示。

2. 人脸门禁一体机接线

人脸门禁一体机预留丰富的接线端子，可以外接电子锁、读卡器、开门按钮、门磁等设备，还有报警输入、输出端子。下面以某款人脸门禁一体机为例介绍部分端子的接线。

（1）人脸门禁一体机接阳极锁

人脸门禁一体机与阳极锁的接线如图 4-24 所示。

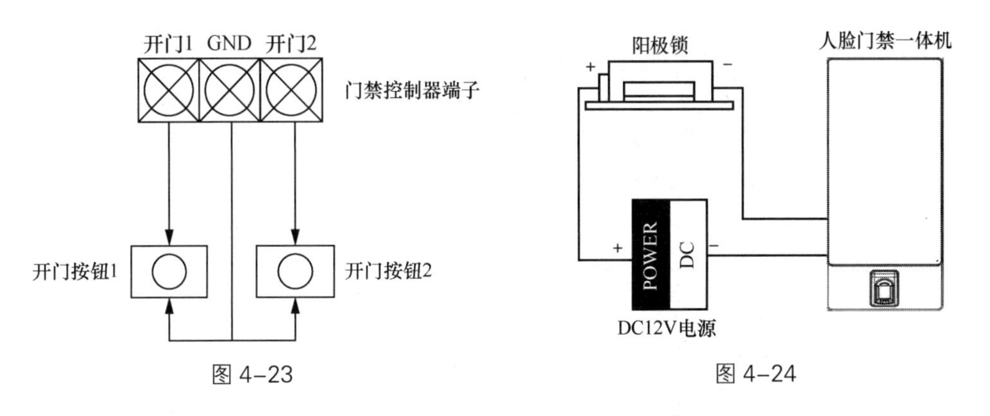

开门1 GND 开门2
门禁控制器端子
开门按钮1
开门按钮2

图 4-23

阳极锁
人脸门禁一体机
+
-
POWER
DC
DC12V电源

图 4-24

当人脸门禁一体机接的锁工作电流超过 1.5A 时，直接接线会导致设备继电器过流损坏，需要增加外接继电器来控制门锁。图 4-25 所示为外接 12V 电磁继电器时的阳极锁接线。

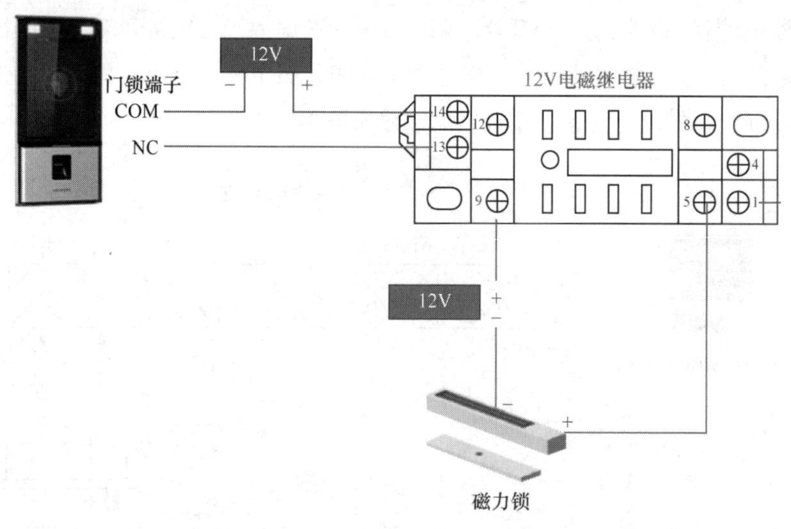

图 4-25

（2）人脸门禁一体机接读卡器

人脸门禁一体机支持外接 RS-485 读卡器和 Wiegand 读卡器。外接 RS-485 读卡器时，根据丝印标识分别找到人脸门禁一体机和读卡器 RS-485+、RS-485- 接口线，具体接线可参考图 4-26 所示。

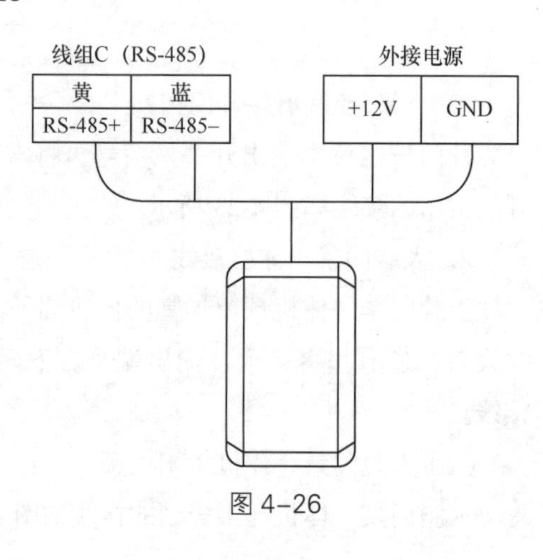

图 4-26

外接 Wiegand 读卡器时，根据丝印标识分别找到人脸门禁一体机和读卡器的 W0、W1、GND 接口线，具体接线如图 4-27 所示。

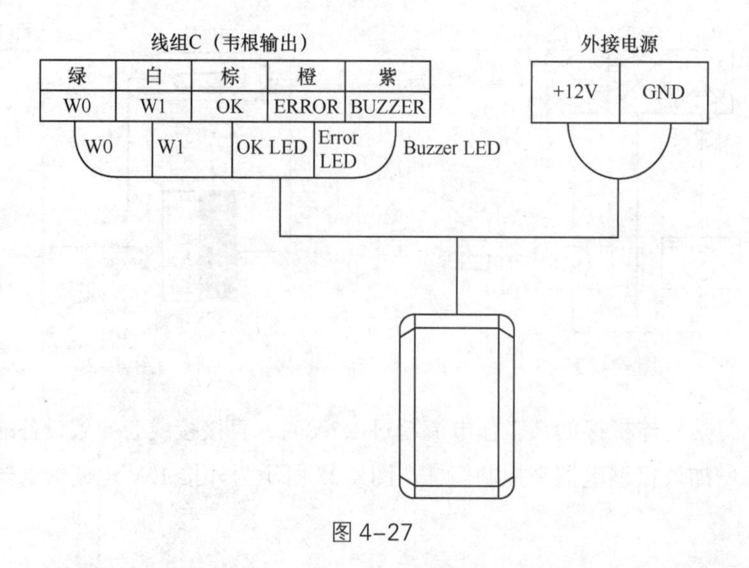

图 4-27

3. 人员通道接线

人员通道出厂时，大部分线路都已经接好，需要现场接的线主要有以下 3 种。

（1）外部的强电线和网线

强电线一般直接接入空开，接地线接入空开旁边的端子或者螺柱上；网线直接接到交换机或者对应门禁控制器上。系统进线的接线如图 4-28 所示。

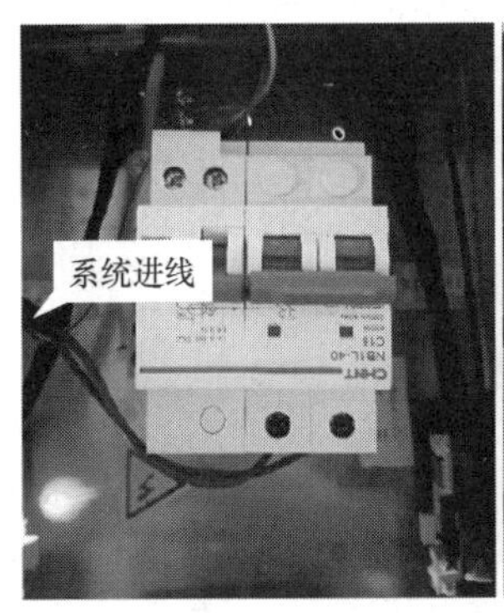

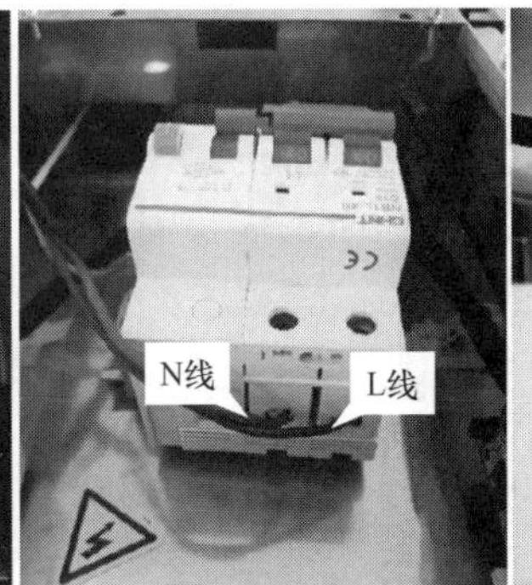

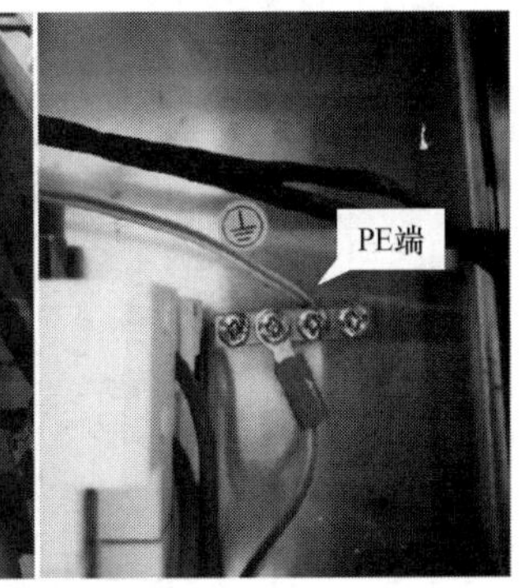

图 4–28

（2）两台设备之间的同步线

设备同步线、外设到控制器之间的连接线统称为同步线。同步线一般是人员通道出厂自带的，需要用同步线将主从通道板连接起来。同步线接线示意如图 4-29 所示。

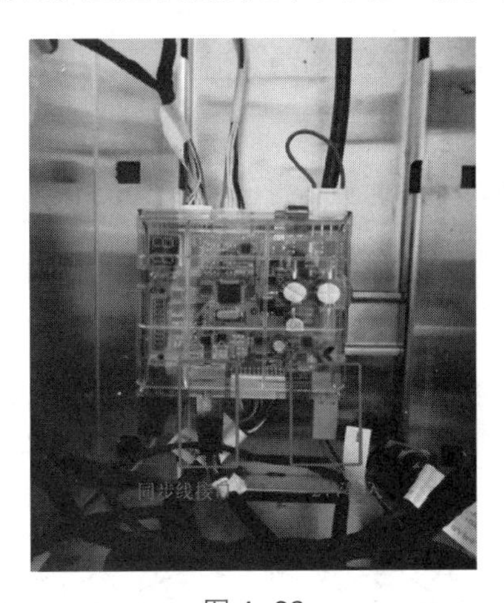

图 4–29

（3）权限控制器接其他外设

权限控制器起到存储人员信息、控制闸机输入输出的作用，可以接其他外设，比如读卡器、生物特征识别读卡器、二维码阅读器等。一般人员通道外设也是接到闸机的权限控制板上。图 4-30 所示为某人员通道的权限控制器接口示意。

RS-485 读卡器和 Wiegand 读卡器接线参考门禁控制器接线，接线端子一样，RS-485 接线方式的拨码稍有不同，人员通道进方向读卡器拨码为 1 或者 2，出方向拨码为 3 或者 4。

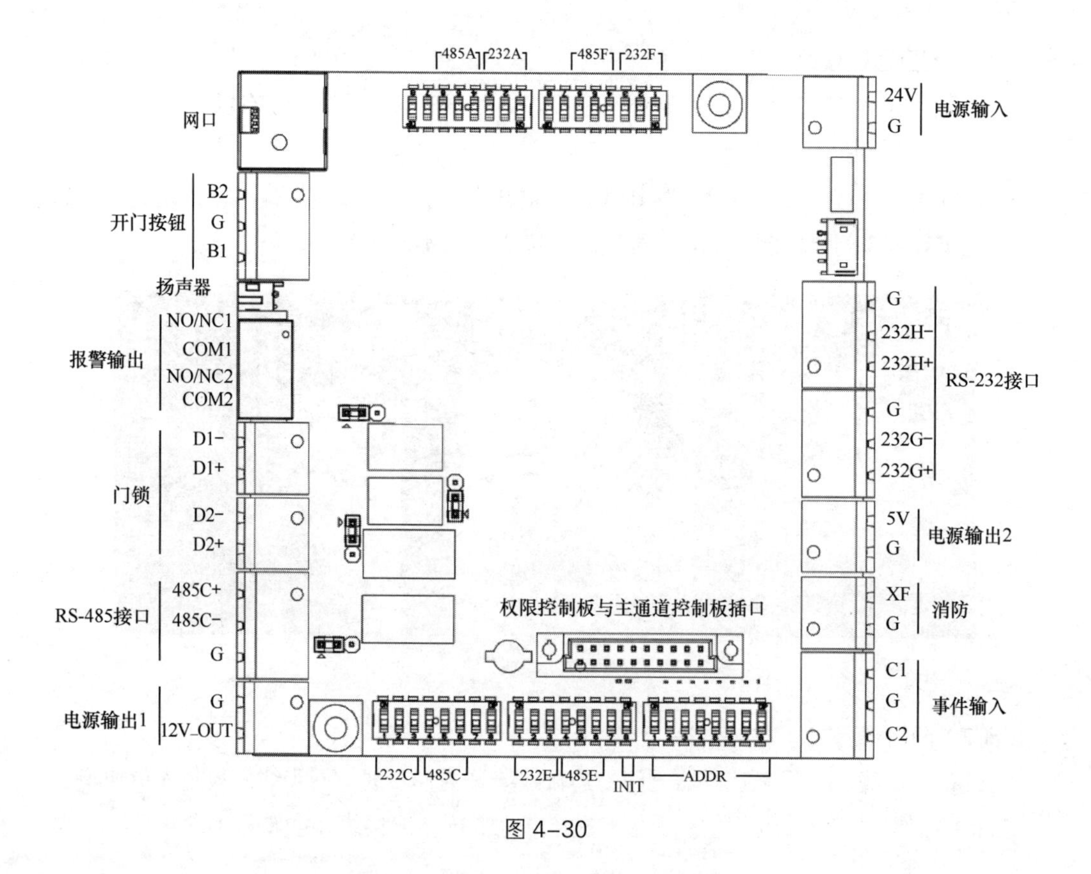

图 4-30

人脸门禁一体机作为外接设备接入人员通道时，一般用 RS-485 方式或者开关量方式。

用 RS-485 方式接线时，如果通道本身已经接了 IC 读卡器（RS-485 通信），那么拨码不能与 IC 读卡器的拨码冲突。接线示意如图 4-31 所示。

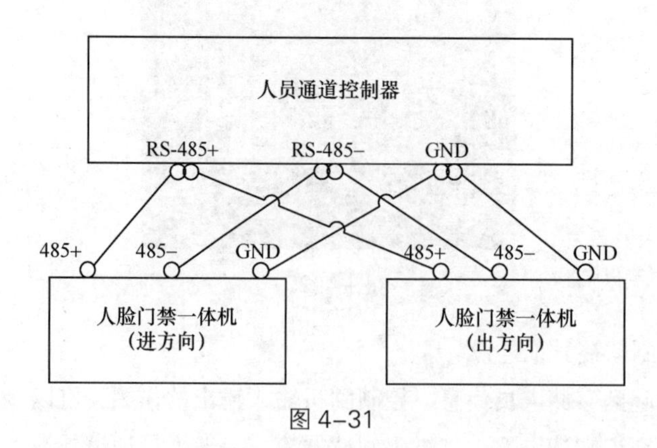

图 4-31

用开关量方式接线时，将人脸门禁一体机的门锁端子 NO 与 COM 接入人员通道控制器的 BUTTON 端子，进方向接 B1 和 GND，出方向接 B2 和 GND，如图 4-32 所示。

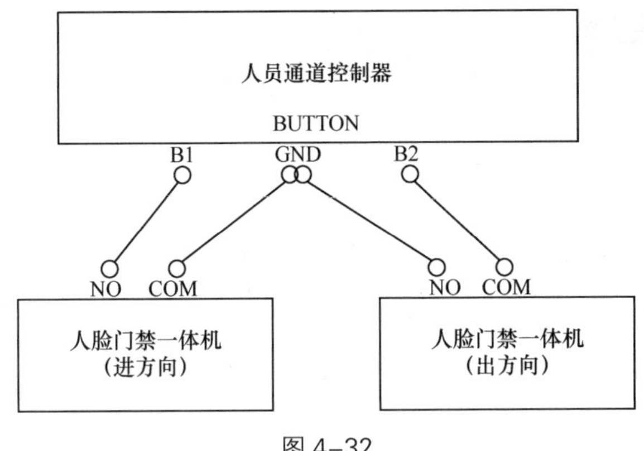

图 4-32

二维码阅读器一般采用RS-232方式接权限控制器，主副通道均有标注RS-232的接口，分别对应通道控制板的 RS-232 串口。若要接到其他串口，需要检查该接口是否为 RS-232 接口。接线如图 4-33 所示，左侧为二维码扫描器接线端子，右侧为人员通道接线端子。

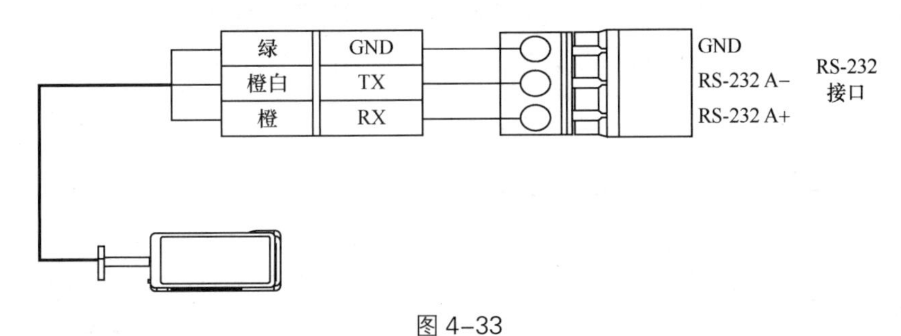

图 4-33

本章总结

本章介绍了门禁管理系统的概念、组成设备以及实施方法等内容。通过本章的学习，读者可了解门禁管理系统的结构与功能，熟悉相关施工规范，系统掌握施工方法，从而为从事门禁管理系统项目的工程施工奠定基础。

思考与练习

1. 门禁管理系统的识别设备有哪些分类方式？不同分类方式下识别设备可分成哪些类型？
2. 常见的电子锁有哪些？主要特点是什么？
3. 人员通道勘测的主要注意事项有哪些？
4. 试描述室内人脸门禁一体机的壁挂安装过程。

第 5 章

停车场安全管理系统

停车场安全管理系统包括的场景、场所、事件有停车场出入口、寻车引导、园区卡口、升降柱管理、僵尸车预警等，能够用来对车辆进出、车辆收费、寻车路线规划、车辆通行秩序等进行管理，提高停车场管理效率。本章主要介绍停车场安全管理系统的定义、组成及实施，帮助读者快速认识和了解停车场安全管理系统。

5.1 停车场安全管理系统的定义

根据国家标准 GB 50348—2018《安全防范工程技术标准》，停车库（场）安全管理系统（security management system in parking lots）的定义：对人员和车辆进、出停车库（场）进行登录、监控以及人员和车辆在库（场）内的安全实现综合管理的电子系统。

停车场安全管理系统主要应用于小区、医院、商场等有机动车出入的场所。目前以车牌识别为主要应用场景，即通过采集车辆信息（主要指车牌和出入时间）实现相应的管理功能，系统的大致构成如图 5-1 所示。

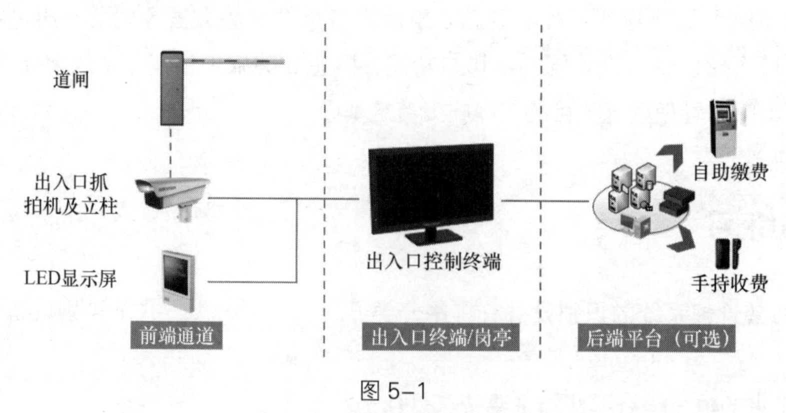

图 5–1

图 5-2 所示为某园区停车场系统示意。整个园区共有东南门、正南门和西门 3 个通道，每个通道的宽度设计成两个车道，分别管理入场和出场的车辆，车辆进入园区或者

离开园区必须经过其中一个通道。

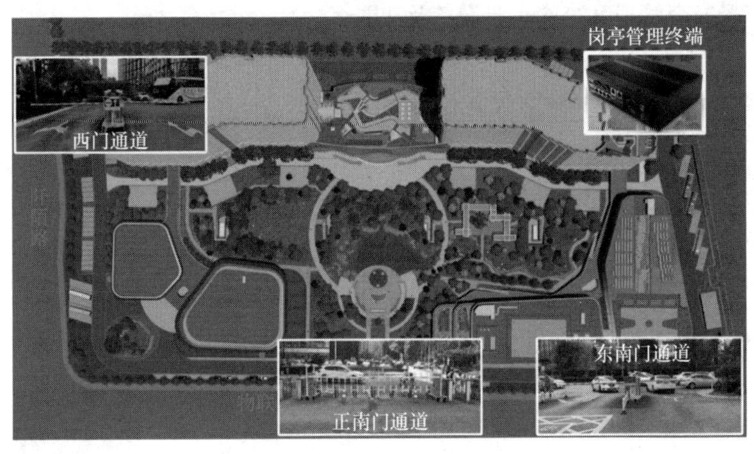

图 5–2

停车场管理系统的核心是对车辆的出入进行管理，按照管理方式可分成有人值守和无人值守。

有人值守方式指在车牌识别模式应用场景下，设置岗亭管理人员进行辅助管控。该方式通过抓拍设备抓拍将识别到的车辆信息作为车辆进出场的依据，自动化程度较高。但是由于车牌污损、遮挡，环境干扰等因素，车牌识别准确率无法达到 100%，且存在无车牌车辆需要通行的情况，因此需要岗亭管理人员进行人工干预处理。

无人值守方式以轻量化、增收降本、快速通行为目标，不设置岗亭管理人员，通过让驾驶人员扫描二维码的方式解决无牌车计费的问题，以智能化设备、网络支付代替传统的人工收费，节省人工成本，提高了车辆的通行效率。

5.2　停车场安全管理系统的组成

• **学习背景**

停车场安全管理系统是使用计算机、网络设备、车道管理设备搭建的一套针对停车场车辆出入、场内车流引导、停车费计算和收取等进行综合管理的网络系统，主要由出入口抓拍设备、自动挡车器、车辆检测器、出入口控制机（票箱）、出入口控制终端、LED 显示屏等设备组成，按功能可以分为识读设备、管理 / 控制设备、传输设备、执行设备。系统通过采集车辆信息，记录车辆出入信息和场内位置，实现车辆出入的动态管理及场内车辆的静态管理。停车场安全管理系统组成设备多样，各设备根据系统的工作流程，有步骤有顺序地执行相应的功能，实现停车安全与管理。

• **关键知识点**

✓ 停车场安全管理系统主要设备的特点与应用

✓ 部分重要设备的工作流程

✓ 停车场安全管理系统的主要设备及功能

5.2.1 停车场安全管理系统的结构

停车场系统主要由识读设备、管理 / 控制设备、传输设备、执行设备这 4 个部分组成，整体的系统架构如图 5-3 所示。

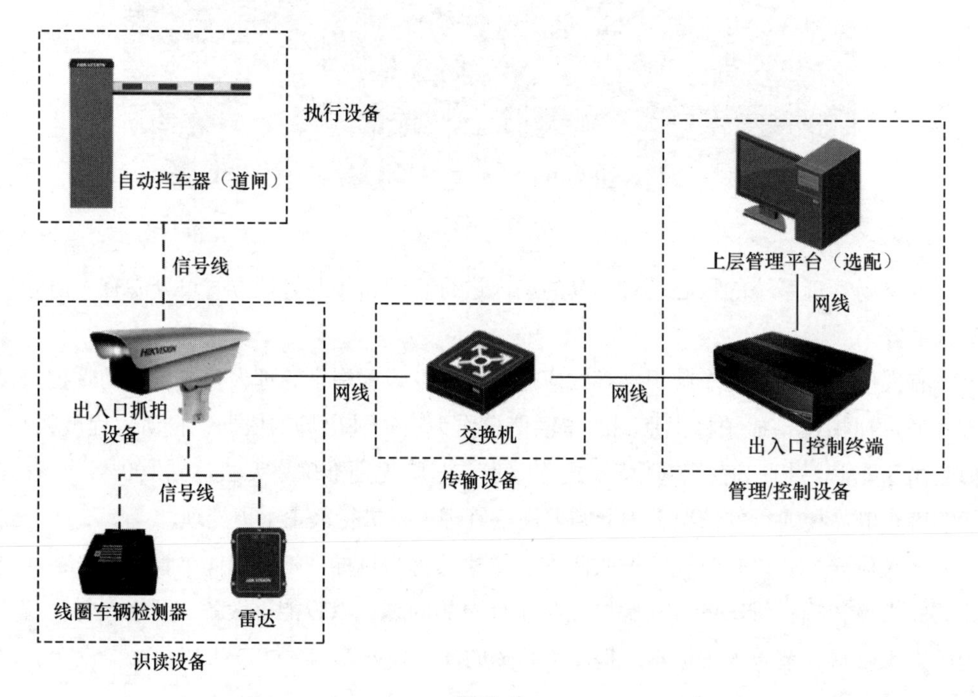

图 5–3

识读设备作为整个系统的最前端，其主要作用是采集和探测进入识读范围的目标车辆，将收集到的目标图像、车牌数据、出入时间等信息通过传输设备输出到系统后端做进一步处理。

管理 / 控制设备作为系统后端的数据处理设备，其主要作用是获取前端设备采集的由传输设备传输过来的信息，对信息进行比对分析并做出相应的反馈，同时将整个系统的数据做汇总记录，供管理人员查询。

传输设备包括两部分，第一部分将前端设备采集的数据通过网线或信号线传输至管理 / 控制设备，第二部分是将管理 / 控制设备处理好的数据传输至执行设备。在停车场安全管理系统中，信息传输的主要形式有网络信号传输、RS-485 信号传输和电平信号传输。

执行设备为对系统做出应答的设备，通常指的是自动挡车器，又名道闸。自动挡车器主要由控制器、电机、减速机、闸杆组成，是一种用于在道路上限制机动车行驶的停车场通道设备。当闸杆成水平状态时，可限制车辆通过；将闸杆打开至垂直状态，则车辆可通行。自动挡车器支持由停车场出入口管理软件自动控制开关，也可通过遥控器或手柄 / 按钮的方式实现人工开关。

接下来对识读设备、管理 / 控制设备、执行设备进行介绍。

5.2.2　识读设备

识读设备具体包含出入口抓拍设备、线圈车辆检测器、雷达等，其中出入口抓拍设备为信息采集核心设备，线圈车辆检测器和雷达为信息采集辅助设备。

1. 出入口抓拍设备

出入口抓拍设备包含防护罩、补光灯以及高清智能抓拍设备，可实现视频检测 / 抓拍，支持车牌、车型、车标、车辆品牌、车身颜色、无牌车等的检测，广泛应用于小区、商场、学校、医院、机场、车站、加油站、4S 店、政府大院等场所，其外观如图 5-4 所示。

出入口抓拍设备的工作原理：当目标车辆进入监控画面设定区域时，通过外部提供的信号或者抓拍设备自身的智能算法，触发抓拍设备的抓拍功能，以识别车牌、车型等信息。

2. 线圈车辆检测器

线圈车辆检测器简称车检器，是一款基于环形线圈的数字式智能型车辆检测设备，如图 5-5 所示。该设备基于高可靠性设计，采用高性能微处理器和通道顺序扫描技术，能够快速、准确地检测车辆，具备频率自适应功能，广泛应用于停车场安全管理系统。

图 5-4

图 5-5

线圈车辆检测器的工作原理：利用地感线圈检测地感线圈上方是否有金属物（如汽车）。地感线圈通常埋在路面以下，当汽车等通过地感线圈正上方时，车辆检测器能够将地感线圈产生的电感量变化转化成继电器信号输出，用于控制出入口抓拍设备进行抓拍动作和使自动挡车器进入防砸保护等。线圈车辆检测器工作流程如图 5-6 所示。

线圈车辆检测器的优点是技术成熟、易于掌握、车辆检测准确率高；缺点是地感线圈敷设对环境及施工要求高且易损坏，后续整改维护难度大。

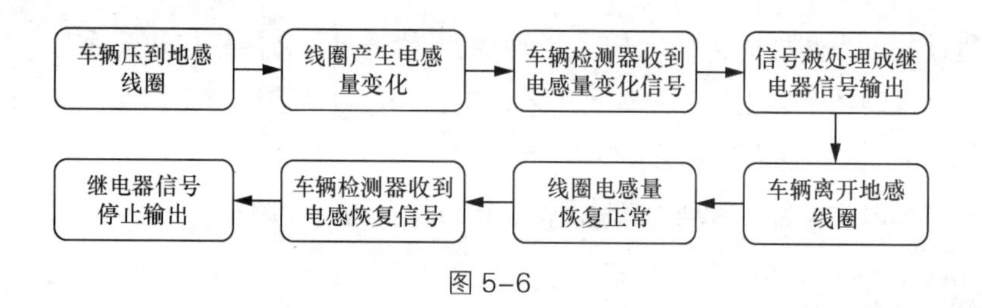

图 5-6

3. 雷达

雷达是利用无线电波探测目标信息的电子设备，其外观如图 5-7 所示。雷达适用于停车场进出目标的检测，可触发出入口抓拍设备抓拍；控制出入口自动挡车器闸杆的起落，有效防止砸车、砸人事故的发生。雷达是智能化停车系统不可或缺的组成部分。

图 5-7

雷达的工作原理：通过雷达探头发射和接收无线电波，判断指定区域内是否有目标。当有车辆进入设定的雷达探测区域时，雷达会对信号做处理并转化成继电器信号输出，用于控制出入口抓拍设备和自动挡车器。雷达工作流程如图 5-8 所示。

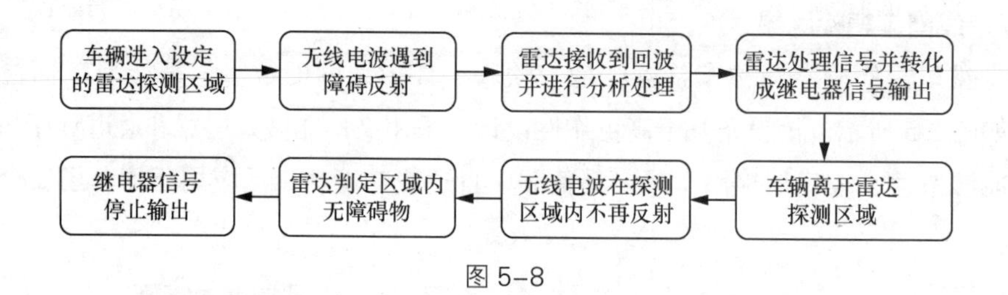

图 5-8

雷达采用微波高精度测量技术和高速数字信号处理技术，无线电波的传输不受光线、云雾、雨水、灰尘等环境因素的影响，具有抗干扰能力强、穿透性好、精度高、调试简便等优点。雷达的缺点是无差别障碍物检测原理易使检测结果受到误闯入的无关物影响。

5.2.3 管理 / 控制设备

出入口控制终端是典型的管理 / 控制设备，是一款无风扇、低功耗、高效能的嵌入式整机，内置停车场管理软件，具有多种信号接口，能满足各类信号传输及数据共享，如图 5-9 所示。一台出入口控制终端可配置管理多条车道，对不同车辆分组并分配对应权限；可根据不同车辆属性分配对应的收费规则，并支持多种收费方式（如支付宝、微信、现金等）。出入口控制终端还支持一户多车功能，以便有序管理内部车辆的权限；支持语音对讲功能，可远程控制自动挡车器，快速处理紧急事件；支持数据统计、报表输出、快速对账等功能。

图 5-9

5.2.4　执行设备

自动挡车器又称道闸，是典型的执行设备。自动挡车器主要由控制器、电机、减速机、闸杆等部件组成，用于限制机动车通过，可以通过手柄、遥控器、按键等多种方式控制闸杆的起落，管控车辆的出入并记录过车次数，也可结合停车场安全管理系统实现自动管控，如图 5-10 所示。

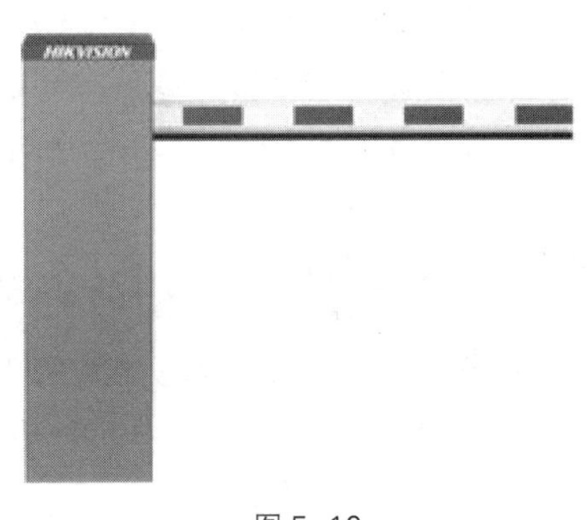

图 5-10

自动挡车器通过控制闸杆的抬起与落下，实现对目标车辆的放行与阻挡。自动挡车器工作流程如图 5-11 所示。

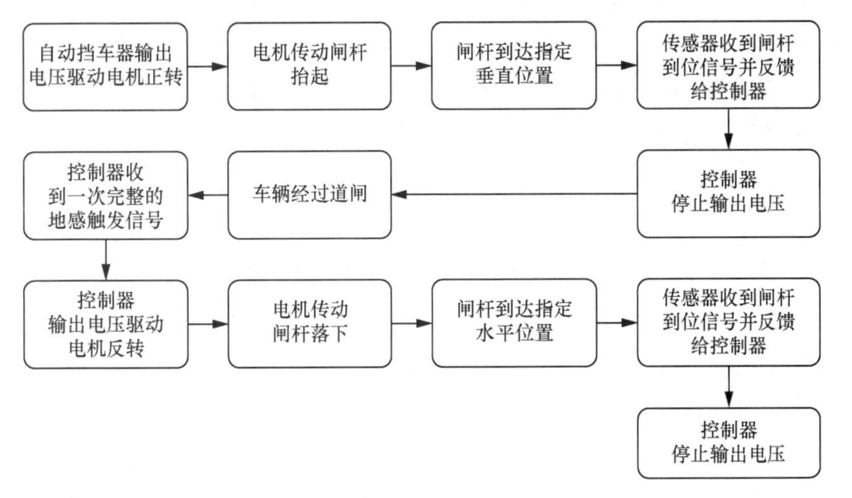

图 5-11

5.3 停车场安全管理系统的实施

• 学习背景

在了解用户的基本需求后，现场勘测是施工前必须完成的工作，目的是查看并了解现场环境，与相关人员确定施工相关的事项。只有经过现场勘测才能制定详细的施工方案。安装是施工的重要内容，较其他安防子系统而言，停车场安全管理系统的设备较多，安装强度和复杂度都较大，尤其是安全岛[25]、地感线圈[26]等设备的安装，对作业人员有着较高的专业技能要求。整个实施过程依次分为勘测、布线、安装和接线 4 个环节。

• 关键知识点

✓ 停车场安全管理系统的勘测要点

✓ 停车场安全管理系统施工布线规范

✓ 停车场安全管理设备安装与接线

5.3.1 实施规范

停车场出入口系统工程实施应符合国家标准 GB 55029—2022《安全防范工程通用规范》。同时满足国家标准 GB 50348—2018《安全防范工程技术标准》中关于停车库（场）安全管理设备安装的规定：

① 读卡机（IC 卡机、磁卡机、出票读卡机、验卡票机）与挡车器安装应平整，保持与水平面垂直、不得倾斜，读卡机应方便驾驶员读卡操作；当安装在室外时，应考虑防水及防撞措施；

② 读卡机与挡车器的中心间距应符合设计要求或产品使用要求；

③ 读卡机（IC 卡机、磁卡机、出票读卡机、验卡票机）与挡车器感应线圈埋设位置与埋设深度应符合设计要求或产品使用要求；感应线圈至机箱处的线缆应采用金属管保护，并注意与环境相协调；

④ 智能摄像机安装的位置、角度，应满足车辆号牌字符、号牌颜色、车身颜色、车辆特征、人员特征等相关信息采集的需要；

⑤ 车位状况信号指示器应安装在车道出入口的明显位置。安装在室外时，应考虑防

---

25 安全岛：设置在出入车道之间、供行人停留或保护公共设施的一个相对安全的空间。

26 地感线圈：埋在地面以下的电感线圈，搭配电容可组成振荡电路，用于感应线圈上方经过的金属物，比如汽车等。

水措施；

⑥ 车位引导显示器应安装在车道中央上方，便于识别与引导；

⑦ 停车库（场）内其他安防设备安装应符合本标准相关规定。

5.3.2 勘测

停车场安全管理系统对稳定性要求很高。在系统方案设计和施工前进行充分的现场勘测，可以使方案设计更贴合实际，提前规避可能影响施工或引起系统故障的因素，确保设备在最佳的环境中稳定运行。

1. 勘测要求

（1）了解需求

现场勘测首先需要了解用户需求，明确用户需要安装的位置及想要实现的功能。

（2）确认现场环境，评估风险

确认现场环境是否符合施工要求，对于现场存在的可能影响施工及设备后期稳定运行的因素，在方案选择及设计时应尽量规避，对于无法规避的问题，应评估风险并与用户沟通，告知风险。

（3）确认方案

现场勘测完成后，确认系统实施方案，确保方案能满足用户需求，同时使设备在最佳的环境中稳定运行。

2. 勘测准备

（1）勘测工具准备

现场勘测需准备卷尺、勘测记录表、纸、笔、手机（用于拍照）以及其他安全辅助工具。停车场勘测记录表如图 5-12 所示。

（2）勘测注意事项

- 充分考虑场内和场外的车流方向和车辆速度。
- 充分考虑安全岛的大小和位置。
- 充分考虑环境干扰因素，例如窨井盖、伸缩门、排水沟等。
- 需要预留车辆最小转弯半径[27]，确保车辆能正常行驶。
- 设备安装须预留检修空间，并避免抓拍设备视场被遮挡。
- 充分考虑自动挡车器闸杆的起落方向。

27　最小转弯半径：指当汽车转向盘转到极限位置，汽车以最低稳定车速转向行驶时，外侧转向轮的中心在支承平面上滚过的轨迹圆半径。它在很大程度上代表汽车通过狭窄、弯曲地带或绕过障碍物的能力。

停车场出入口现场勘测表

项目信息	项目名称				勘测人		
					日期		
	勘测地点						
基本数据采集	出入口数量（几进几出）						
	【注意】此处记录的是项目总的出入口数量，本表下列项均只适用于一个出入口						
	出入口类型	□一进一出 □单进口 □单出口 □出入混行					
	路面宽度*（单位：m）				入口车道（单位：m）		
					出口车道（单位：m）		
	路面纵深*（单位：m）						
	是否限高*	□是 □否			入口车道（单位：m）		
					出口车道（单位：m）		
	是否有干扰项（金属/强电）*	□是 □否			具体干扰项	□金属 □强电 □其他____	
	是否有特殊车辆通行（高底盘、挂车）*	□是 □否			特殊车辆底盘高度（单位：m）		
	安全岛信息	是否有安全岛			□是 □否		
		安全岛位置			□车道之间 □车道两边		
		安全岛尺寸（长×宽，单位：m）					
设备信息	系统类型	□车牌模式 □卡片模式 □车牌+卡片模式					
	摄像机机触发类型	□I/O触发模式 □视频触发模式					
	【注意】根据以上信息大致判断方案类别，再根据方案选择具体设备						
	地感线圈数量（单位：个）	入口车道	触发		出口车道	触发	
			防砸			防砸	
	雷达数量（单位：个）	入口车道	触发		出口车道	触发	
			防砸			防砸	
	道闸信息*	入口车道	方向	□左向 □右向	出口车道	方向	□左向 □右向
			是否曲臂	□是 □否		是否曲臂	□是 □否
			长度			长度	
	【注意】曲臂道闸长度请按“2m（主臂）+1.5m（副臂）”格式填写						
	LED显示屏数量（单位：个）	入口车道	入口提示		出口车道	收费提示	
			余位信息			余位信息	
	远距离读卡器类型	□车牌模式 □卡片模式 □车牌+卡片模式					
	是否需要控制机	□是 □否					
示意草图/图片							
特殊情况说明							

图 5-12

3. 勘测要点

（1）安全岛位置

根据用户需求确认安全岛位置，安全岛位置通常可分为 3 种：中间安全岛模式、两侧安全岛模式以及单侧安全岛模式，分别如图 5-13、图 5-14、图 5-15 所示（深色区域代表安全岛位置）。

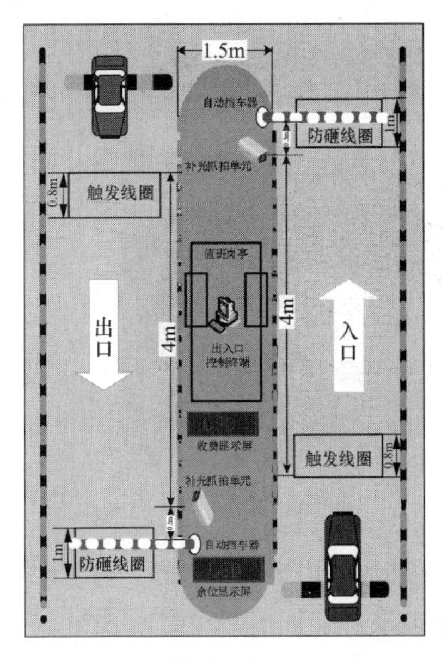

图 5-13

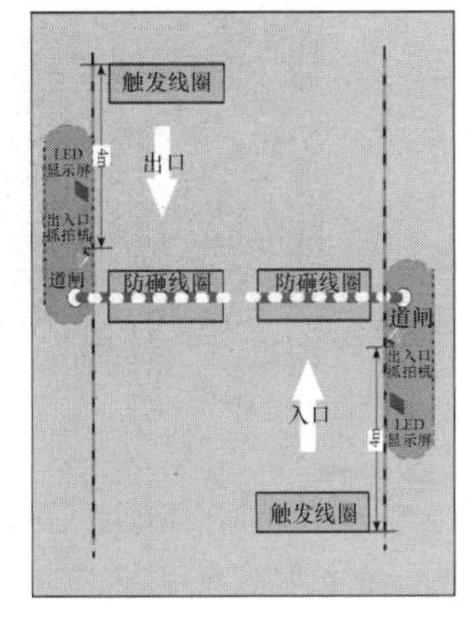

图 5-14

（2）通行效率、管控需求

① 通行效率。根据用户对现场通行效率的要求，选择自动挡车器类型及闸杆长度。一般情况下，闸杆越长，开闸速度越慢。例如，某道路通行宽度为 6m，要求有较快的开闸速度以提高通行效率，则可考虑选用两根 3m 杆对开的自动挡车器安装方案，替换一根 6m 杆的安装方案。而在闸杆长度相同的情况下，直杆、曲臂开闸速度最快，栅栏杆开闸速度次之，广告杆开闸速度最慢。

② 管控需求。根据现场的管控需求确认现场自动挡车器类型，如图 5-16 所示，从左至右分别是直杆自动挡车器、栅栏杆自动挡车器、广告杆自动挡车器。其中，直杆自动挡车器可以实现车辆阻挡，栅栏杆自动挡车器在此基础上可以实现对行人的阻挡，而广告杆自动挡车器不仅能实现对车辆以及行人的阻挡，还可以投放广告。

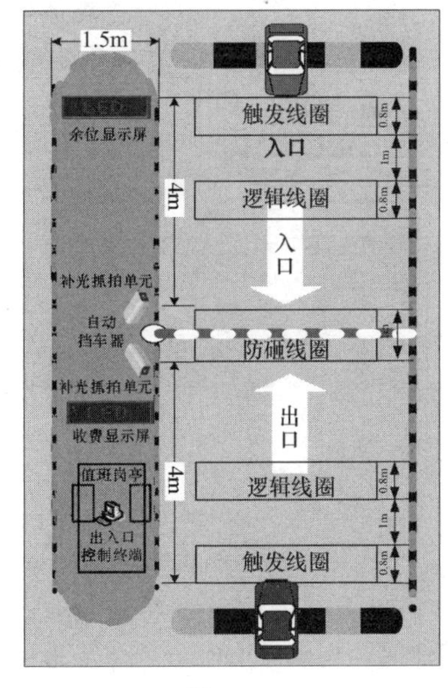

图 5-15

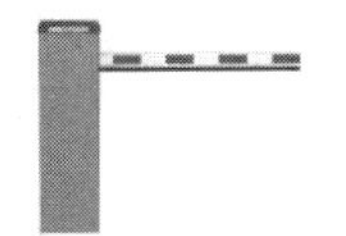
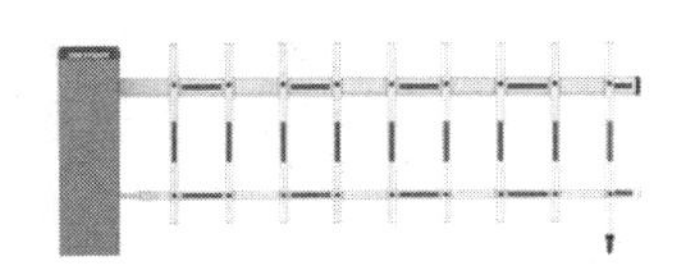

图 5-16

（3）车道宽度、限高及开闸方向

现场测量车道宽度，选择自动挡车器闸杆尺寸规格，如图 5-17 所示。

图 5-17

确认安装现场是否限高，并确认限制高度。例如室内环境使用时，需考虑净空高度[28]，自动挡车器可选用曲臂型闸杆，如图 5-18 所示。

根据现场过车方向，确定自动挡车器方向，如图 5-19 所示。

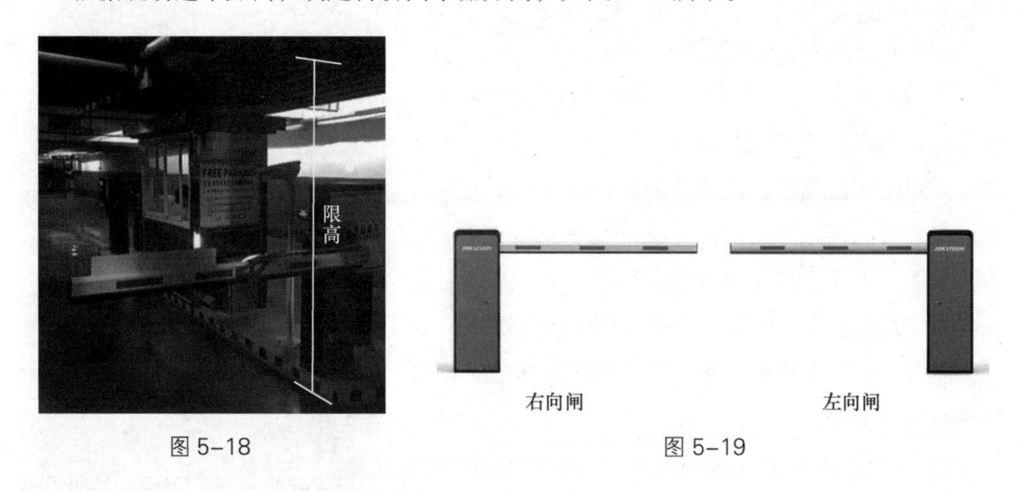

图 5-18　　图 5-19

（4）行车轨迹、车道纵深[29]

为了使抓拍设备能正常识别车牌，通常要求触发抓拍动作的位置与抓拍设备位置间隔 4m（可在 3.5m ～ 5m 浮动），且车辆在抓拍位置时车身尽量摆正。当遇到车道纵深过短、车头到达抓拍位置车身无法摆正的情况时，需加路锥或护栏等装置规范行车轨迹，如图 5-20 中右图左下方的线条所示的护栏。

现场为直行车道，或车辆固定从一个方向驶来时，出入口抓拍设备镜头应面向来车方向，避免抓拍识别时车牌过于倾斜，如图 5-21 所示。在图 5-21 所示场景下，若车道宽度在 6m 以内，一般单台出入口抓拍设备即能满足车辆抓拍和识别的需求。

28　净空高度：又称净高，指从木地板、地砖或者毛坯的地面到顶板底部的距离。

29　车道纵深：指一条车道头尾两端极限位置之间的距离。

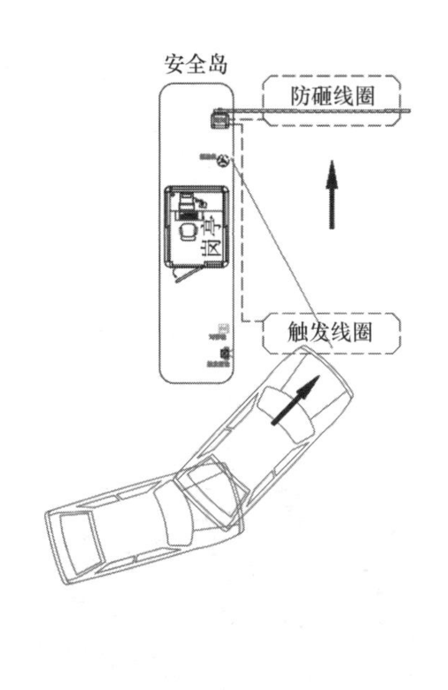

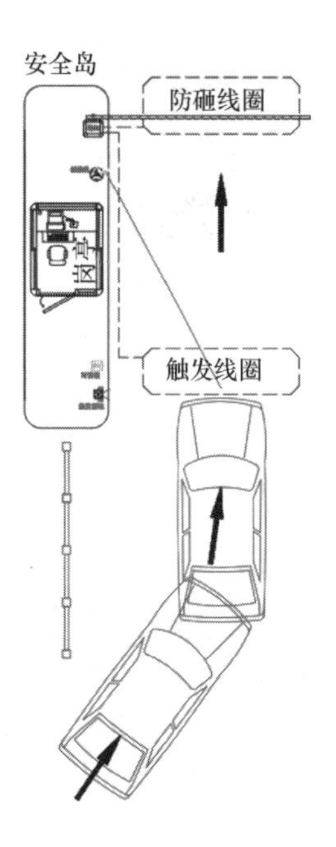

图 5-20

若现场为 T 字形路口或十字形路口，车辆从不同方向驶来，到达抓拍位置时无法保证车身能摆正，或车道宽度超过 6m 导致单台抓拍设备无法覆盖整条车道，则需使用双出入口抓拍设备方案，以保证车辆抓拍及识别的效果。两台出入口抓拍设备一般会被分别部署在车道两侧，如图 5-22 所示。

图 5-21

图 5-22

（5）车辆检测模式选择

车辆检测模式可分为线圈检测、雷达检测、视频检测 3 种。其中线圈检测模式和雷达检测模式均可用于触发车辆抓拍或者道闸防砸感应，视频检测模式只能用于触发车辆抓拍。

① 线圈检测模式。触发线圈的位置要求距离抓拍设备 4m（可在 3.5m ～ 5m 浮动），保证车身摆正；防砸线圈在自动挡车器闸杆下、以闸杆为原点进行长度 3 : 7（来车方向 3，去车方向 7）的比例切割，如图 5-23 所示。

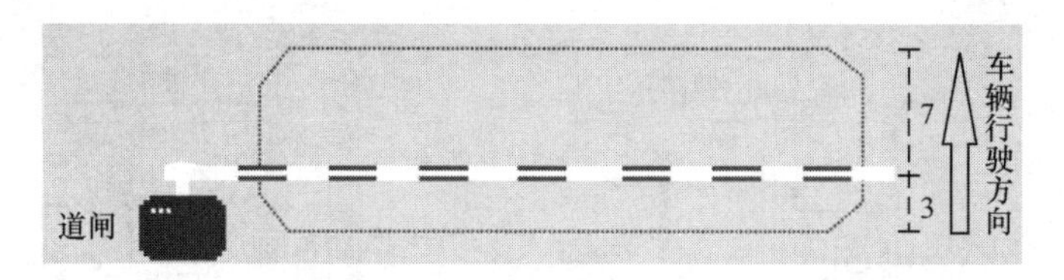

图 5-23

选择硬质路面，确保线圈敷设后不会抖动，且要求线圈位置周围 0.5m 以内不能有大量金属、强磁、窨井盖、排水沟等；线圈位置周围 1m 以内不能有强磁。线圈常见干扰因素如图 5-24 所示。

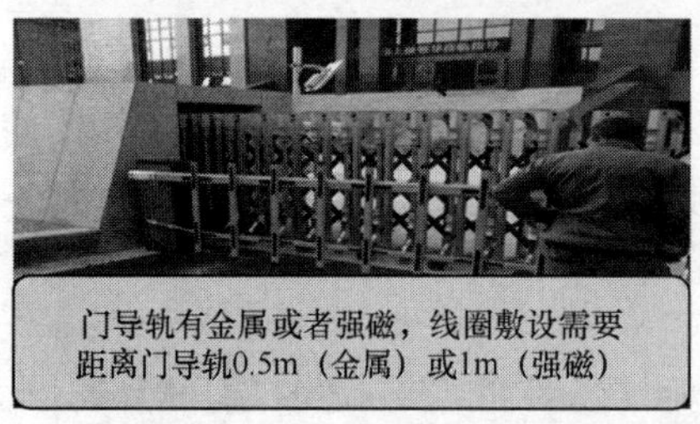

图 5-24

② 雷达检测模式。触发雷达的位置要求在距离抓拍设备 4m（可在 3.5m ～ 5m 内浮动）处；防砸雷达固定在自动挡车器机箱上。雷达安装布局如图 5-25 所示。

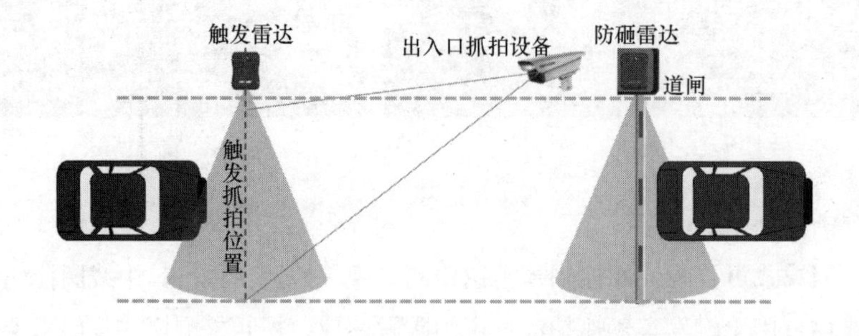

图 5-25

雷达检测区域内要求无遮挡（不含闸杆）且无可移动物体；车道过宽或车道纵深过短导致车辆难以摆正出入的场景需加装路锥或护栏，使车辆进入或离开雷达检测区域时，车身可以摆正。车道宽度与护栏长度的对应关系如图 5-26 所示。

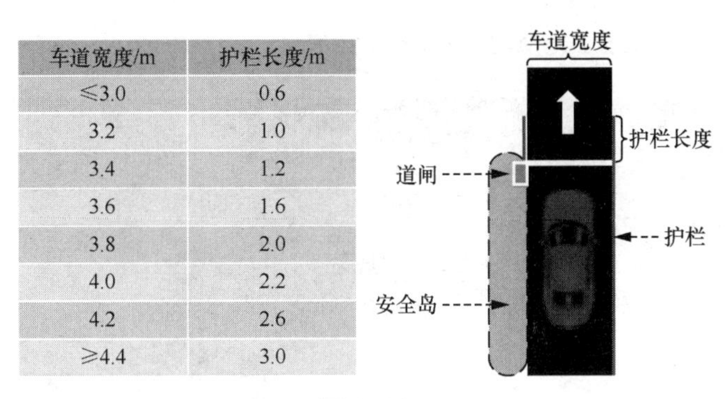

车道宽度/m	护栏长度/m
≤3.0	0.6
3.2	1.0
3.4	1.2
3.6	1.6
3.8	2.0
4.0	2.2
4.2	2.6
≥4.4	3.0

图 5-26

③ 视频检测模式。线圈检测模式和雷达检测模式均通过外部信号触发抓拍设备实现抓拍和识别，而视频检测模式通过抓拍设备内部算法判断车辆运动轨迹来实现自动抓拍并识别车牌。随着算法的不断优化，视频检测模式已渐渐成为主流的车辆检测模式。

（6）车辆类型

不同的停车场出入的车辆类型不尽相同，现场勘测时需要确认该停车场用途及主流车辆类型，据此选择系统设备组合和实施方案，如线圈尺寸规格、雷达安装高度、是否考虑多重防砸等。

针对普通小轿车经过的场景，一般情况下线圈宽度为 1m。雷达安装要求雷达底边离地面高度为 0.4m ～ 0.6m。

针对特殊车辆如大货车、挂车、高底盘车辆等经过的场景，一般线圈宽度为 1.5m，使用双防砸线圈；雷达安装要求雷达底边离地面高度为 0.7m ～ 0.8m，使用双防砸雷达。特殊车辆通行场景如图 5-27 所示。

高底盘大车，线圈宽度要求为1.5m，并考虑多重防砸保护措施

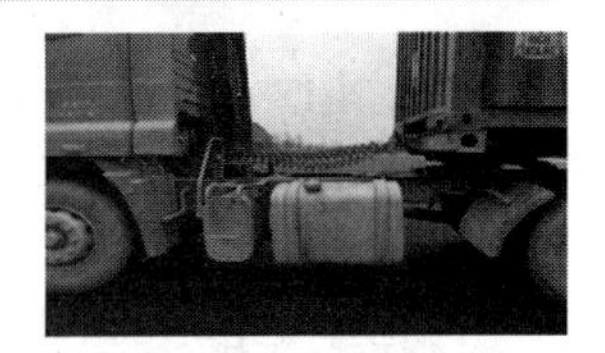

断层车辆，线圈宽度要求为1.5m，并考虑使用双防砸线圈

图 5-27

4. 勘测输出

从不同角度拍摄能反映现场全貌的场景照片，填写勘测记录表并结合现场实际情况输出勘测草图。结合草图，确定施工方案并输出施工方案图纸。场景照片、勘测草图、

施工方案图纸分别如图 5-28、图 5-29、图 5-30 所示。

图 5–28

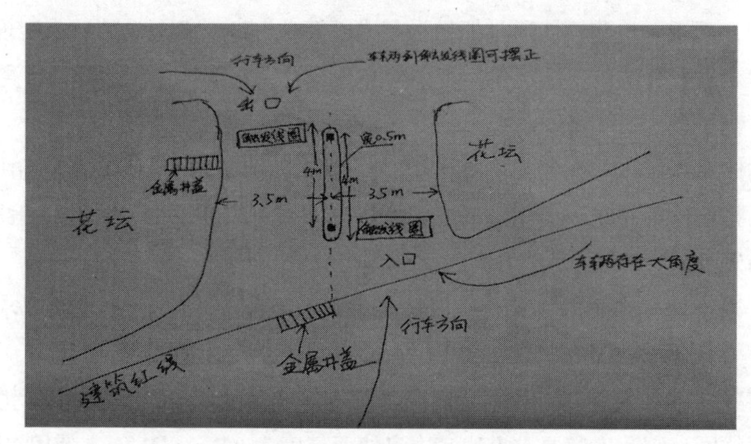

图 5–29

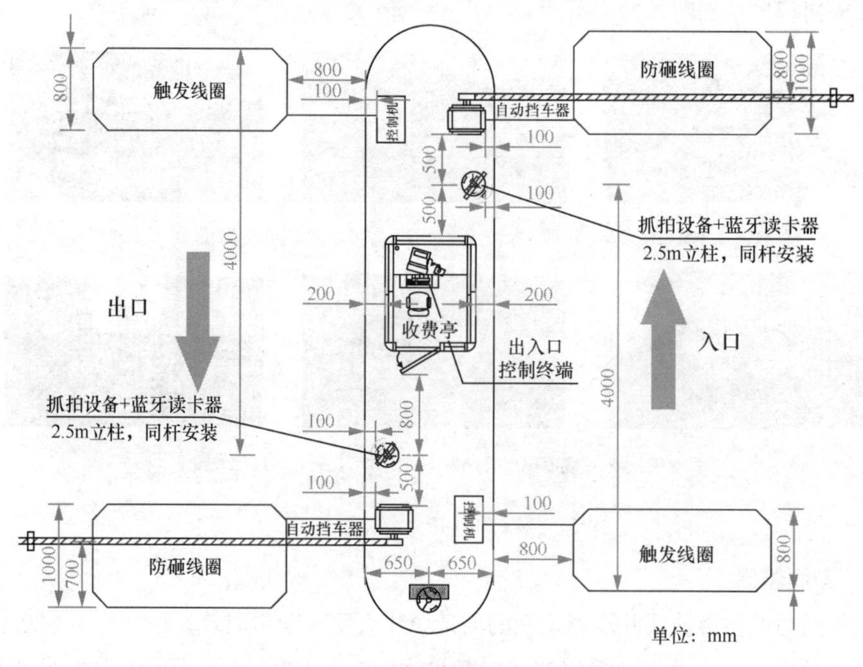

图 5–30

5.3.3 布线

1. 安全岛施工

（1）确认路面材质

浇筑安全岛或设备安装基础前，首先需要确认路面材质。

如图 5-31 所示的水泥地面不需要特殊处理，可直接根据设计的安全岛大小打下数量不等的膨胀螺栓，再准备安全岛支模[30]。

如图 5-32 所示的沥青地面需先将沥青挖开，露出底下坚固的路基，再按照水泥地面的浇筑方法进行施工。

图 5-31

图 5-32

如图 5-33 所示的绿化带地面需挖开绿化带至少 0.5m 深，再浇筑混凝土作为设备安装基础或安全岛。

如图 5-34 所示的砖砌地面需要先掀开砖块，再按照绿化带地面的浇筑方法进行施工。

图 5-33

图 5-34

30　支模：安装模板。

（2）安全岛支模

根据设计的安全岛位置先搭好模具框架，安全岛外模模具施工现场如图 5-35 所示。

制作内模模具，主要是岛头形状。将按设计尺寸要求提前弯好的镀锌钢管或 PVC 管扎堆捆好并放置在模具中，确保管道出口位置符合方案设计位置要求，施工现场如图 5-36 所示。

图 5-35

图 5-36

（3）安全岛浇筑

支模完成后，用混凝土进行浇筑，浇筑现场如图 5-37 所示。

浇筑完成后要保证岛面水平且平整，静置数日等待混凝土凝固，浇筑完成的情况如图 5-38 所示。

图 5-37

图 5-38

2. 地感线圈施工

（1）地感线圈的尺寸

线圈长度根据车道宽度确定，距离车道边侧各 0.3m ～ 1m 且最长不超过 5m。

线圈宽度根据过车类型确定，小型轿车（底盘低）通行的线圈宽度为 1m；大型车、挂车、油罐车等通行的线圈宽度为 1.5m。

（2）地感线圈材料选择

地感线圈要求耐高温、抗腐蚀、防水，宜采用多芯、低阻抗的软铜线电缆，外包聚丙烯或交键聚乙烯作为绝缘层。

（3）线槽切割

通常线槽切割宽度为4mm～8mm，深度为5cm～8cm，要求开槽断面齐整且保持各线槽深度和宽度均匀一致。

为了避免切割线槽直角处磨损线圈，缩短线圈使用寿命，应在线槽切割转角处做15cm×15cm的倒角（45°）处理，如图5-39所示。

图5-39

引线线槽要切割至安全岛或路边手井的范围内。因为引线必须采用双绞线，所以引线线槽通常比线圈线槽要宽。

（4）线圈敷设

线槽切割、清洗和干燥后，按如下步骤敷设地感线圈。

① 在已完成清洁的槽底先铺一层0.5cm厚的细沙，防止槽底坚硬的棱角割伤线圈线。

② 在线槽中按顺时针方向放入5～6圈线圈线，放入槽中的线圈线应呈自然松弛状态，不能有应力，且要一圈一圈压紧。

③ 线圈的引线按顺时针方向双绞（每米大于20绞），放入引线槽中，在安全岛或路边手井出线时留1.5m长的线头；线圈线中间不能有接头，一旦线圈线有损伤，必须重新敷设。

④ 线圈线及引线在槽中压实后，再铺上一层0.5cm厚的细沙，防止线圈外皮被高温熔化。

⑤ 用胶带对环线的两个端头进行密封，防止水气进入。

线圈敷设示意如图5-40所示。

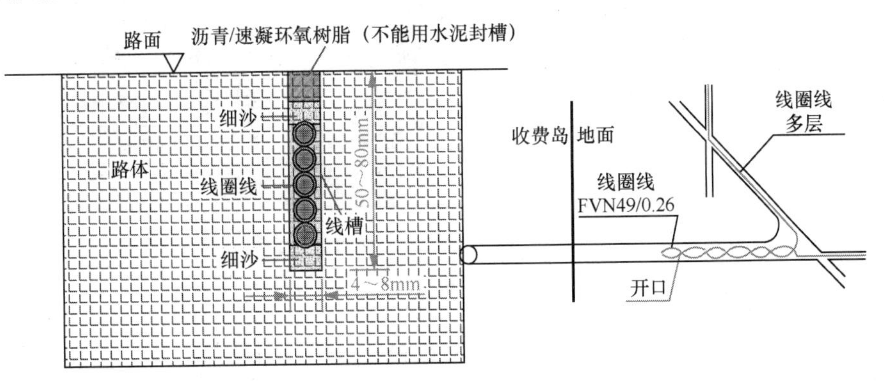

图5-40

（5）线圈性能检测

线圈放线完成后，要对线圈进行电感和电压检测。通过万用表电感挡检测线圈电感值是否在 100μH ～ 300μH，通过交流毫伏挡检测电压值是否小于 2mv，若不符合则需要整改。

（6）封槽

线圈敷设完毕后应及时进行封槽处理，封槽材料建议使用速凝环氧树脂或沥青，严禁采用水泥封槽，以免线圈破裂损伤，影响使用效果。这里用熔化的沥青或者速凝环氧树脂浇注已敷好线圈的线槽，避免石子落入损伤线圈。浇筑过程需反复 3 次，直至冷却凝固后的线槽浇筑面与路面齐平。封槽完成后，对路面进行清理，待封槽材料完全凝固后方可通车。线圈封槽及路面清理如图 5-41 所示。

图 5-41

5.3.4 安装

1. 抓拍设备安装

（1）立柱安装

立柱安装一般有膨胀螺栓固定和预制基础件固定两种方式，建议采用膨胀螺栓固定。根据设计图纸确定立杆的安装位置，在立杆安装基础（安全岛）上标注好立杆底盘的安装孔位，并选择合适的冲击钻头进行打孔。打孔完成后，将膨胀螺栓打入孔内并拧紧，然后将螺母和垫片取下，放上立柱，对齐安装螺丝放上垫片并拧紧螺母。立柱安装如图 5-42 所示。

（2）出入口抓拍设备安装

出入口抓拍设备可直接插入配套的立杆，并拧紧六角螺丝完成固定，如图 5-43 所示。

图 5-42

图 5-43

2. 自动挡车器安装

首先，选取安装位置，确保闸机安装后机箱与水平地面垂直。然后，将强电线缆和弱电线缆分别用线管穿好埋到相应位置。最后，按照说明书中的底座孔位图钻孔并打入膨胀螺丝，将机箱底座穿过膨胀螺丝并使用压条固定，依次放入垫圈、螺母，拧紧固定，如图 5-44 所示。

3. 雷达安装

触发雷达的安装位置应距离抓拍设备 4m 左右，使用配套的雷达立柱，采用膨胀螺栓进行固定，如图 5-45 所示。

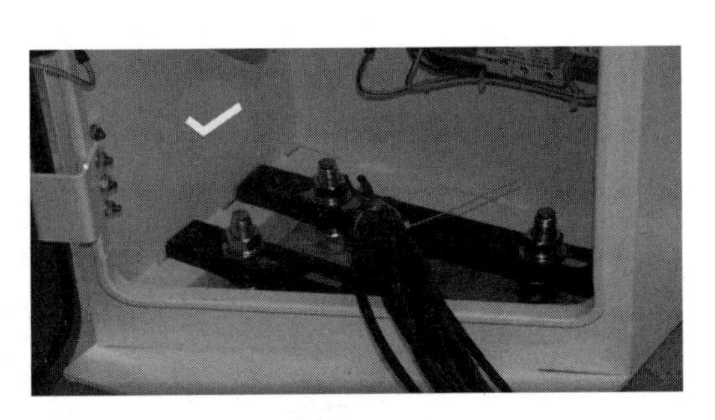

图 5-44

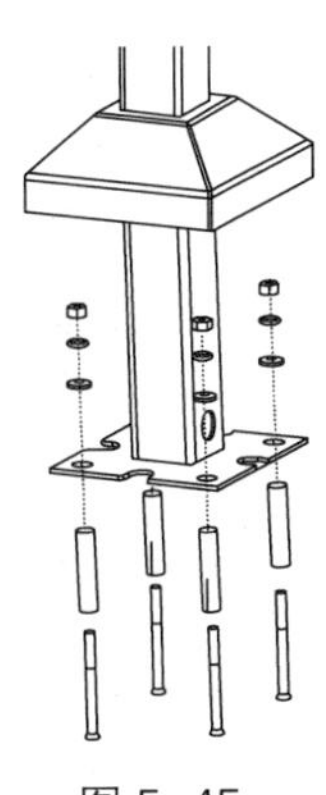

图 5-45

将雷达背板用 2 个法兰螺丝固定在支架立柱上，再将雷达用 4 个 M4 螺丝固定在雷达背板上。支架立柱上有 6 个圆孔，雷达线束套上护线套从最近的 1 个圆孔穿入立柱，其余 5 个圆孔用孔塞堵住即可，如图 5-46 所示。

防砸雷达安装在自动挡车器箱体侧壁上，提前打好对应的螺丝孔位和线束孔位，将雷达线束穿到自动挡车器箱体内，雷达通过螺丝等配件固定在自动挡车器机箱壁上，注意在雷达和箱体之间要安装防水垫片，如图 5-47 所示。

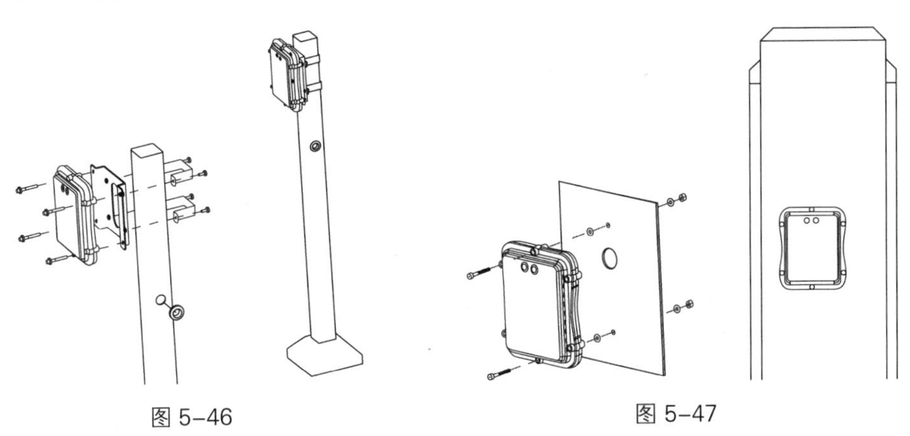

图 5-46　　图 5-47

5.3.5　接线

1. 抓拍设备接线

在停车场安全管理系统中，抓拍设备一般需要接入车检器（线圈车检器或雷达）和自动挡车器。触发输入信号（I/O 插头）和 ALARM 插头接车检器，触发抓拍设备进行抓拍和识别；继电器输出信号（RELAY OUT 插头）接自动挡车器，控制自动挡车器开关。抓拍设备线缆插头及接线分别如图 5-48、图 5-49 所示。

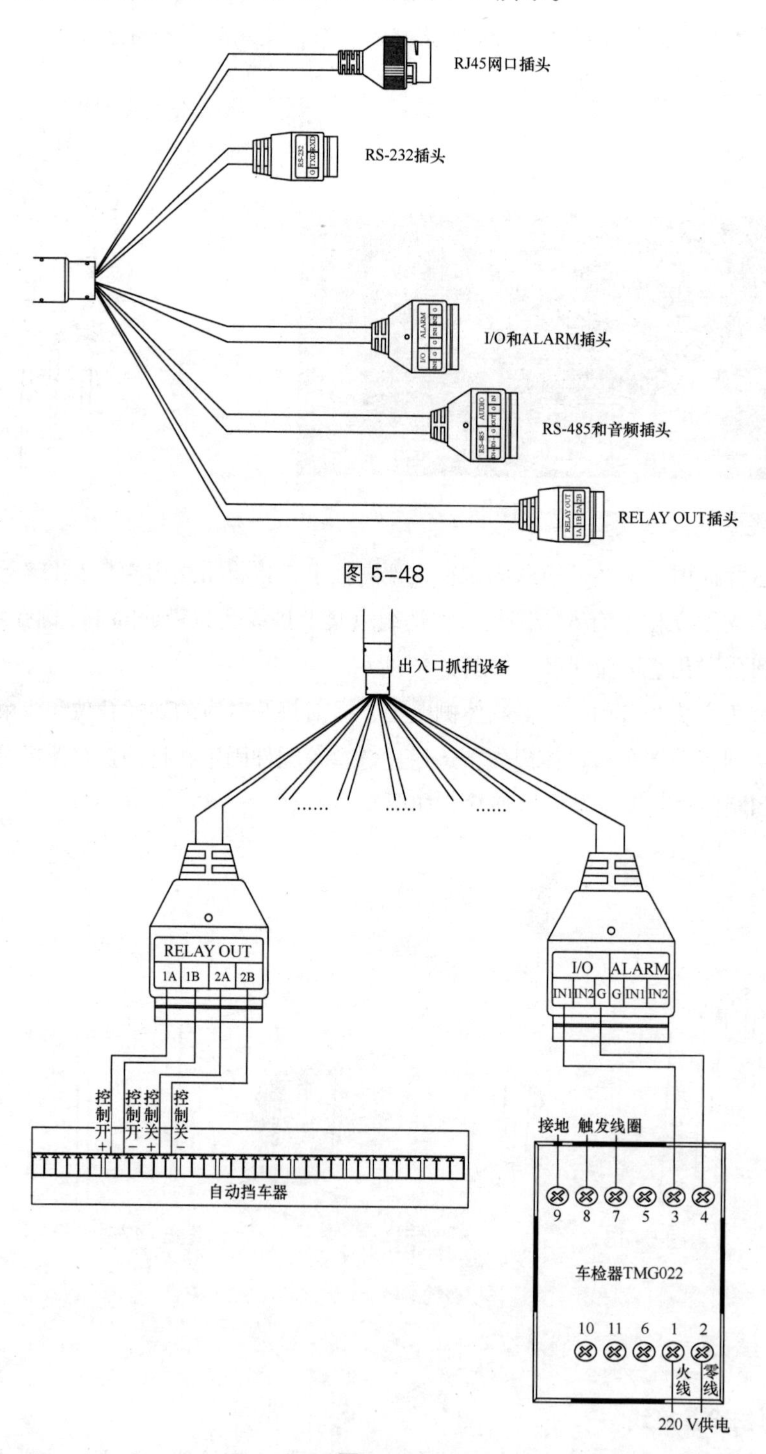

图 5-48

图 5-49

2. 自动挡车器接线

抓拍设备继电器信号输出接自动挡车器的开关信号输入，实现抓拍设备控制自动挡车器的开关。防砸车检器（线圈车检器或雷达）接自动挡车器的防砸信号输入，实现有车防砸，无车自动落杆功能。自动挡车器接线如图 5-50 所示。

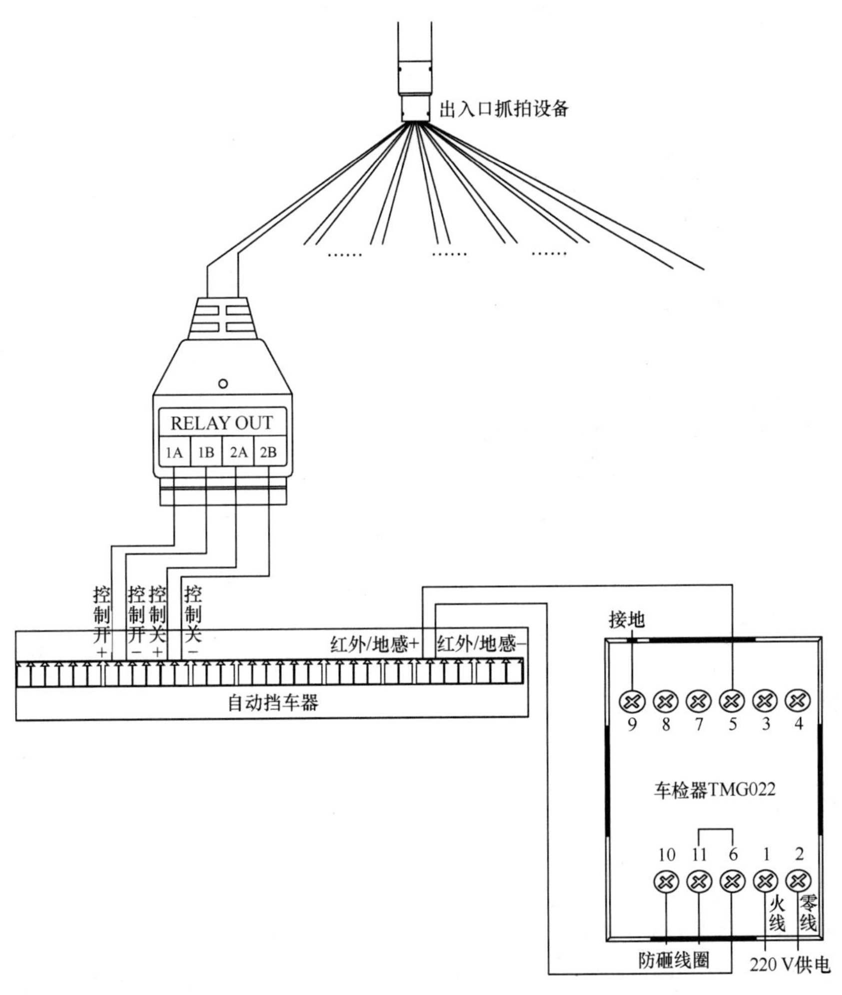

图 5–50

3. 雷达接线

J1-1（棕色）、J1-2（黄色）为继电器输出端；J2-1（灰色）、J2-2（紫色）为程序加载控制线；T/R-（蓝色）、T/R+（绿色）为 RS-485 通信端；GND（黑色）、+12 V（红色）为雷达 12 V 供电端。雷达端口如图 5-51 所示，雷达接线如图 5-52 所示。

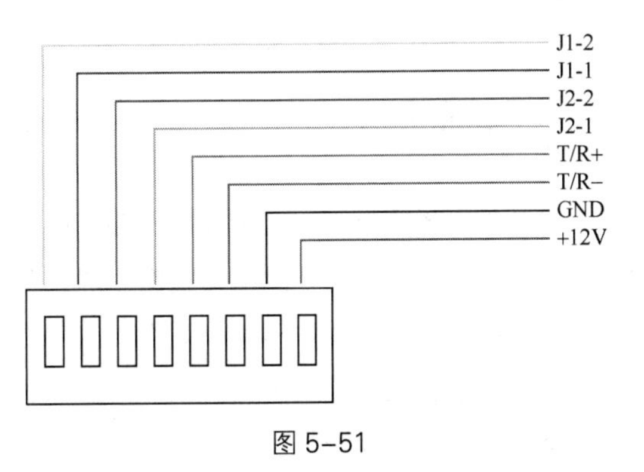

图 5–51

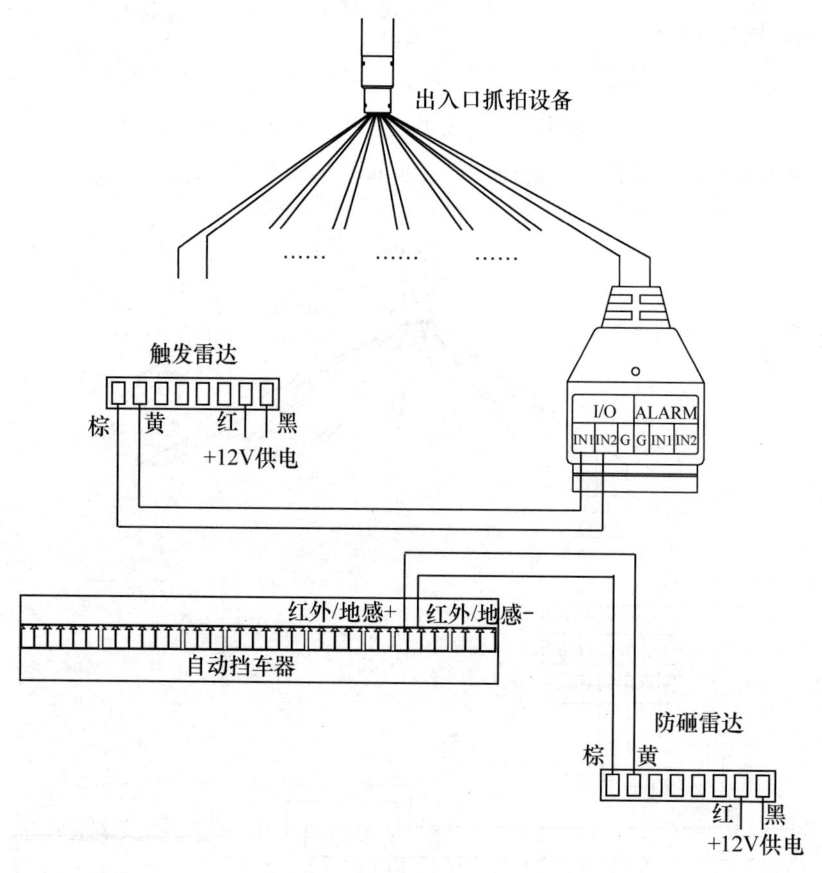

图 5-52

本章总结

本章介绍了停车场安全管理系统的定义、组成、工作原理以及当前的主流设计方案，根据不同的环境场景总结了相关的勘测要点，并介绍了设备安装的具体方法。通过本章的学习，读者可快速了解停车场安全管理系统的基础知识，为独立完成场景勘测及设备安装打下基础。

思考与练习

1. 停车场安全管理系统通常由哪些设备组成？
2. 简述线圈车辆检测器的工作原理。
3. 简述常见的 3 种车辆检测模式的勘测注意事项。
4. 简述安全岛施工流程。
5. 简述地感线圈敷设时的注意事项。

第6章

入侵报警系统

报警检测通过接入报警主机、动环主机、紧急报警设备，配合各种探测器和传感器，对区域进行防区布防和对环境量监控。报警检测平台采用B/S架构配置、C/S架构控制结合的方式，通过报警设备接入，实现防区的入侵报警；通过动环设备的接入实现机房的环境量监控和控制；通过紧急报警设备接入，实现紧急事件的接收和处理。本章主要介绍入侵报警系统的组成和实施，让读者深入理解入侵报警系统并掌握具体的实施方法。

6.1 入侵报警系统的定义

根据国家标准GB/T 32581—2016《入侵和紧急报警系统技术要求》，入侵报警系统（intruder alarm system，IAS）定义为：利用传感器技术和电子信息技术探测并指示进入或试图进入防护范围的报警系统[31]。

入侵报警系统主要应用于智能楼宇、大型场馆、企业园区的入侵探测及周界防范，如博物馆、办公楼、银行、校园、监狱、火车站、机场等。

以图6-1所示的企业园区为例：围墙外部装有红外对射探测器，用于探测非法入侵园区人员；各个楼层楼道天花板装有三鉴探测器，用于探测非法闯入人员；各个楼层都装有烟感探测器，用于探测火情；中心控制机房装有报警主机等控制设备，可联动报警输出。

---

31 报警系统（alarm system）：对面临生命、财产或环境的危险进行人工判别或自动探测并做出响应的电子系统或网络。

图 6–1

6.2 入侵报警系统的组成

· 学习背景

入侵报警系统主要由前端设备、管理 / 控制设备、执行设备、交换机和服务器 / 客户端组成。设备功能决定了系统应用，因此，深入了解设备特点对实施系统工程至关重要。

· 关键知识点

✓ 入侵报警系统前端设备的分类及应用特点

✓ 入侵报警系统报警主机的传输方式、分类及特点

✓ 入侵报警系统扩展模块的分类

✓ 入侵报警系统执行设备的分类

6.2.1 入侵报警系统的结构

入侵报警系统的主要结构如图 6-2 所示。

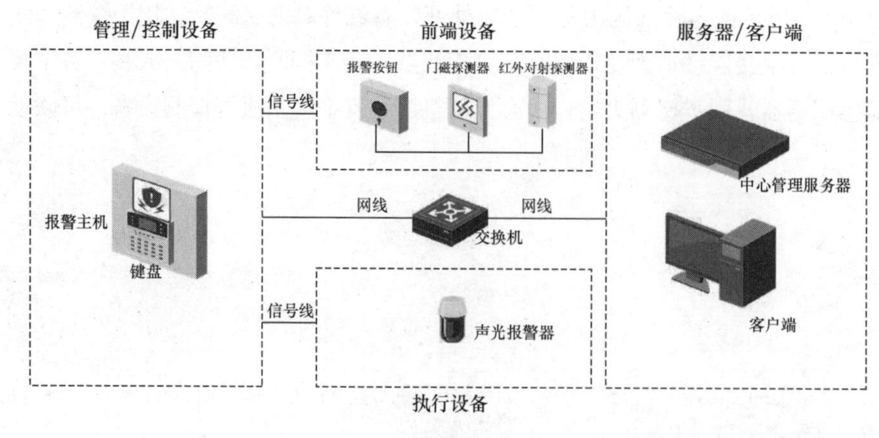

图 6–2

前端设备指前端探测器，如红外对射探测器、门磁探测器等。

管理 / 控制设备指报警主机，用于报警信息的处理分析，常搭配键盘使用。

执行设备指声光报警器或键盘，用于警情实时反馈记录。

下面就前端设备、报警主机和执行设备进行介绍。

6.2.2　前端设备

前端设备负责采集入侵信号，把探测到的温度、振动、声响等物理量转换成系统所需的信号量，并传给报警主机。下面对常用的前端设备进行详细介绍。

1．红外对射探测器

一组红外对射探测器由投光器和受光器组成，投光器产生红外光束，受光器接收红外光束。在投光器和受光器之间，多束互射式红外光束形成隐形防线，当所有光束被遮断时，受光器端会输出报警信号。

常见的对射类型有双光束红外对射、三光束红外对射、四光束红外对射等。双光束红外对射室外探测距离可以达到 100m，三光束、四光束红外对射探测器室外探测距离可以达到 250m。

红外对射探测器常用于周界防范，可安装在小区周围的围墙、办公园区周界等位置。三光束红外对射探测器如图 6-3 所示。

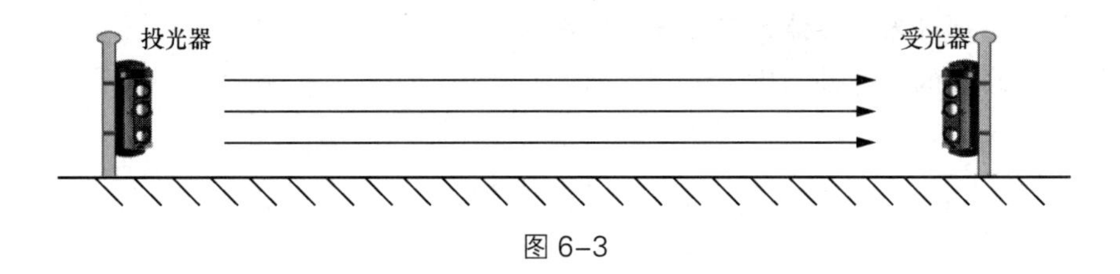

图 6–3

2．被动红外探测器

被动红外探测器本身不发射任何能量，被动接收探测环境发出的红外辐射。探测器检测到人体红外辐射后，其器件产生电信号，经过内部处理器转换为报警信号输出。红外辐射的强度和温度的高低相关，可以认为探测器通过探测人体进入环境带来的温度变化来判定是否报警。

不同形态的探测器覆盖范围不一样，大部分吸顶安装的被动红外探测器可覆盖 360°，半径可以达到 6m 以上；大部分壁挂安装的被动红外探测器，覆盖角度在 10°～90° 不等，探测距离从几米到几百米不等。

被动红外探测器的适用范围较广，室内室外皆可安装，如博物馆、办公大楼、家庭住宅的天花板、屋檐下等。小角度的被动红外探测器也称为幕帘探测器，覆盖角度在 15° 左右，常用于窗户警戒。被动红外探测器如图 6-4 所示。

3．玻璃破碎探测器

玻璃破碎探测器通过高精度话筒对探测区域的声音进行采样，当敲击玻璃而玻璃还未破碎时，会产生一个低于 20Hz 的声音，玻璃破碎时，会发出 10kHz ～ 15kHz 的声音，当探测器同时检测到这两种声音频率时就会产生报警。

由于声音传播会在空气中衰减，因此玻璃破碎探测器有探测距离限制，最大有效探测距离为 8m ～ 10m，角度为 120° 左右。它一般安装在安全等级较高的场所，如博物馆、珠宝店、陈列室等很多玻璃防护装置的场景。它不能安装在嘈杂的环境当中，否则会受环境影响产生误报。玻璃破碎探测器如图 6-5 所示。

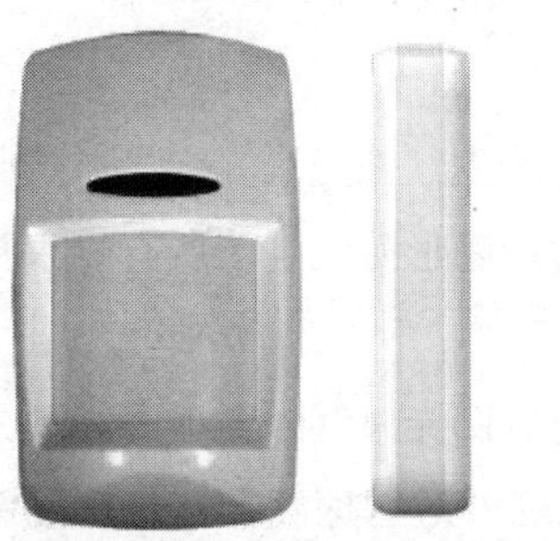

图 6-4

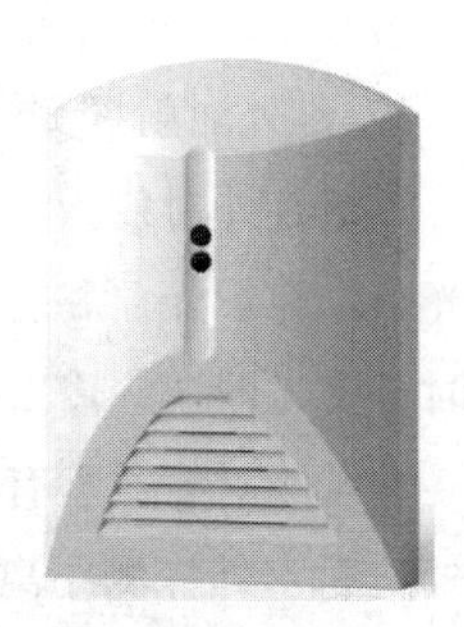

图 6-5

4．门磁探测器

门磁探测器主要由开关和磁铁两部分组成，磁铁由两个部件组成：较小的部件为永磁体，内部有一块永久磁铁，用来产生恒定的磁场；较大的部件是门磁主体，它内部有一个干簧管。干簧管的玻璃管内封入惰性气体，两根强磁性簧片置于管内两端，以一定间隙彼此相对，触点部位镀铑或铱以防活性化。干簧管利用永磁体，为磁性簧片诱导出 N 极和 S 极，实现吸合；当磁场解除时，由于磁性簧片所具有的弹性，触点即刻恢复原状并断开电路门磁探测器实物图及其工作原理分别如图 6-6、图 6-7 所示。

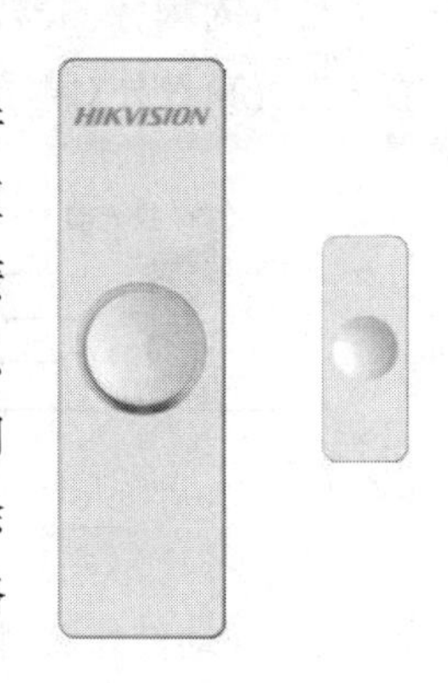

图 6-6

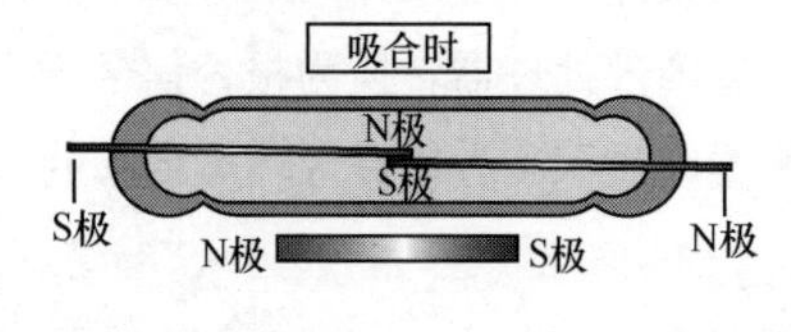

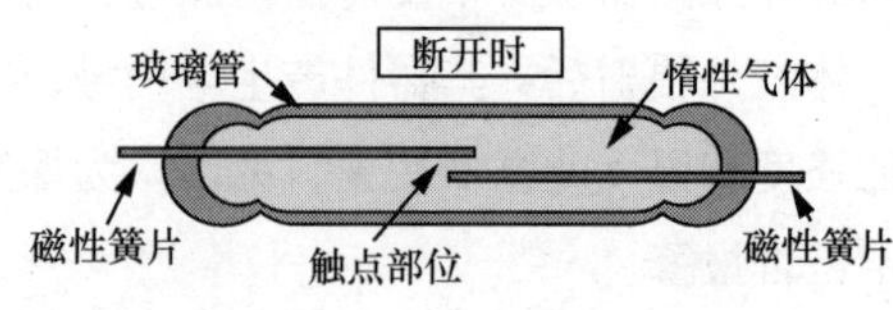

图 6-7

门磁探测器常见的报警触发距离为 3cm 左右，常用于门、窗户、抽屉的开关检测。

5．振动探测器

振动探测器以破坏活动产生的振动信号作为报警依据。它通过对振动信号的强弱、持续时间、敲击次数等信号进行处理和分析，区分是真正的破坏还是环境振动，进而输出报警信号。其实物图如图 6-8 所示。

根据使用的振动传感器不同，振动探测器可分为压电式振动探测器、应变式振动探测器等多种类型。压电式振动探测器以压电石英晶体或压电式陶瓷为敏感元件，频率响应高、量程宽，适用于高频率的敲击信号测量，比如金库、ATM 等；应变式振动探测器利用金属应变片或者半导体作为敏感元件，具有灵活的结构，输出阻抗低，易与后续电路匹配等特点，在航天、车辆、桥梁建筑等方面有极高的应用价值。

振动探测器常安装在金库、ATM、保险柜等安全等级较高的场所。

6. 点型光电感烟火灾探测器

点型光电感烟火灾探测器也称烟雾检测探测器，通过监测烟雾的浓度来实现火灾预警。烟雾进入探测器内部使红外管发射的红外光发生散射，散射的红外光被接收管接收，在后续电路产生电压输出，烟雾越大，则散射越强，产生的电压就越高，当电压达到预定的值时探测器会发出报警信号。

点型光电感烟火灾探测器仅用于室内安装，可安装在办公大楼、住宅、银行等消防要求较高的场所。其实物图如图 6-9 所示。

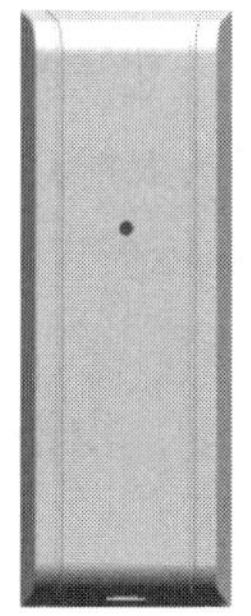

图 6–8

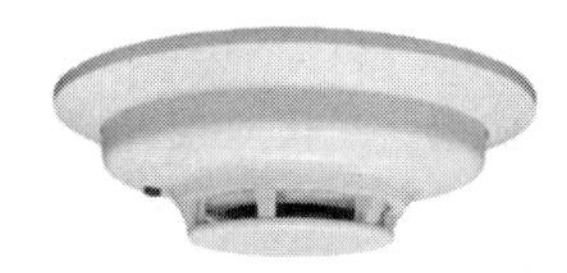

图 6–9

7. 可燃气体探测器

可燃气体探测器是一种安装在爆炸性危险环境的点型气体探测设备，它可以对单一或多种可燃气体（如甲烷、煤气）浓度进行响应，当气体浓度达到一定值时，探测器会发出报警信号。

图 6–10

可燃气体探测器一般用于室内，可安装在可燃气体厂、加汽站等火灾风险较高的场所。其实物图如图 6-10 所示。

8. 双鉴、三鉴探测器

双鉴和三鉴探测器在被动红外探测器单一探测技术的基础上增加了一项或者多项技术。其实物图如图 6-11 所示。

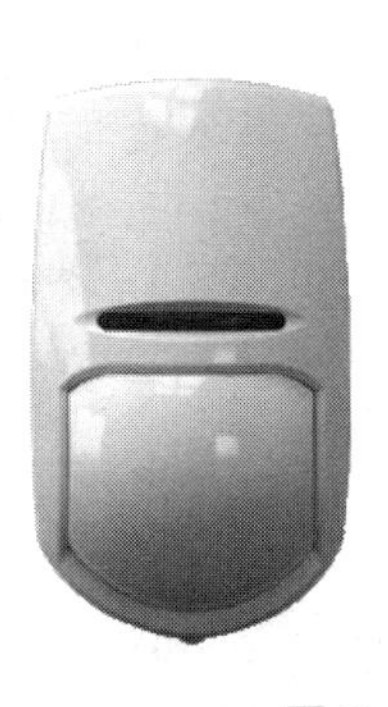
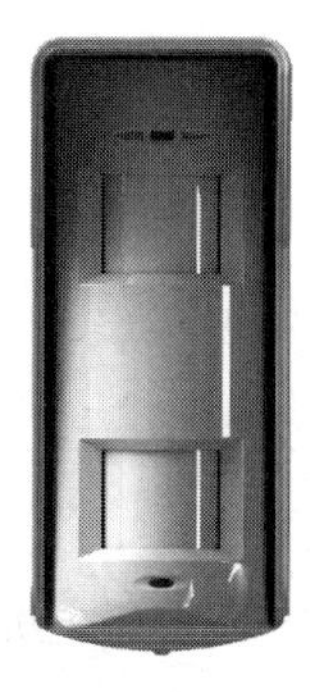

图 6–11

双鉴探测器在被动红外探测器单一探测技术的基

础上，融合了微波探测技术。其原理是探测器发出微波并接收反射回的微波信号，当探测区内的目标移动时，原发射信号与反射信号之间会有频率差异，探测器从而判断有目标入侵，可避免气温变化引发的误报。

三鉴探测器在双鉴探测器的基础上增加了微处理技术（智能算法），可以避免体积较小的物体（如狗、猫、老鼠、小鸟）引发的误报。

6.2.3 报警主机

报警主机是入侵报警系统的“大脑”，负责接收处理探测器的报警信号和控制声光报警器，并将报警信息上传给报警管理中心，可搭配键盘、遥控器或管理软件实现对入侵报警系统的“布撤防”。

常见报警主机由电源、输入输出接口、M-Bus 主板、GPRS 模块、PSTN 模块、键盘接口、网口组成。

如图 6-12 所示，防区输入接口位于 M-Bus 主板下方，一般用于连接前端设备，代表支持的防区数量；M-Bus 主板仅总线报警主机所有，有一个单独的设备接口，用于扩展防区、报警输出等；GPRS 模块和 PSTN 模块拥有独立的模块接口，用于报警事件的上传，GPRS 模块为无线传输所用，支持手机 SIM 方式上传报告，PSTN 模块采用国际标准的 CID 协议，可以直接上传事件给符合国际标准的接警设备；键盘接口仅支持 RS-485 协议，可接入报警键盘、RS-485 扩展的防区输入、报警输出设备等。

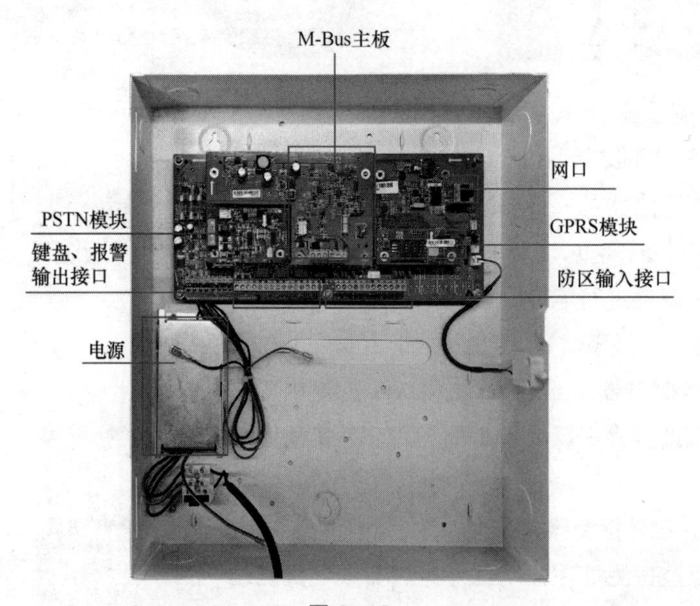

图 6-12

报警主机的类型根据信号传输方式分为总线制、分线制和无线制 3 种。

以海康威视某报警主机为例，总线制报警主机除了支持本地的输入输出接口，还支持通过总线扩展模块扩展出更多路防区，可通过总线直接对扩展模块进行供电，不再需要对扩展模块单独进行供电，防区数量最多可达256个，传输距离最大可达2.4km。分线制报警主机支持输入和输出设备直接接到本地对应接口，支持通过RS-485协议扩展，防区数量最多可达48个，传输距离最大可达800m。无线制报警主机通过无线传输的方式与无线探测器连接，空旷场所下传输距离可达400m。

① 总线制报警主机。总线制报警主机支持通过总线扩展模块扩展出更多路防区。总线扩展模块可分为输入和输出两种。总线输入模块用于连接前端设备，总线输出模块用于连接执行设备。如图6-13所示，报警主机通过M-Bus总线与扩展模块相连，各类探测器通过该模块接入系统。使用总线制报警主机进行传输不仅减少了线缆敷设的工程量，还使前端施工布线更加灵活，也有效增大了系统的整体探测范围。总线扩展模块采用M-Bus协议连接总线制报警主机，它的类型有有线防区扩展模块、有线继电器扩展模块、总线防区输入输出模块。

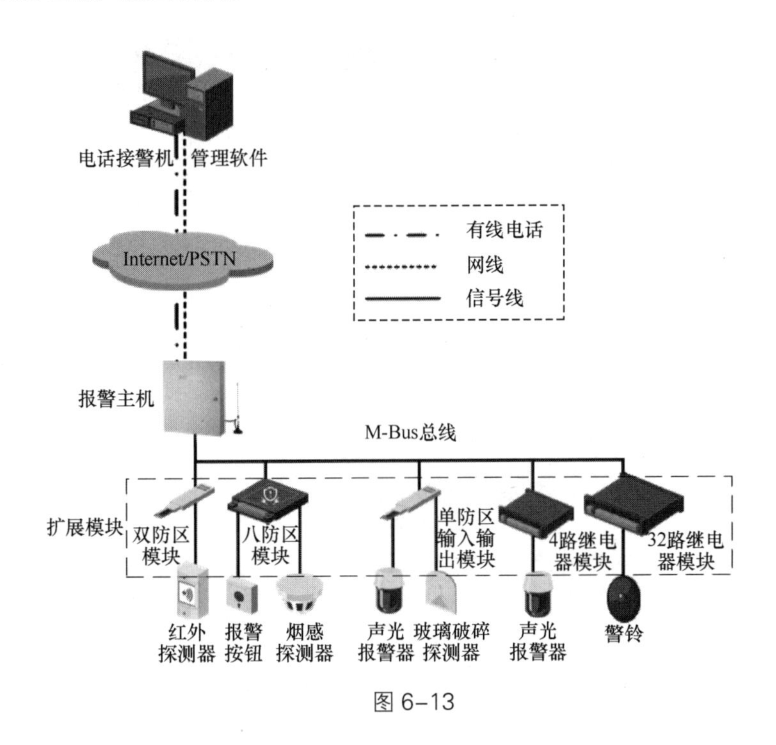

图6–13

② 分线制报警主机。分线制报警主机系统架构如图6-14所示。报警信号通过各自的专线传输，即便出现故障也互不干扰。但是当系统规模变大时，线材的使用量及敷设工程量相应增加，报警主机端的线路接入也变得复杂。分线制报警主机也可搭配分线扩展模块使用，通过RS-485总线连接，模块有有线防区扩展模块和有线继电器扩展模块两种。

③ 无线制报警主机。无线制报警主机能与探测器、声光报警器等装置进行无线通信，其系统架构如图6-15所示。无线制报警主机系统的安装非常简单，工程量小，适合于布线困难、需要移动或者临时性布设的场景，但易受外界环境干扰，在建筑较多的

场景下传输距离受限。该系统可包含无线扩展模块，无线扩展模块分别有无线防区扩展模块、无线继电器扩展模块、无线中继器[32]。

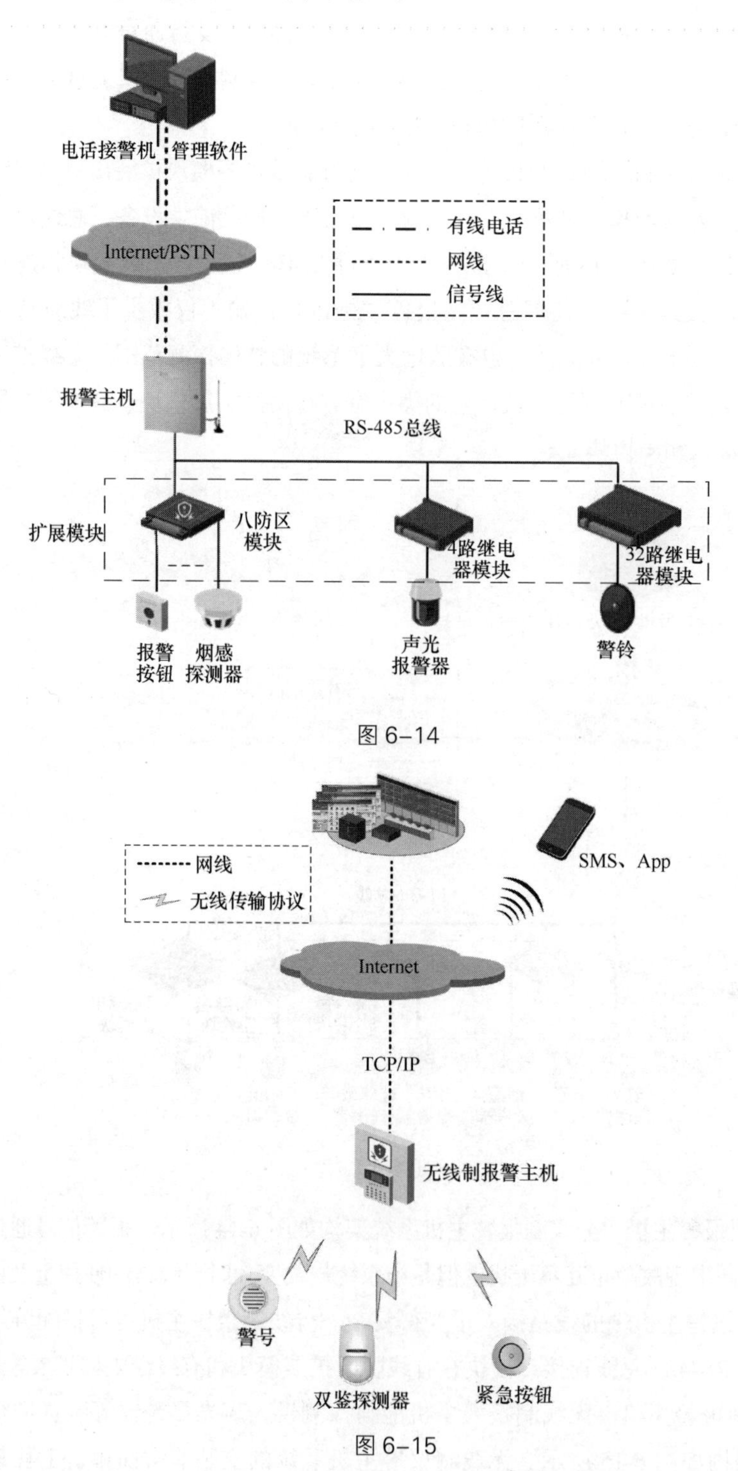

图 6–14

图 6–15

32 无线中继器：可以将收到的无线信号再发射出去，延伸无线网络的覆盖范围。

常见扩展模块及其作用如表6-1所示。

表6-1　扩展模块

扩展模块类型	实物图	作用
有线防区扩展模块		用于总线制和分线制报警主机扩展防区输入
无线防区扩展模块		用于无线制报警主机扩展防区输入
总线防区输入输出模块		用于总线制报警主机同时扩展一路输入及一路输出
有线继电器扩展模块		用于总线制和分线制报警主机扩展报警输出
无线继电器扩展模块		用于无线制报警主机扩展报警输出
无线中继器		可以将收到的无线信号再发射出去，延伸无线网络的覆盖范围

键盘可展示防区的报警信息，也可配合报警主机使用，展示报警主机的状态等信息，并实现对报警主机防区“布撤防”、消警、旁路等功能。键盘实物图如图6-16所示。

图6-16

6.2.4　执行设备

常见的执行设备包含警示灯、警示铃以及声光报警器，如图6-17所示，通常安装于监控室、保安亭、值班室等有人值守区域。它们均连接到报警主机的报警输出接口上，当报警主机接收到探测器传来的报警信号时，报警主机会控制执行设备打开，并通过灯光或报警音提示安保人员进行紧急处理。

执行设备用于实时反馈和记录警情，是入侵报警系统中不可或缺的部分。

1. 声光报警器

声光报警器作为报警输出设备，连接到报警主机的报警输出接口。当联动的防区发生报警时，通过灯光和报警音提示报警。其实物图如图 6-18 所示。

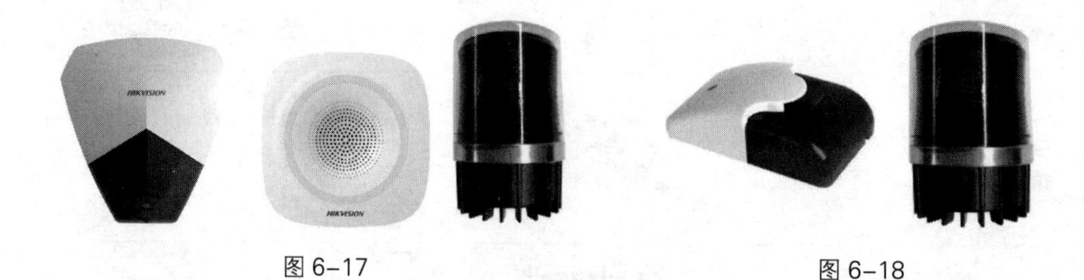

图 6–17　　图 6–18

2. 接警软件

报警系统可通过无线或有线方式上传报警信息到平台或客户端等接警软件。通过接警软件可以远程接收到实时的警情，做出快速响应；也可以对报警事件做出记录，用于警情的回溯。

3. 键盘

键盘也可作为显示设备使用，显示报警和主机状态等信息。

6.3 入侵报警系统的实施

· 学习背景

为了使入侵报警系统实现准确的探测和报警，工程师不仅需要熟悉设备形态和功能，还需要熟练掌握产品和系统的部署。本节将从安装准备、安装、布线、接线各环节入手，详细介绍入侵报警系统的实施。

· 关键知识点

✓ 探测器和报警主机的安装位置勘测

✓ 入侵报警系统施工布线规范

✓ 入侵报警设备安装与接线

6.3.1 实施规范

入侵报警系统工程实施应符合国家标准 GB 55029—2022《安全防范工程通用规范》。

同时满足国家标准 GB 50348—2018《安全防范工程技术标准》中关于入侵报警系统安装的规定：

① 各类探测器的安装点（位置和高度）应符合所选产品的特性、警戒范围要求和环境影响等；

② 入侵探测器的安装，应确保对防护区域的有效覆盖，当多个探测器的探测范围有交叉覆盖时应避免相互干扰；

③ 周界入侵探测器的安装，应能保证防区交叉，避免盲区。

6.3.2 安装准备

1. 环境确认

在环境确认环节，需要与用户进行需求沟通确认，包括覆盖范围、实现需求、前期选址等见表 6-2。

表 6-2 需求沟通确认表

项目	说明
覆盖范围	探测器安装位置及走线方式（明装、暗装）
实现需求	探测器与声光报警器的关联关系、平台展示效果等
前期选址	设备放置的位置、模块拨码等信息提前进行规划

2. 探测器安装位置确认

不同探测器的工作原理不同，安装标准也有所不同，具体见表 6-3。

表 6-3 不同探测器的安装标准

探测器类型	安装标准
红外对射探测器（含双鉴、三鉴探测器）	安装位置高于地面或围墙 50 cm 以上，安装环境避免有物体遮挡
被动红外探测器	安装高度建议 2m 左右（具体以厂家手册为准）；安装位置不建议正对门窗等强光直射场景、通风口等环境温差较大的场景和环境温度过高的场景
玻璃破碎探测器	安装在玻璃对面的墙或天花板上，尽量靠近所要保护的玻璃；安装环境尽量远离噪声干扰源；玻璃上尽量不要安装厚重的百叶窗或窗帘
振动探测器	安装位置需要是大理石、墙面等硬质且表面平整物体，不建议安装在能量衰减厉害的墙体，比如砖混结构的墙体、石膏墙体等
点型光电感烟火灾探测器	安装位置不宜在有较大粉尘、水雾、蒸汽、油雾等场所；不宜安装在通风口等位置
可燃气体探测器	安装位置建议在阀门、管道接口、出气口或易泄漏处 2m 左右，避免高温、高湿环境

6.3.3 布线

入侵报警系统通用布线参考综合安防系统布线施工规范。不同类型的设备对应线材有如表 6-4 所示的选择标准。

表 6-4 不同类型的设备对应线材的选择标准

布线标准					
设备类型	线材要求	线芯	导线截面积 /mm²	最大传输距离 /m	说明
探测器	RVV	2	0.5	100	单独供电
键盘	RVV	2	0.5	800	单独供电
声光报警器	RVV	2	0.75	10	—
总线	RVV	2	1	1600	—
	RVV	2	1.5	2400	—

1. 键盘

键盘与报警主机采用 RS-485 通信，所以要用 RVV2 × X（X 表示导线截面积）的铜芯线材（两根信号线），导线截面积一般不低于 $0.5mm^2$，最大传输距离不得大于 800m。

2. 探测器

① 探测器到报警主机间（对于总线报警主机来说是到防区扩展模块）的信号线采用 RVV2 × X（X 表示导线截面积）的铜芯线材，导线截面积一般不低于 $0.5mm^2$，最大传输距离不超过 100m。

② 为保证最远距离的探测器正常工作，探测器的供电模式（报警主机供电 / 单独供电）和供电线材要根据实际情况选择。

3. 声光报警器

① 声光报警器（或其他报警输出设备）线材建议选择 RVV2 × $0.75mm^2$。

② 报警主机上的“BELL”（声光报警器）接口内部已经串接了电源输出，所以声光报警器接该接口时，不需要在回路当中串接电源。

4. 总线

① 总线若使用 RVV2 × $1.5mm^2$，最大传输距离不超过 2400m；若使用 RVV2 × $1.0mm^2$ 的线材，最大传输距离不超过 1600m（模块到总线的距离也算在总线长度中）。

② 报警主机扩展模块接入总线选择“手拉手”接线方式，如图 6-19 所示。

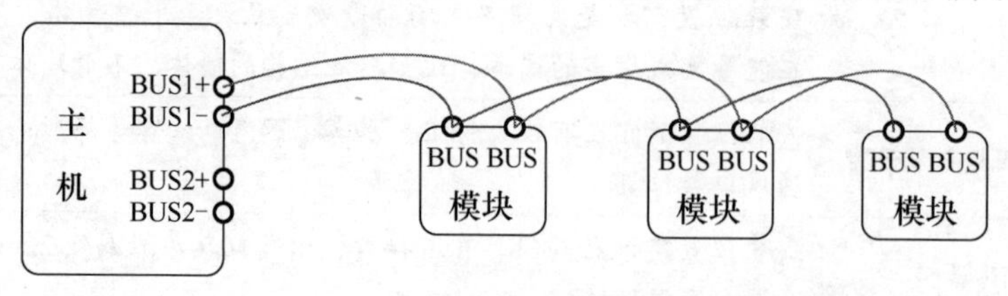

图 6-19

6.3.4 安装

报警设备的安装需要操作人员具备弱电方面的基础知识和操作技能，对所安装的设备，尤其是探测器的形态、功能、适用场景有一定了解，能够根据现场环境灵活选择安装位置并设计安装方案。

安装常用工具为螺丝刀组或电动螺丝刀组。

安装前，须确认包装箱内设备完好，部件齐全，且安装位置符合安装要求。

1. 探测器安装

（1）红外对射探测器

红外对射探测器应在实体墙或杆柱处安装，安装须注意：

① 禁止装在基础不稳定，表面不结实的位置；

② 禁止安装在会阻断射束的地方，例如被风吹移动的植物或晾晒衣服的地点附近；

③ 禁止安装在灯光或阳光直射的地方，防止光线直射产品内部的光学装置；

④ 安装时需调整上下角、调整螺钉及水平内托架，完成光轴调整；

⑤ 当多组对射堆叠或长距离应用时，可调整拨码选择特定光束频率，避免探测串扰。

红外对射探测器安装如图 6-20 所示。

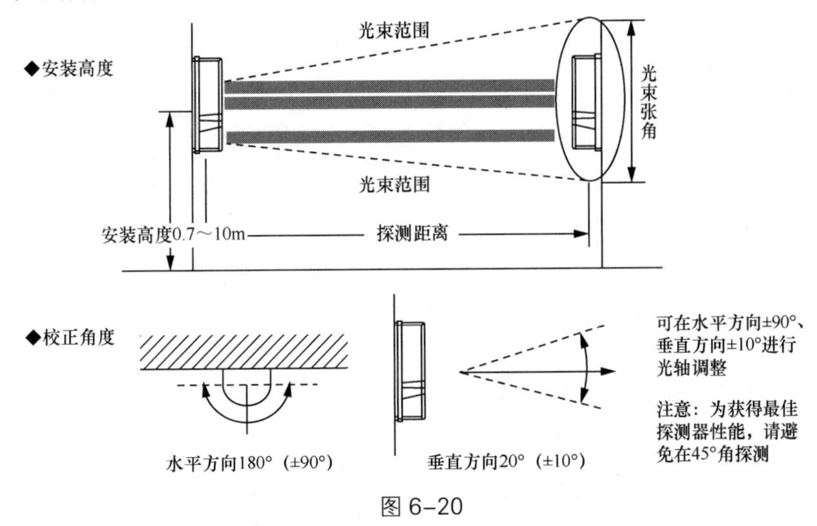

图 6-20

（2）被动红外探测器

被动红外探测器一般需要先用螺丝将支架固定好，然后将产品机身与支架衔接，最后调整合适角度，安装完毕，如图 6-21 所示。

安装须注意：

① 探测器应安装在能使探测器感应外来入侵者的位置，尽量使入侵者横穿探测区域；

② 安装位置应避免靠近空调、电风扇、电冰箱、烤箱等引起温度迅速变化的物体，避免太阳光直射在探测器上；

③ 探测器前面不应有物体遮挡，否则将影响到探测效果。

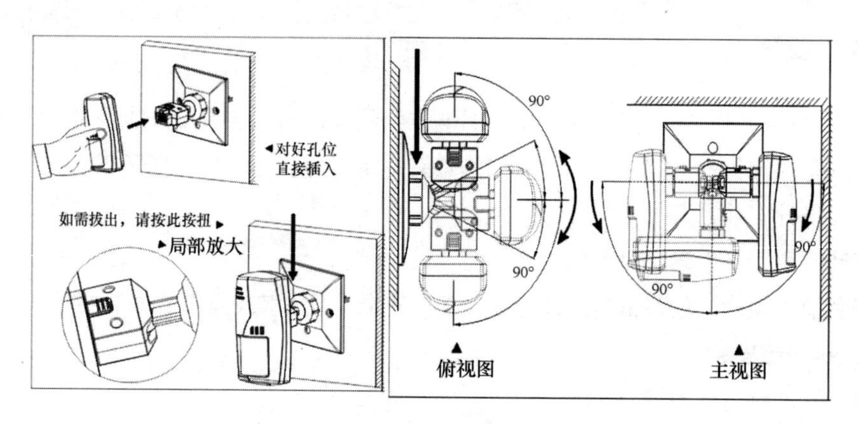

图 6–21

（3）玻璃破碎探测器

用螺丝将玻璃破碎探测器底座固定在有效检测距离内的墙或天花板上，再把前盖固定在底座上即可。

如图 6-22 所示。吸顶装，距离玻璃 1m ~ 3m 之间安装探测器最佳（最远 8m）；壁挂装，为获得最佳性能，将探测器安装在检测范围内尽可能高且对着玻璃的位置。

安装须注意：玻璃破碎探测器不能直接安装在玻璃上，否则可能会受到外部环境干扰而产生误报。

（4）门磁探测器

门磁探测器由无线发射器和磁块两部分组成，分别固定于门和门框边缘；一般采用明装方式，通过螺丝安装；适合木门、铝合金门，铁门专用门磁可装铁门。

（5）振动探测器

如图 6-23 所示，用螺丝将探测器固定在需保护的设备表面上，如 ATM 机保护面上。若使用胶水粘贴，须将设备表面的油漆刮干净。

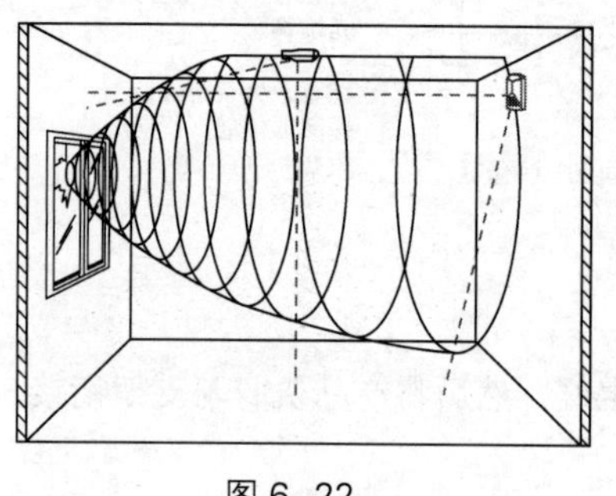

图 6–22

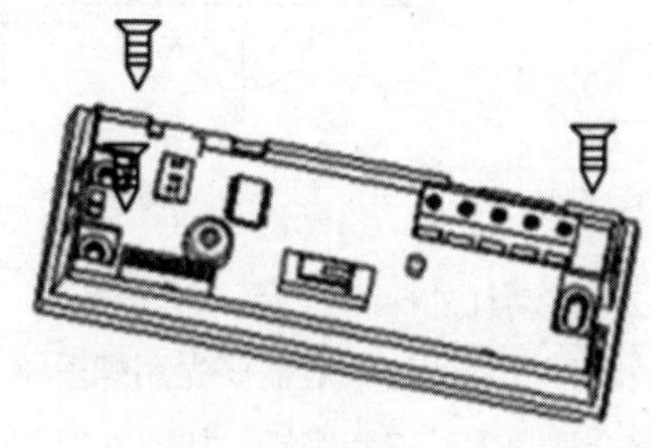

图 6–23

安装需注意：一般振动探测器可采用旋钮或跳帽等方式调整其灵敏度。

（6）点型光电感烟火灾探测器

点型光电感烟火灾探测器针对尖顶式天花板和平顶式天花板有不同的安装要求，推荐按照图 6-24 所示安装方式安装。

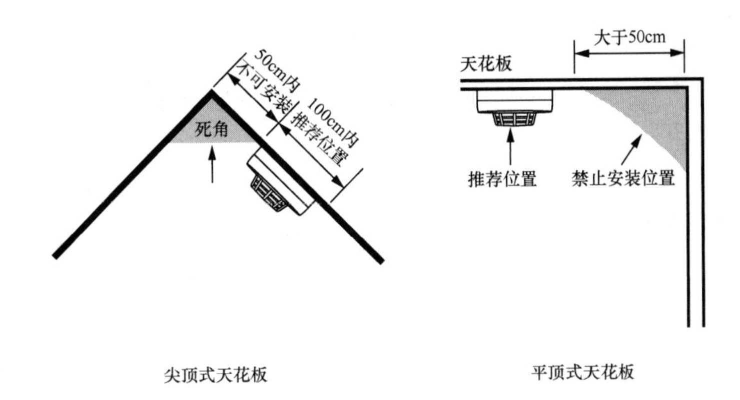

图 6-24

（7）可燃气体探测器

可燃气体探测器的安装位置一般为气源上方的天花板上，距离气源 2m 左右，大致如图 6-25 所示。

安装还须注意：

① 安装位置不能离燃气炉太近，以免探测器受到炉具火焰的烘烤造成设备损坏；

② 不能安装在油烟大的地方，以免引起误报警或者导致探测器的进气孔进气不畅而影响探测器的灵敏度；

③ 不能安装在排气扇、门窗边或者浴室水汽较大处等场景。

2. 主机安装

（1）报警主机安装

报警主机建议使用 UPS 供电并良好接地。在建筑物安装配线中，报警主机需要独立供电。为减少火灾或电击危险，尽量避免报警主机受雨淋或受潮。报警主机安装在墙壁或天花板上时，须确保固定牢固。

报警主机建议采用壁挂方式安装。设备机箱上存在壁挂固定螺丝孔，可先确定安装壁挂的位置，打好膨胀螺丝，再将设备进行壁挂安装即可，如图 6-26 所示。

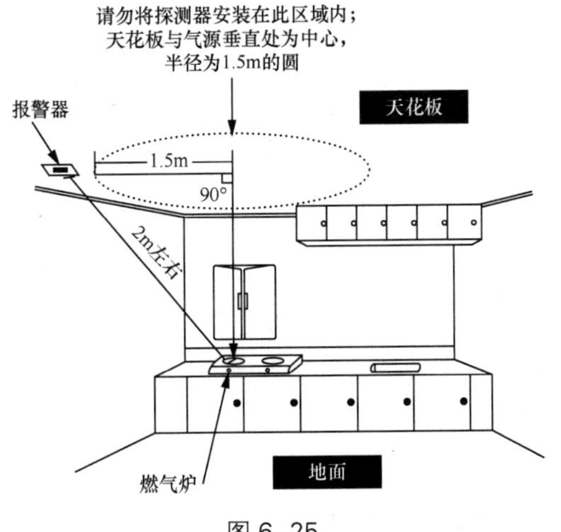

图 6-25

图 6-26

（2）键盘安装

松开键盘底部紧固螺丝，用一字小螺丝刀沿键盘下方中部打开，取下后壳，将后壳通过螺丝固定于 86 盒或墙面上，如图 6-27 所示。

报警主机接入多台键盘时，通过拨码进行区分。在系统上电前，通过键盘的拨码开关给键盘设置地址，在键盘上设置 0 到 31 之间的任一地址值，所选地址值超出规定范围（0 ～ 31）将不被接受。键盘地址不可重复。如图 6-28 所示的二进制拨码值为 00010，则十进制值为 2，即地址值为 2。

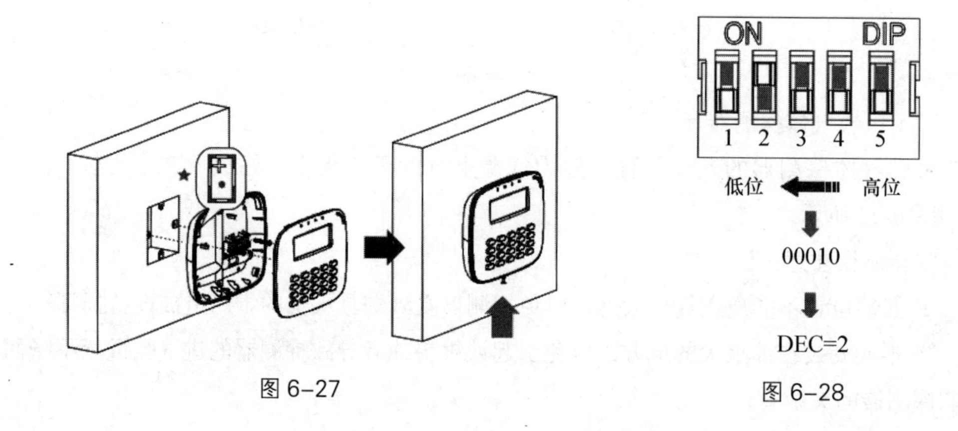

图 6-27　　图 6-28

6.3.5 接线

线路连接示意如图 6-29 所示。

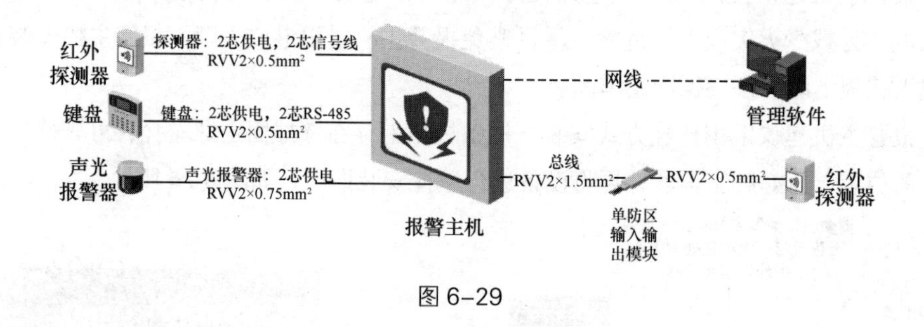

图 6-29

1. 探测器接线

探测器到报警主机间（对于总线制报警主机来说是到有线防区扩展模块）的接线是指探测器的报警输出接口 NO/NC 和 COM（有些探测器为两个 ALARM 接口）接入报警主机的 Z、G 接口，视情况串联或者并联电阻到主机的 Z、G 接口上。探测器常开，则并联电阻；探测器常闭，则串联电阻。电阻接在探测器端（本地防区电阻为 2.2kΩ，有线防区扩展模块电阻为 8.2kΩ），如图 6-30 所示。

为避免探测器被拆除，导致无法正常报警，可以选择将探测器防拆信号接入回路当中。探测器触发和探测器被拆除，都会上报报警信息给报警主机。

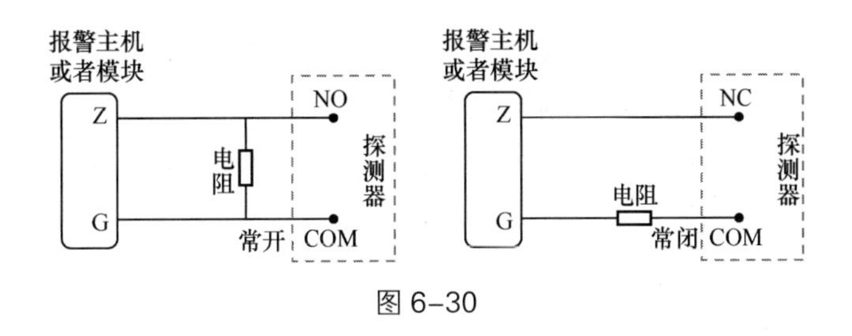

图 6–30

报警主机接入探测器，在需要同时检测探测器防拆状态的情况下，可以参考图 6-31 所示探测器防拆接线。

2. 键盘接线

① 确认键盘端口位置，将键盘的 D+、D−、+12V、GND 分别接到报警主机的 D+、D−、+12V、GND 上，如图 6-32 所示。

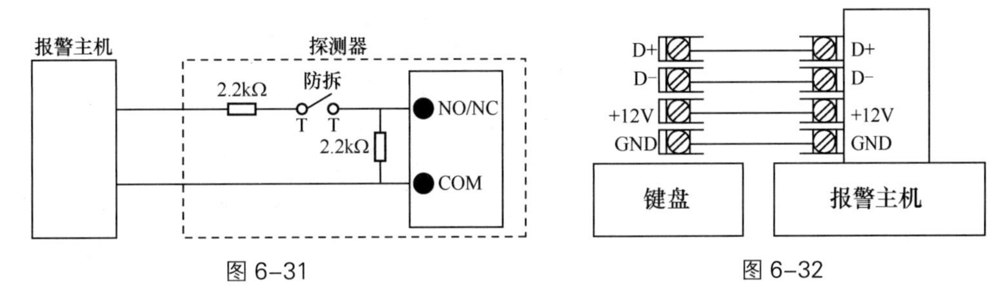

图 6–31　　图 6–32

② 一个报警主机接多个键盘时，建议采用“手拉手”的接线方式，所有键盘接线长度不得大于 800m。

③ 键盘拨码，系统配用的每一个报警键盘都必须有一个地址，这些地址不能重复。当更换报警键盘的时候，须确保更换的报警键盘与前一个报警键盘地址相同。在系统上电前，通过键盘的拨码开关给键盘设置地址，拨码为 0 的键盘为全局键盘[33]，非 0 的为子系统键盘（LCD 键盘地址范围为 1 ～ 31；LED 键盘地址范围为 1 ～ 7）。

3. 声光报警器接线

声光报警器接线如图 6-33 所示。

① 接报警主机 BELL 口时，将声光报警器的 12V 接到 BELL 12V 上，将 GND 接到 BELL GND 上。

② 接报警主机继电器口时，将声光报警器的 12V、GND 串联一个 12V 的电源接到报警主机的 NO/NC、COM 上，并且继电器的跳帽选择跳到 NO。

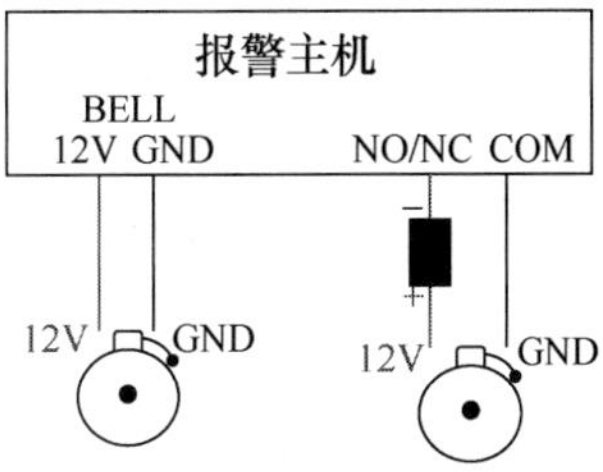

图 6–33

4. 扩展模块接线

① 将扩展模块总线接到 M-Bus 主板上的 BUS1−、BUS1+ 或 BUS2−、BUS2+ 上，如图 6-34 所示。

33　全局键盘：可对所有子系统进行布撤防、消警等功能的键盘。

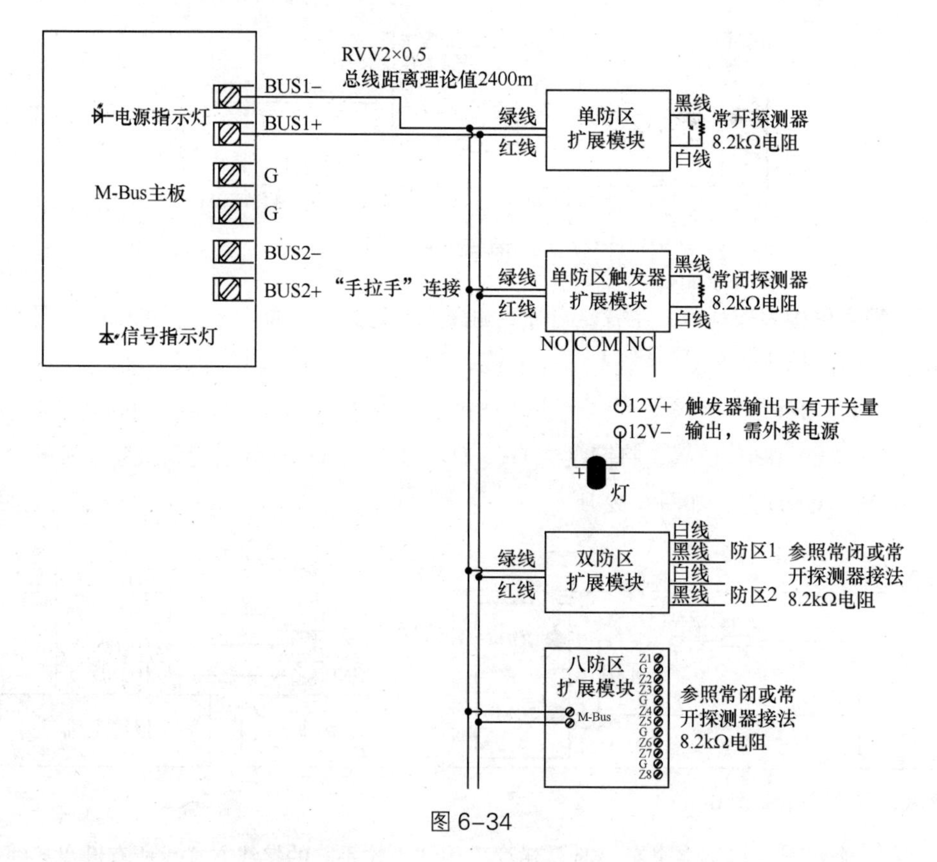

图 6-34

② 总线不分极性，两端电压为 36V。两组总线口都可使用。

③ 模块接到总线前，报警主机应断电并设置好模块地址拨码，地址拨码范围为 1 ～ 253，不能使用 0、254、255。

④ 推荐“手拉手”接线方式。

本章总结

本章主要介绍了入侵报警系统的组成、设备以及施工方法。通过本章的学习，读者应能够了解入侵报警系统的概念及功能，掌握相关施工方法，为日后从事相关工作打好基础。

思考与练习

1.【操作题】将键盘、扩展模块等外设接入报警主机中并确认外设在报警主机上是否处于在线状态。

2. 总结 RS-485 和 M-Bus 协议的优缺点。

3. 总结报警主机防区类型，以及各自适用于什么场景。

第 7 章

常用软件介绍

随着用户安防意识日益增强，为满足不同业务场景需求，监控设备的种类日益增多。为更好地对项目现场数量种类繁多的设备进行统一、综合性的维护管理，海康威视推出了一系列可实现视频监控、功能配置、参数计算、产品选型功能的客户端软件。这些客户端软件在设备管理、技术维护、研发生产等方面提供了便利，并可以针对中小型项目中不同场景需求，提供灵活、多样的部署管理方案。本章主要介绍综合安防系统中常用的管理软件和工具软件，帮助读者了解其类别和作用。

7.1 iVMS-4200 客户端介绍

• 学习背景

iVMS-4200 客户端由海康威视推出，是一款与网络监控设备配套使用的综合应用软件。它可与视频监控设备、报警设备、门禁设备、可视对讲设备等配套使用，提供相应的服务（预览、回放、云台等操作），并针对中小型项目中不同环境的需求，提供灵活、多样的部署方案。iVMS-4200 可广泛应用于金融、公安、电信、交通、电力、教育、水利等领域的安防项目。

• 关键知识点

✓ iVMS-4200 客户端的主要功能

✓ iVMS-4200 客户端的安装环境

✓ iVMS-4200 客户端的软件使用方法

7.1.1 软件概述

iVMS-4200 客户端是一款与网络监控设备配套使用的综合应用软件，可用于视频监控、入侵报警以及对讲门禁等多种子系统，提供视频应用服务（预览、回放、数据检索等）、访问控制服务（人员管理、访问控制、考勤管理等）、公共应用服务（电子地图、报警主机、拓扑管理等）以及配套的存储服务等。

iVMS-4200 客户端服务框架如图 7-1 所示。

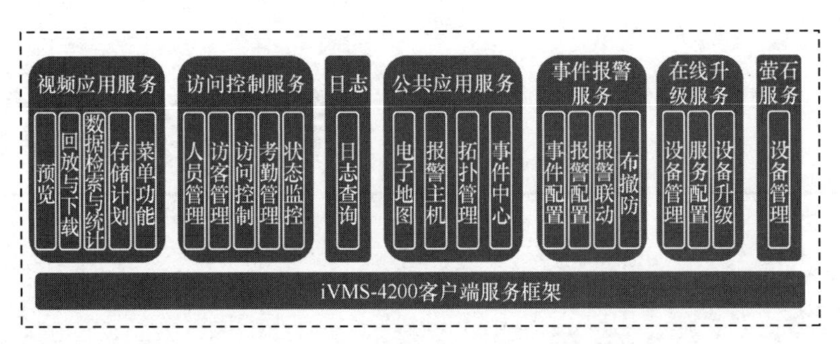

图 7-1

1. 安装环境要求

（1）操作系统

Microsoft Windows 7/Windows 8.1/Windows 10/ Windows 11（32/64 位中、英文操作系统）。

（2）硬件要求

- CPU：Intel 酷睿 i3 及以上。
- 内存：4GB 或更高。
- 显示：支持 1024px × 768px 或更高分辨率。

注意：如果同时预览多路视频或较高分辨率的视频，可能需要更高的硬件配置。

2. 支持设备类型

iVMS-4200 客户端支持大部分综合安防系统设备，例如摄像机、硬盘录像机（DVR）、门禁控制器等，如图 7-2 所示。

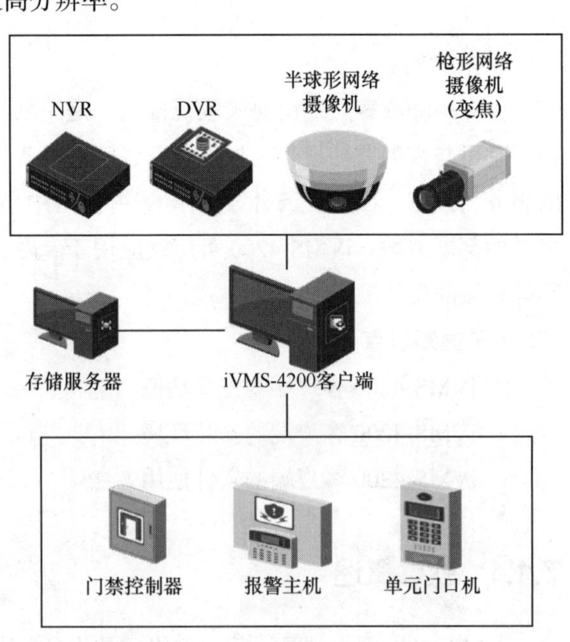

图 7-2

3. 性能参数

iVMS-4200 客户端主要性能参数可通过客户端右上角的菜单栏（ ☰ ），单击“帮助”→“资源概览”进行查询。客户端资源概览如图 7-3 所示。

资源概览

资源	已使用	总资源
编码设备	0	256
智能分析服务器	0	4
报警主机	0	16
安防雷达	0	8
管理机	0	256
门口机	0	256
室内机	0	1024
半数字转接模块	0	128
门禁控制器	0	100
交换机设备	0	64
网桥设备	0	128
光纤收发器设备	0	128
访客机	0	8
人员	0	5000
分组	0	256
监控点	0	1024
任务	0	256
报警输入	0	1024

图 7–3

7.1.2　功能应用

iVMS-4200 客户端主界面如图 7-4 所示。主界面区域功能如表 7-1 所示。

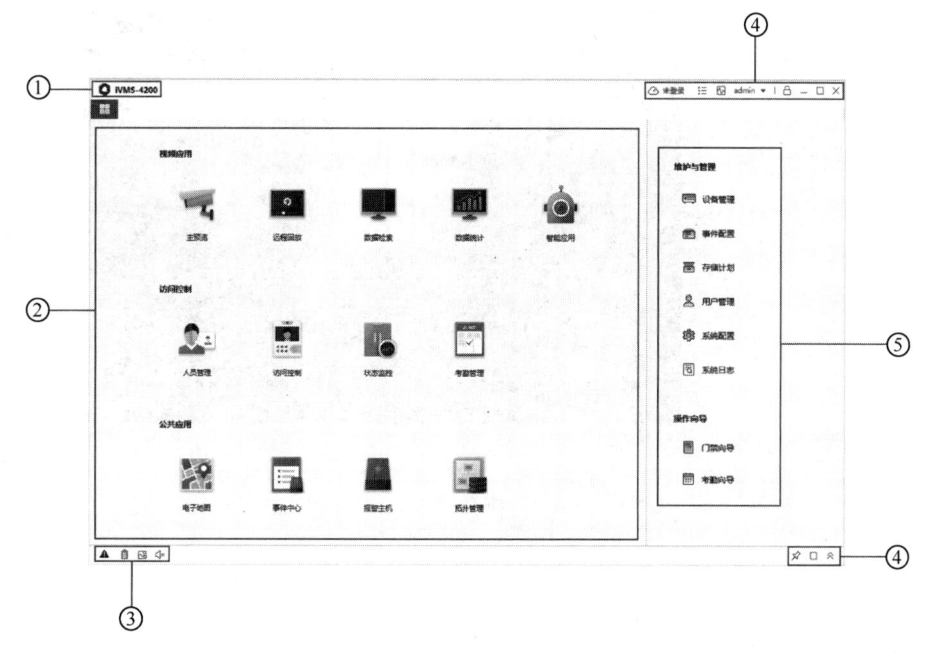

图 7–4

表 7-1 iVMS-4200 客户端主界面区域功能

序号	名称	功能
①	标题栏	iVMS-4200 客户端图标区
②	控制面板	客户端主要功能区，包含视频应用服务、访问控制服务、公共应用服务
③	报警栏	报警事件快速处理区，可以展开 / 最大化事件中心模块、开启报警自动弹图像、开启报警声音、清空报警信息
④	快捷功能区	云服务登录、客户端菜单栏、客户端运行信息、登录用户信息，客户端锁定、最小化、最大化、关闭功能区
⑤	辅助功能区	客户端辅助功能区，可对客户端进行设备管理、事件配置、存储计划、用户管理、系统配置和系统日志等方面的操作，同时也包含操作向导功能

1. 视频应用服务

iVMS-4200 客户端支持对添加的视频编码设备提供多样化的视频应用服务，包括视频预览、录像回放与录像下载、数据检索与统计等。

（1）视频预览

视频预览即远程查看网络摄像机、视频编码器等设备的实时监控画面，方便用户及时了解现场信息。iVMS-4200 客户端通过海康威视私有协议向添加的设备（主要指摄像机和硬盘录像机等视频设备）取流，并通过自带的播放库对传输过来的视音频码流进行解码播放。

iVMS-4200 客户端主预览界面如图 7-5 所示。

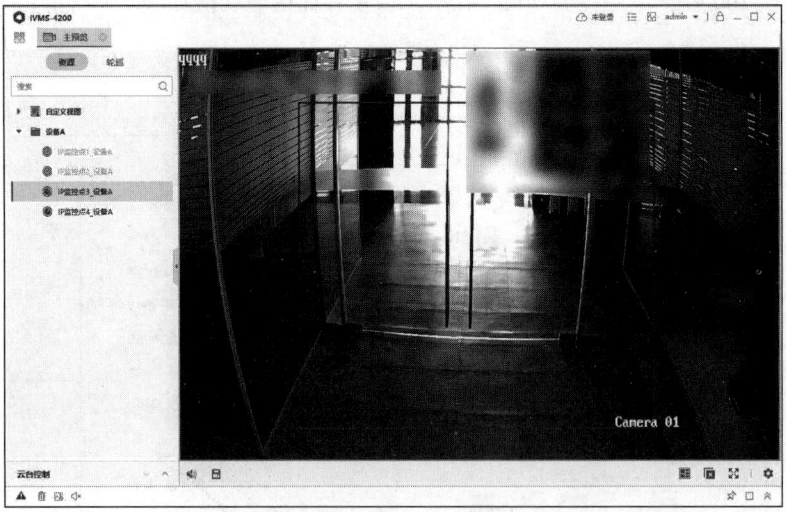

图 7-5

（2）录像回放与录像下载

① 录像回放。当监控区域有异常情况发生，或用户需要了解监控区域发生过的事情时，通过客户端可以调取并回放存储在 CVR、存储服务器或硬盘录像机上的录像文件。

iVMS-4200 客户端通过海康威视私有协议向添加的设备请求查询检索特定时间范围内的录像文件，然后根据设备返回的录像文件名（标识录像的唯一特征值）再次向设备取流，并通过自带的播放库对传输过来的视音频码流进行解码播放。

iVMS-4200 客户端录像回放界面如图 7-6 所示。

图 7–6

② 录像下载。iVMS-4200 客户端回放界面支持按文件、按时间下载录像文件到指定路径，同时也支持多监控点同时下载。按时间下载指支持下载某个通道设置的时间范围内的所有录像文件；按文件下载指支持下载某个通道设置的时间范围内的某个录像文件；多监控点同时下载指支持同时下载多个监控点设置的时间范围内的所有录像文件。

录像下载和录像回放原理相似，是通过海康威视私有协议向添加的设备请求查询检索特定时间范围内的录像文件，然后根据设备返回的录像文件名再次向设备取流，并保存成视频文件。文件格式默认为 MP4 格式，也可自行选为 AVI 格式。

（3）数据检索与统计

iVMS-4200 客户端支持通过海康威视私有协议向添加的设备请求特定时间范围、特定条件的数据，并通过可视化图片或报表的形式展示给终端用户。

① 数据检索。iVMS-4200 客户端可以按照设置的检索条件搜索已添加设备上存储的目标数据（一般指图片数据），并保存到本地计算机。

② 数据统计。iVMS-4200 客户端支持用户选择一个时间段，创建该时间段的报告。用户可以按照需求生成日报、周报、月报、年报，或自定义时间生成报告。生成的报告可用于决策制定、问题排查和信息对比等。

2. 访问控制服务

iVMS-4200 客户端支持对添加的门禁设备和可视对讲设备提供多样化的访问控制服务，包括人员管理、权限管理以及考勤管理等。其工作原理是：先由客户端采集人员信息（如卡号、指纹等），再下发信息至读卡器等设备，如图 7-7 所示。

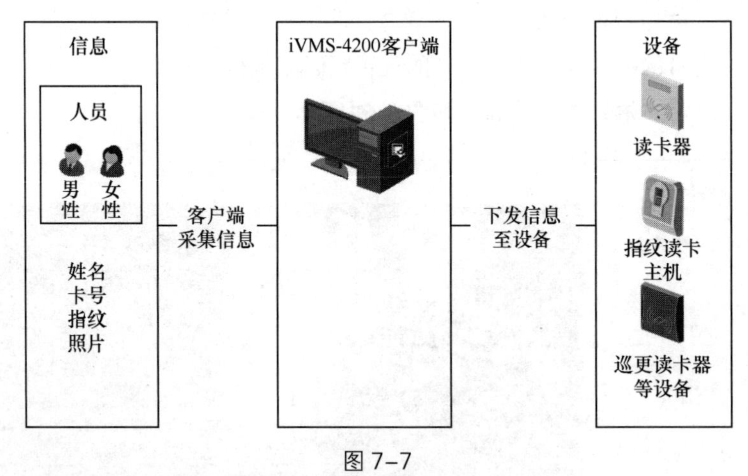

图 7–7

（1）人员管理

iVMS-4200 客户端支持添加人员、设置人员的基本信息和访问权限，并下发给添加的门禁设备，以控制人员出入；还可以根据人员居住地址绑定室内机，进行可视对讲。

人员信息一般包括基本信息、凭证（卡片、指纹）、访问控制权限、权限有效期限、住户信息、扩展信息等。添加人员时，可以逐个添加人员到客户端并配置人员信息，也可以通过模板批量导入人员信息，还可以向添加到客户端的门禁设备获取设备端的人员信息。

如图 7-8 所示为 iVMS-4200 客户端添加单个人员信息界面。

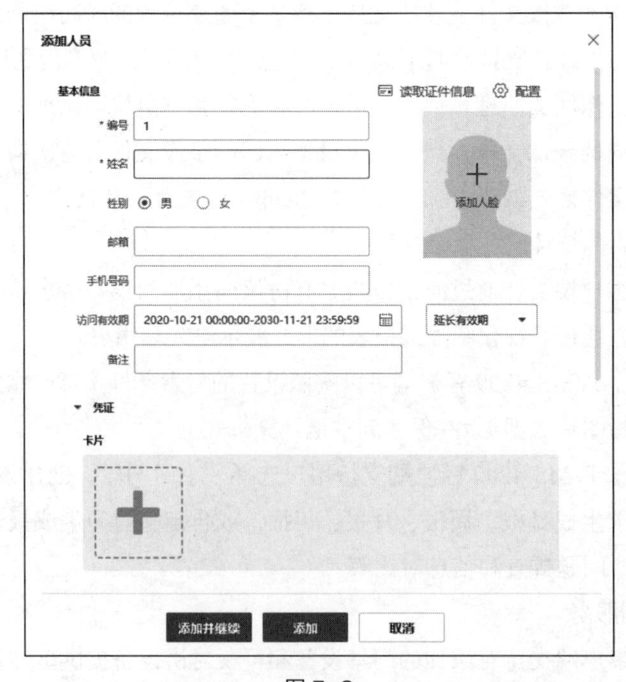

图 7–8

iVMS-4200 客户端还支持添加组织、自定义组织名称，并可以继续为已添加的组织添加下级组织。添加组织后需要把导入的人员信息添加至对应组织中。将人员添加到对应组织，可以对人员批量配置考勤规则，统计考勤数据等。

（2）权限管理

iVMS-4200 客户端支持分配门禁权限到指定人员，使所有指定人员组成一个权限组；再将权限组下发给指定的门禁设备，使其获取指定门的通行权限，通过人员关联的卡片、指纹、人脸等信息进行认证识别后，可以开门通行。用户可以通过客户端状态监控界面查看门禁设备上的实时访问记录，包括实时刷卡记录、人员识别记录、体温信息等。

（3）考勤管理

考勤管理可以管控员工在特定的时间段内的出勤情况，包括上下班、迟到、早退、休假、加班等。根据设置的考勤规则，客户端会统计每个人员的签到情况，按照逻辑计算人员的考勤结果，并根据不同需求生成对应报表以供后续使用。iVMS-4200 客户端考勤管理模块功能架构如图 7-9 所示。

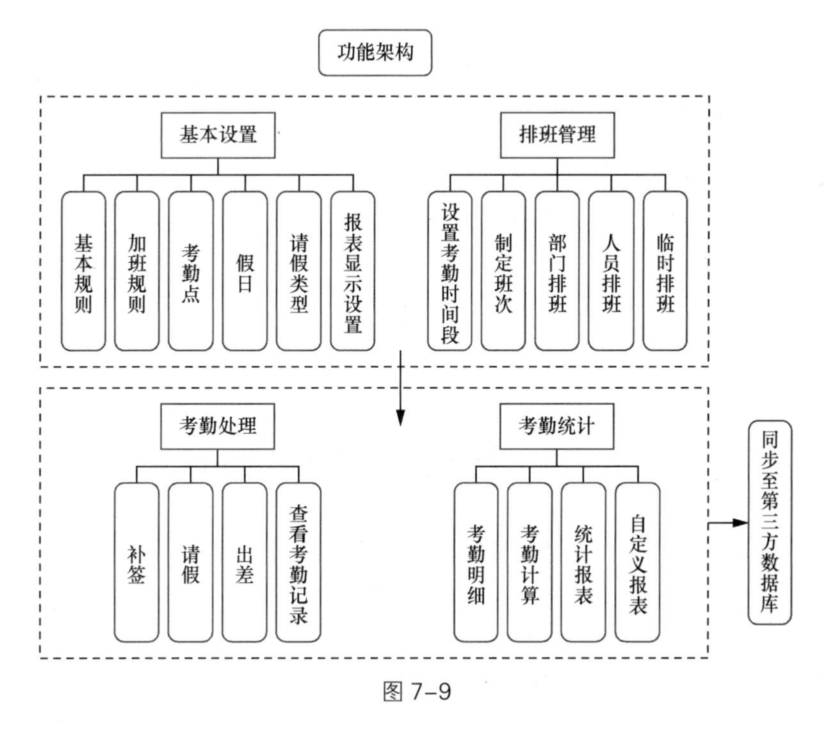

图 7–9

用户可以通过 IVMS-4200 客户端的考勤管理服务设置考勤参数，包括基本规则、考勤点、假日、请假类型和报表显示设置等内容。

客户端支持通过排班管理模块对添加的人员制定班次，并安排部门排班、人员排班或临时排班等方式。

考勤人员需要在常规时间段内（如固定上下班时间等），在指定的考勤点通过读卡器刷卡、门禁设备刷脸等操作进行签到和签退。若由于某些原因，如忘签到、忘签退、出差、请假等，考勤状态异常，可通过提交补签单或者请假、出差申请，修改考勤记录。

客户端支持通过手动（让系统统计某一时间段的考勤数据）和自动（每天在预设时间点自动计算考勤数据）两种方式统计考勤数据，并将统计结果生成图表或报告，通过邮件定时发送给相关人员查看。考勤统计支持按组织或人员生成不同类型的统计报表，包括考勤统计（支持生成部门考勤报表、日考勤报表、月考勤报表等）、异常统计和加班统计，可满足不同统计类型需求。iVMS-4200 客户端生成统计报表界面如图 7-10 所示。

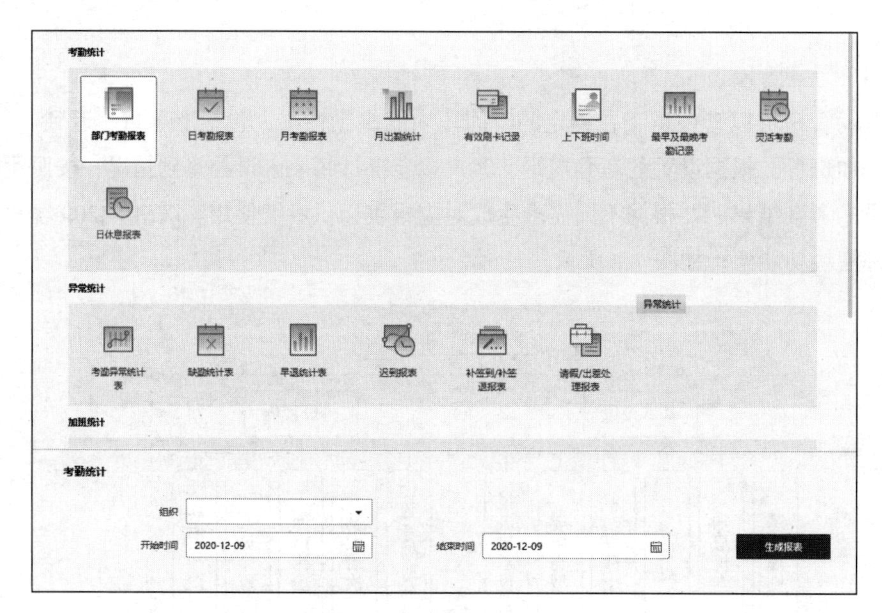

图 7–10

在上述生成统计报表界面，若选择考勤统计类型为日考勤报表，再单击“生成报表”，客户端会调用 Office 接口生成 Excel 表格。表格示例如图 7-11 所示。

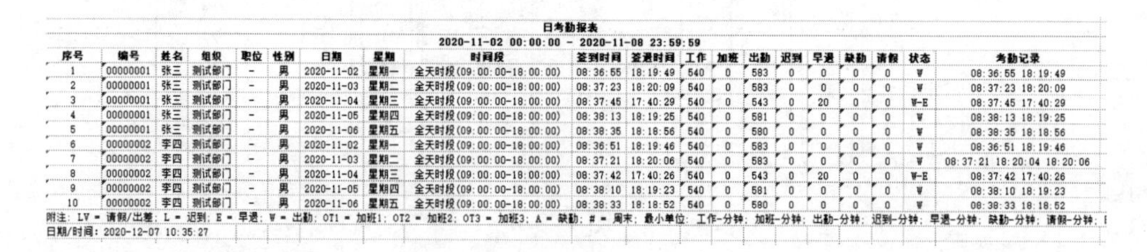

日考勤报表

2020-11-02 00:00:00 - 2020-11-08 23:59:59

序号	编号	姓名	组织	职位	性别	日期	星期	时间段	签到时间	签退时间	工作	加班	出勤	迟到	早退	缺勤	请假	状态	考勤记录
1	00000001	张三	测试部门	-	男	2020-11-02	星期一	全天时段(09:00:00-18:00:00)	08:36:55	18:19:49	540	0	583	0	0	0	0	W	08:36:55 18:19:49
2	00000001	张三	测试部门	-	男	2020-11-03	星期二	全天时段(09:00:00-18:00:00)	08:37:23	18:20:09	540	0	583	0	0	0	0	W	08:37:23 18:20:09
3	00000001	张三	测试部门	-	男	2020-11-04	星期三	全天时段(09:00:00-18:00:00)	08:37:45	17:40:29	540	0	543	0	20	0	0	W-E	08:37:45 17:40:29
4	00000001	张三	测试部门	-	男	2020-11-05	星期四	全天时段(09:00:00-18:00:00)	08:38:13	18:19:25	540	0	581	0	0	0	0	W	08:38:13 18:19:25
5	00000001	张三	测试部门	-	男	2020-11-06	星期五	全天时段(09:00:00-18:00:00)	08:38:35	18:18:56	540	0	580	0	0	0	0	W	08:38:35 18:18:56
6	00000002	李四	测试部门	-	男	2020-11-02	星期一	全天时段(09:00:00-18:00:00)	08:36:51	18:19:46	540	0	583	0	0	0	0	W	08:36:51 18:19:46
7	00000002	李四	测试部门	-	男	2020-11-03	星期二	全天时段(09:00:00-18:00:00)	08:37:21	18:20:06	540	0	583	0	0	0	0	W	08:37:21 18:20:04 18:20:06
8	00000002	李四	测试部门	-	男	2020-11-04	星期三	全天时段(09:00:00-18:00:00)	08:37:42	17:40:26	540	0	543	0	20	0	0	W-E	08:37:42 17:40:26
9	00000002	李四	测试部门	-	男	2020-11-05	星期四	全天时段(09:00:00-18:00:00)	08:38:10	18:19:23	540	0	581	0	0	0	0	W	08:38:10 18:19:23
10	00000002	李四	测试部门	-	男	2020-11-06	星期五	全天时段(09:00:00-18:00:00)	08:38:33	18:18:52	540	0	580	0	0	0	0	W	08:38:33 18:18:52

附注：LV = 请假/出差；L = 迟到；E = 早退；W = 出勤；OT1 = 加班1；OT2 = 加班2；OT3 = 加班3；A = 缺勤；# = 周末；最小单位：工作-分钟；加班-分钟；出勤-分钟；迟到-分钟；早退-分钟；缺勤-分钟；请假-分钟；

日期/时间：2020-12-07 10:35:27

图 7–11

3. 公共应用服务

iVMS-4200 客户端不仅支持视频应用、访问控制这些与设备类型强关联的服务，还支持一些不区分设备类型的公共应用服务，即视频编码设备、门禁设备、可视对讲设备等均可使用这些服务。它可以对分散的多类型设备资源、复杂的报警信息进行统一可视化管理，其主要功能模块包括电子地图、报警主机、拓扑管理等。

（1）电子地图

电子地图是一种数字地图，即利用计算机技术以数字方式存储和查阅的地图。地图比例可在不影响显示效果的前提下放大、缩小。iVMS-4200 客户端支持将已添加到客户端的设备资源展示到静态地图的特定位置（一般与设备实际安装位置相匹配），直观地定位这些设备资源的具体位置。有报警事件发生时，电子地图上对应热点会出现闪烁效果，可实时查看监控点画面和报警信息的详细内容。

iVMS-4200 客户端电子地图实时预览监控点画面效果如图 7-12 所示。

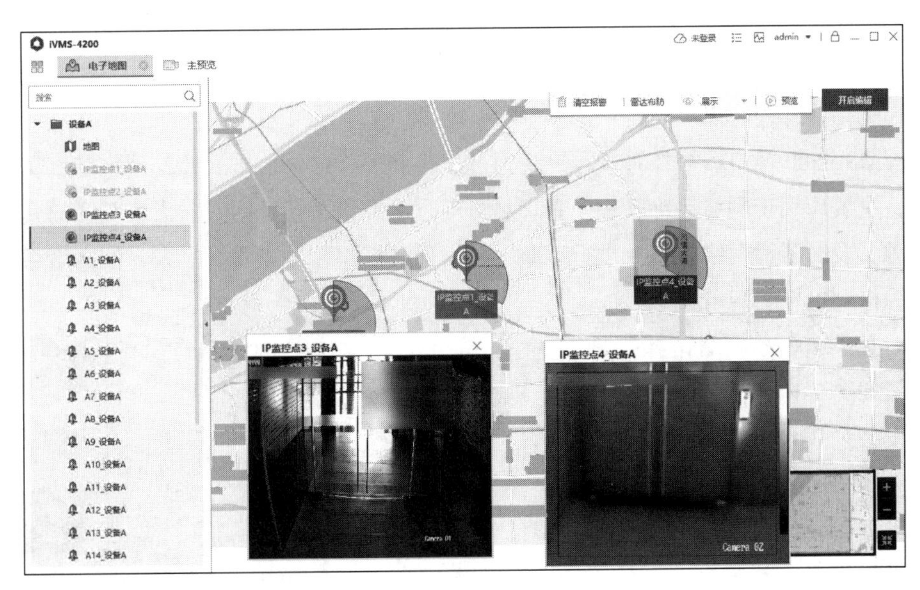

图 7–12

（2）报警主机

报警主机主要应用于统一管理布防区域内的所有探测装置，探测发生在布防监测区域内的侵入行为，并产生报警信号，提示工作人员发生报警的区域位置。iVMS-4200 客户端可以通过添加报警主机实现对其子系统、防区、继电器和警示号的远程控制，也可以远程配置管理报警主机的监控区域、报警事件联动等参数。

• iVMS-4200 客户端支持远程控制报警主机子系统，如外出布防、在家布防、即时布防、撤防、消警、组旁路、组旁路恢复等操作。

• iVMS-4200 客户端支持远程控制报警主机的防区，进行布防、撤防、旁路、旁路恢复等操作。

• iVMS-4200 客户端支持远程控制报警主机继电器的开关状态，并支持查看继电器关联事件。

• iVMS-4200 客户端支持远程控制报警主机警示号的开启和关闭状态。

iVMS-4200 客户端报警主机设备管理框架如图 7-13 所示。

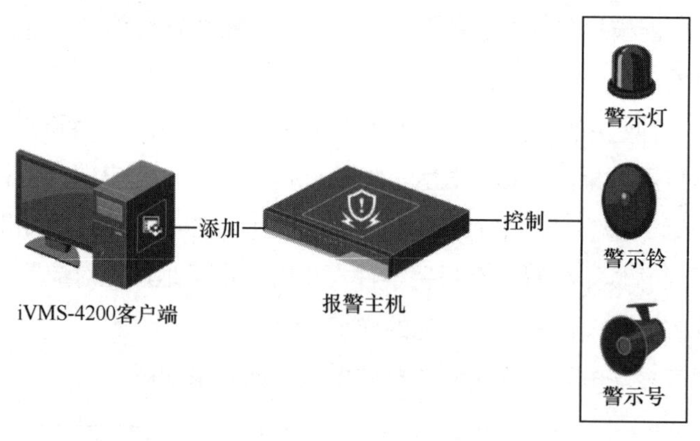

图 7–13

（3）拓扑管理

iVMS-4200 客户端拓扑管理是一种通过软件和硬件结合的方式监控网络健康状态的功能，主要应用于网络运维管理。管理员可通过无线设备拓扑图查看设备关联的其他设备资源，及时了解网络状态并进行调整，从而保障链路传输正常、高效，使网络系统中的资源得到更好的利用。

iVMS-4200 客户端拓扑管理逻辑框架如图 7-14 所示。

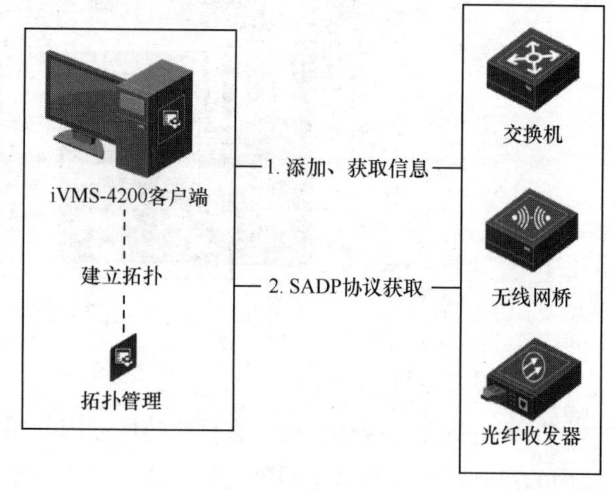

图 7–14

设备列表包括客户端上已添加的设备和 SADP（设备网络搜索工具，其详细功能将在后文介绍）搜索到的同网段在线设备。拓扑管理将获取到的设备列表以拓扑图的形式展示，主要展示设备之间的层级关系、设备信息、链路传输状态、报警信息等。具体说明如下。

• 支持查看拓扑图显示层级，并且支持设置带宽利用率告警阈值，当带宽利用率超过所设置的告警阈值时，将会改变连接线的颜色。

• 支持查看设备基本信息、面板状态和端口信息等，便于了解设备型号和端口使用情况。

• 支持查看设备间的数据传输速率，从而判断网络状态是否良好；当数据传输发生故障时，支持通过查看信号传输路径判断哪条链路数据发送出现故障，从而维护线路，保障数据传输正常稳定。

• 支持以 PDF 格式导出设备拓扑图。

iVMS-4200 客户端无线设备拓扑如图 7-15 所示。

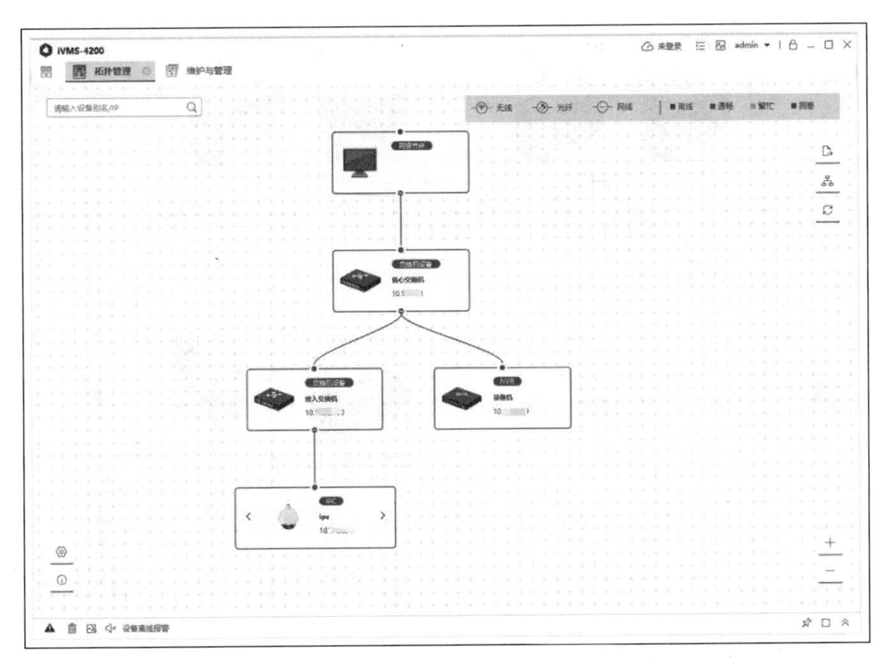

图 7–15

7.1.3　配套组件

iVMS-4200 客户端除视频应用服务、访问控制服务和公共应用服务等功能应用外，还包括配套的存储服务器组件（包括存储服务器和流媒体服务器）。

1．存储服务器

存储服务器作为 iVMS-4200 客户端的配套组件（需要单独下载安装），支持通过软件形式存储编码设备的录像和图片数据。具体流程为：iVMS-4200 客户端向存储服务器下发录像计划，存储服务器向设备取流并进行存储。客户端还支持直接向存储服务器请求录像数据，进行录像回放。

该组件在用户只购买网络摄像机而未购买硬盘录像机，或录像需要双备份时，可以在不额外购买存储设备的情况下实现录像的存储。

2．流媒体服务器

由于设备的发流带宽资源有限，当设备同时调度、采集、缓存或传输多个资源时，很容易达到部分设备的取流上限，导致客户端无法正常取流进行预览回放。这时通过添加流媒体服务器，可以降低设备的取流压力，满足用户需求。其原理如图 7-16 所示。

由图 7-16 可知，当存在多个 iVMS-4200 客户端同时对摄像机进行取流时，如果按照传统方式（实线部分）来取流，则需要摄像机发流 10 次；如果引入流媒体技术（虚线部分），则只需要摄像机发流 1 次，流媒体服务器转发 10 次给客户端。对比来看，引入流媒体服务器可大大降低摄像机的发流压力。

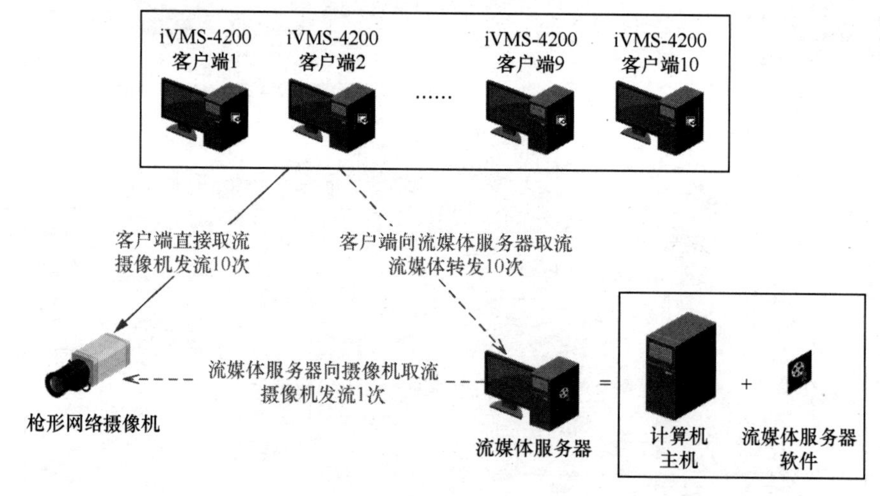

图 7–16

7.2 萤石云视频 App 介绍

· 学习背景

萤石云视频 App 是针对家庭和企业用户推出的一款视频服务类产品。无论何时何地，用户都可以通过萤石云视频 App 来操控智能设备，查看设备的状态和信息，实现家居、类家居场景的全屋智能化。该 App 运行准确、及时、方便、可靠，受到越来越多的用户喜爱。

· 关键知识点

✓ 萤石云视频 App 的功能

✓ 萤石云视频 App 的使用方法

7.2.1 软件概述

萤石云视频 App 是针对家庭和企业用户推出的一款视频服务类产品。通过萤石云视频的视频服务，用户可以通过手机轻松查看公寓、别墅、商铺、工厂、办公室等场所的实时视频、历史录像；通过萤石云视频的报警服务，用户还可以实时接收所关注场所的异常信息，第一时间采取安全防护措施，做到无论身在何处，“家和企业就在身边”。

7.2.2 功能应用

萤石云视频 App，作为连接设备和用户的中间桥梁，主要为用户提供传输、存储以及深度分析等服务。其主要业务模块包括用户管理、设备管理、视频功能、消息推送、智能功能以及其他增值服务（软件界面以最新版本 App 为准）。萤石云视频 App 首页如图 7-17 所示，首页页面详解如表 7-2 所示。

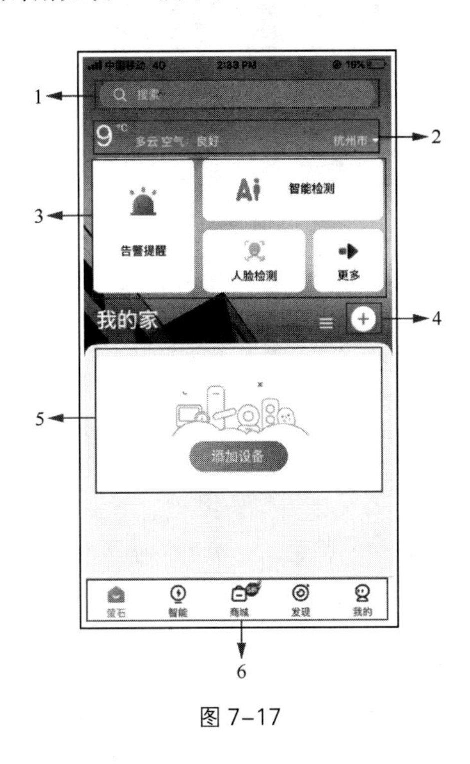

图 7-17

表 7-2　萤石云视频 App 首页页面详解

序号	名称	功能
1	搜索栏	搜索设备、事件、短视频等
2	天气查看	查看对应城市的天气情况以及空气质量
3	信息栏	根据用户添加的设备，展示设备上传的报警信息
4	操作栏	支持添加设备、创建家庭、添加智能场景、设备分享等
5	视频区	添加设备后可展示所有设备默认的视频卡片，查看设备基本信息
6	主菜单	从左往右依次为萤石首页、智能模块（对添加的智能设备进行控制）、萤石商城、发现（萤石社区模块）、我的（用户管理、增值服务、第三方服务以及其他辅助功能）

1. 用户管理

萤石云视频 App 支持用户使用手机号注册账号，注册成功后可通过手机号、账号密码或绑定的第三方账号如微信、京东、淘宝、钉钉账号等进行一键登录，登录成功后可设置、修改用户基本信息。

为保证用户的账号安全，萤石云视频 App 支持修改密码、更改手机号、与第三方账号绑定，同时也支持终端绑定、指纹绑定、查看操作日志等，如图 7-18 所示。

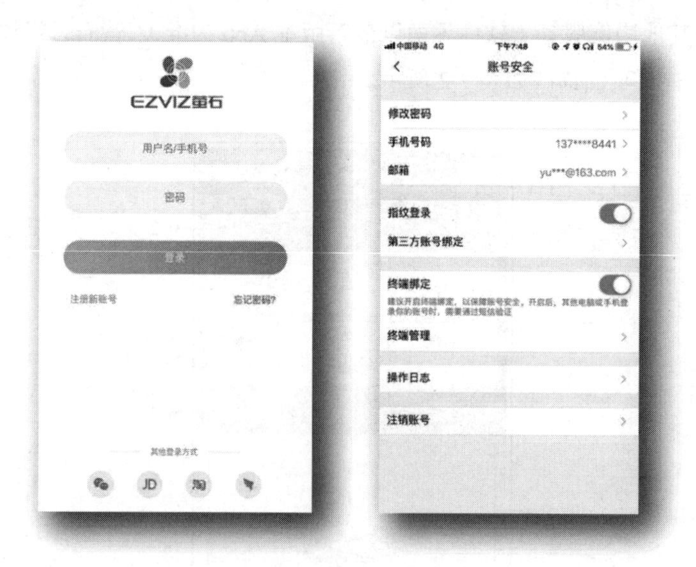

图 7–18

2. 设备管理

作为设备和用户之间的连接，萤石云视频 App 支持添加设备、配置设备网络、查看设备信息、远程控制设备等操作。

（1）添加设备

为减少用户操作难度，萤石云视频 App 目前支持两种设备添加方式：扫描设备机身二维码进行添加；输入设备 9 位序列号进行添加。已联网设备和未联网设备的添加过程有所区别。

针对已联网设备，直接在萤石云视频 App 首页设备添加界面点击“添加”，扫描设备机身二维码或输入设备序列号即可添加成功。添加成功后，可在视频区位置查看所有在线设备的视频画面卡片。

针对未联网设备，可在萤石云视频 App 首页设备添加界面点击“添加”，按照 App 提示的步骤对设备进行网络参数配置，快速实现设备和客户端网络互通。网络配置成功后即可正常添加设备。萤石云视频 App 为更好地兼容不同类型的 Wi-Fi 摄像机，支持多种网络配置方式，如 SmartConfig 配置、二维码配置、声波配置和 AP 模式配置等。萤石云视频 App 可根据具体摄像机支持的 Wi-Fi 配置方式引导用户配置网络（配置界面如图 7-19 所示）。

• SmartConfig 配置：硬件设备支持该配置方式时，可以通过 App 一键模式配置硬件设备的 Wi-Fi 网络。

• 二维码配置：App 可生成无线 Wi-Fi 的二维码，硬件设备通过扫描二维码配置网络。

• AP 模式配置：硬件设备支持 AP 模式时，App 可通过连接设备 AP 配置网络。

• 声波配置：App 支持声波传输配网信息，硬件设备接收声波信息配置网络。

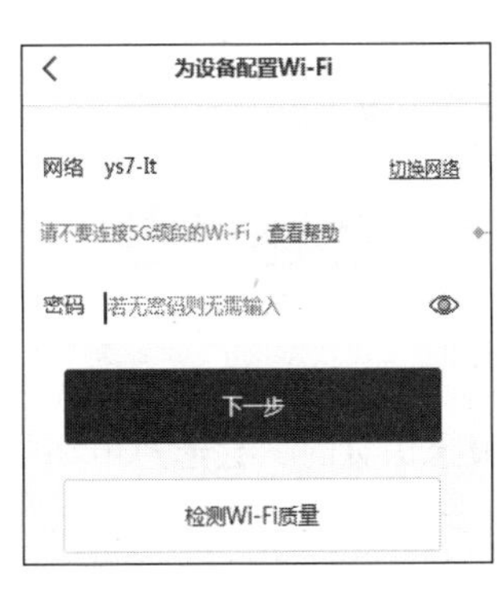

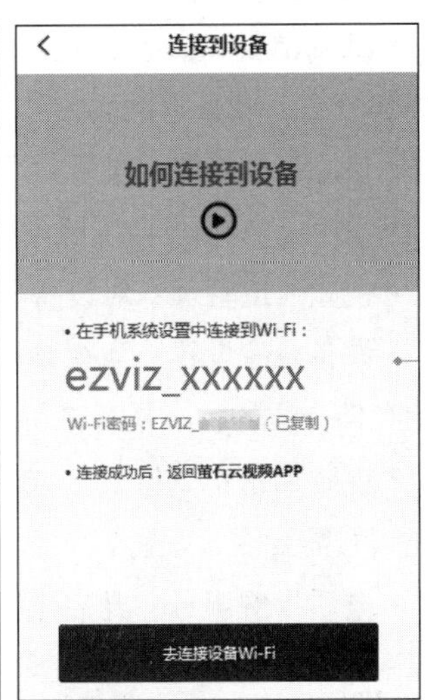

图 7–19

（2）查看设备信息

萤石云视频 App 添加设备后支持在视频区查看设备基础信息，如设备名称、是否在线、电池状态、Wi-Fi 状态等，还支持展示一些专用产品的特殊信息，如图 7-20 所示为空气检测仪的温湿度信息等。

（3）设备远程配置

萤石云视频 App 可通过点击已添加设备右侧的 ••• 进入设备远程配置界面。不同设备支持配置的功能存在差异，图 7-21 所示为硬盘录像机的远程配置界面。萤石云视频 App 支持对添加的硬盘录像机进行基础信息设置、检测提醒设置、视频通道管理、设备录像设置、视频加密、电话提醒服务以及其他高级设置等操作。

图 7–20

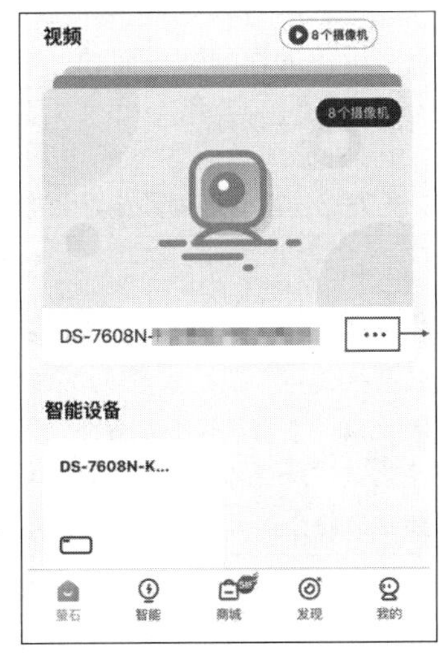

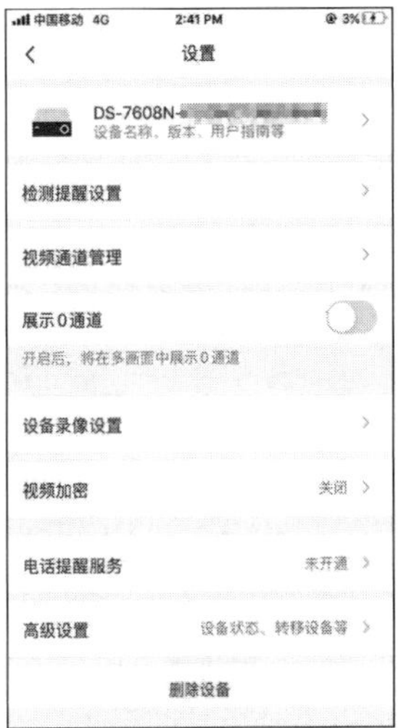

图 7–21

• 基础信息设置：查看设备基础信息（型号、序列号、设备版本号等）、修改设备名称和分组、设备版本检测升级、获取设备相关用户指南。

• 检测提醒设置：设置是否开启消息提醒、接收消息的时间间隔以及消息提醒计划。开启计划后，App 将会按照设置的计划时间自动开启或关闭消息提醒。

• 视频通道管理：对设备分组下的单个通道进行管理、分享以及设置视频封面图片。

• 设备录像设置：为视频设备关联录像存储介质（如 SD 卡、萤石云存储），也支持检测存储介质的状态是否正常。

• 视频加密：支持开启或关闭视频图片码流加密功能。开启后，其他人或设备在查看视频时需要输入密钥。

• 电话提醒服务：开启电话提醒服务后，当设备产生报警信息时，会通过电话的方式提醒用户，保证事件得到及时处理。

• 高级设置：支持开启设备下线提醒功能，支持转移设备给他人使用。

3. 视频功能

萤石云视频 App 可通过首页视频区的设备卡片，进入设备视频画面，对设备进行预览、录像回放、语音对讲、云台控制等操作。

（1）预览

在视频区点击设备分组卡片，App 界面将会展示该设备分组下所有通道的视频集合，点击某一个监控点即可进入视频界面。在预览过程中，可以对视频进行播放 / 暂停控制、声音开关和音量调节。预览过程中可以放大，同时支持切换高清、省流量模式，以适用不同网络环境。设备远程预览界面如图 7-22 所示，界面功能介绍如表 7-3 所示。

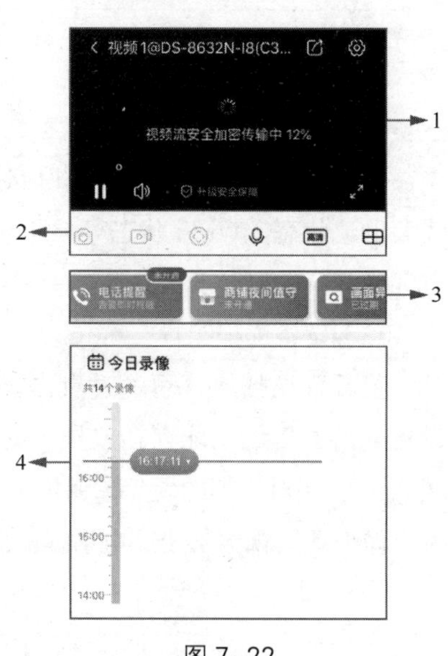

图 7–22

表 7–3 设备远程预览界面功能介绍

序号	名称	功能
1	播放区	可对视频进行播放暂停以及声音控制（向设备取流需要一段加载时间）
2	快捷操作区	从左往右依次为：手动抓图，App 抓取一张当前播放的视频画面图片存储到手机端；手动录像，App 手动录制一段当前播放的视频画面录像存储到手机端；对设备进行云台控制；开启或关闭设备语音对讲功能；切换视频画面的分辨率；支持一个设备分组下的所有通道同时多画面预览
3	增值服务区	可查看、开启 App 支持的一系列增值服务
4	录像查询区	可查询设备存储的录像文件，默认显示当天的所有录像内容，点击可跳转录像回放界面

（2）录像回放

萤石云视频 App 可通过录像查询区域检索设备的录像文件并进行播放，支持按时间点、天、月等条件检索录像文件。在录像回放的过程中，可通过工具栏控制录像的播放 / 暂停，支持录像播放回退 10s、录像倍速回放、对录像画面进行抓图、手动录像等。图 7-23 所示为录像回放界面，界面功能介绍如表 7-4 所示。

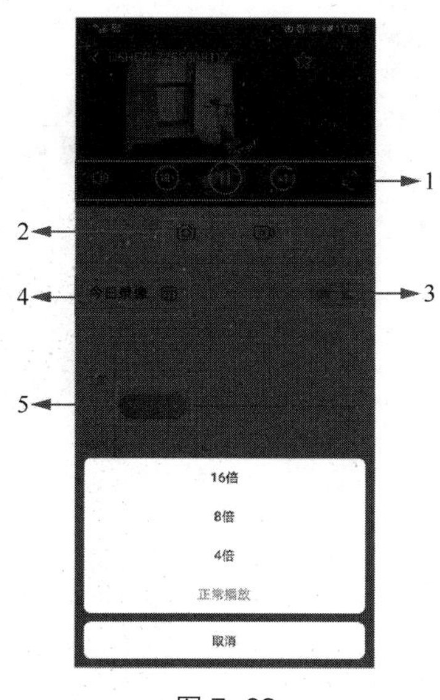

图 7-23

表 7-4　录像回放界面功能介绍

序号	名称	功能
1	播放控制	从左往右依次为：声音开关；录像播放回退 10s；控制视频播放和暂停；录像倍速回放（支持多种倍速选择，如 4 倍速、8 倍速以及 16 倍速等）；全屏显示
2	快捷操作区	从左往右依次为：手动抓图；手动录像
3	存储介质选择	选择录像来源，一般可选存储在 SD 卡或者云存储服务器中的录像文件进行回放
4	查询指定日期的录像	可通过日历表，选择按天、按月检索录像文件
5	查询指定时间点的录像	可通过录像时间轴，精确按照时间点检索录像文件

（3）语音对讲

萤石云视频 App 支持通过预览界面下方快捷操作区的语音对讲按钮与设备端用户发起语音对讲。语音对讲指客户端软件与网络设备之间建立的双向语音通信，一般对讲由客户端软件发起，设备端需要支持语音对讲功能，且内嵌或外接拾音器和功放装置以采集用户声音并播放客户端传输过来的语音。设备语音对讲界面如图 7-24 所示。

（4）云台控制

萤石云视频 App 可通过预览界面下方快捷操作区的云台控制按钮对设备进行云台控制。在实际应用场景中，用户可通过该功能转动摄像头，重点监控需要关注的区域。云台控制支持左右操作、上下操作、云台变焦和调用预置点，可以快速调整摄像头拍摄角度，真正实现想看哪里看哪里。设备云台控制界面如图 7-25 所示。

图 7-24

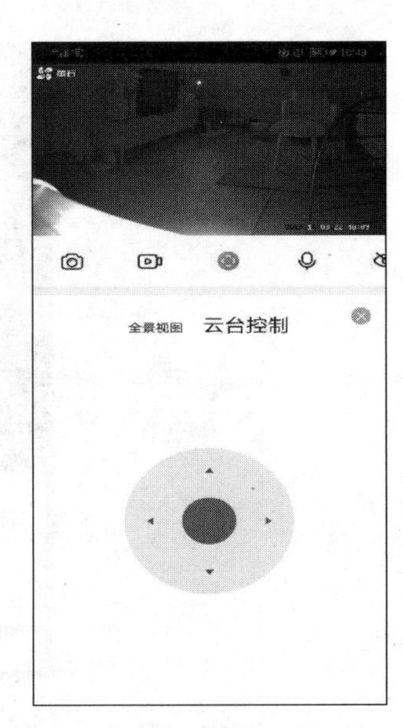

图 7-25

（5）云存储

萤石云视频 App 支持用户自主开通云存储服务，开通后视频将自动上传至云存储服务器，设备掉线时也能查看历史录像。区别于传统的硬盘录像机、SD 卡等存储介质，云存储为用户录像存储提供一种新的选择，在某种程度上大大降低了硬盘、SD 卡损坏导致的数据丢失风险，保障视频数据安全。

选择云存储服务的用户可参考“录像回放”中的详细介绍，也可以按时间点、天、月等条件检索录像文件并进行播放。

4. 消息推送

萤石云视频 App 可推送设备上传的信息，告知用户当前设备或监控区域的情况，使其及时做出反应。

根据消息推送方式的不同，可分为应用外推送和应用内推送。应用外推送指未打开 App 时推送至用户手机的可查看消息；应用内推送指打开 App 时在 App 首页可查看的消息。设备应用消息推送界面如图 7-26 所示。

根据消息推送内容的不同，一般可划分为告警提醒、智能检测、人脸检测、出入提醒、门铃呼叫、系统通知、留言信息以及客流统计等，不同的检测功能需要不同类型的设备支持。

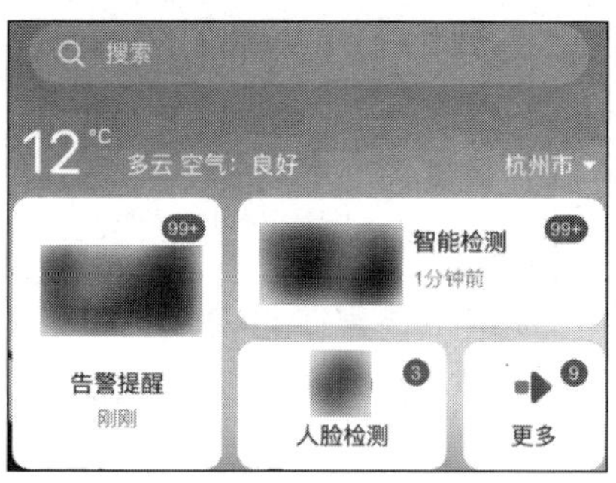

图 7-26

用户可通过萤石云视频 App 首页视频区设备卡片上的“检测提醒设置”按钮对设备进行相关参数配置。支持选择检测类型、绘制检测区域（默认全屏）、调节检测灵敏度、按时间段设置提醒计划、配置设备提醒方式等功能，图 7-27 右侧所示为检测提醒设置界面。左图下方右上角的小人标志用来提示已设置画面变化检测。设置完成后，只要画面出现变化，就会推送报警信息。

图 7-27

7.3　常用工具软件介绍

· 学习背景

在监控系统的日常管理和维护中，通常需要借助一些辅助类的工具软件快速进行设备选型、视频播放、设备配置调试、视频处理以及相关问题排查，如播放器、设备网络搜索软件 SADP 以及安防计算类工具等，这些都是安防工程师必需的工作助手。

• **关键知识点**

✓ 播放器的功能与应用

✓ 设备网络搜索软件 SADP 的功能与应用

✓ 安防计算类工具的功能与应用

7.3.1 播放器

1. 软件概述

以海康威视的播放器 VSPlayer 为例，该播放器主要用于播放海康威视编码设备的录像，支持标准 H.264、Smart264、标准 H.265、SVAC、标准 MPEG4 等编码格式码流的播放，还可实现倍速回放、同步回放、硬解码、鱼眼播放、鹰眼播放、多路剪切等功能。

2. 运行环境

• 操作系统：Microsoft Windows XP 或以上版本的中英文操作系统。

• CPU：Intel Pentium 4 3.0GHz 或以上。

• 内存：512MB 或更高。

• 显卡：RaDeon X700 Series。

• 分辨率：1024px × 768px 或更高。

3. 功能应用

VSPlayer 显示界面及介绍分别如图 7-28、表 7-5 所示。

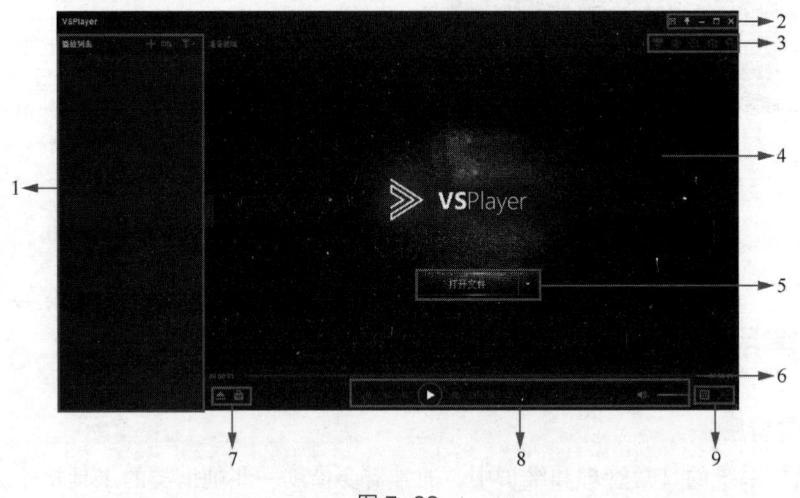

图 7-28

表 7-5 VSPlayer 显示界面介绍

序号	名称	功能
1	播放列表	显示添加到播放器待播放的文件列表，支持添加文件、清空播放列表、播放模式选择等功能
2	基本菜单	从左到右依次为更多（打开文件、语言设置、设置、关于等功能）、播放器置顶、最小化、最大化、关闭
3	快捷方式	从左到右依次为鹰眼播放、鱼眼播放、局部放大、截图、连拍
4	播放器显示窗口	显示播放的图像画面
5	打开文件快捷方式	打开文件 / 文件夹 /URL
6	播放进度条	显示当前文件播放进度
7	快捷方式	打开文件 / 文件夹 /URL、工具箱（剪切 / 隐私设置）
8	播放控制栏	从左到右依次为开启倒放、减速播放、单帧回退、播放 / 暂停、停止、单帧回放、倍速播放、同步回放、音量控制
9	播放窗口设置	播放窗口布局，设置当前播放器播放窗口为 1×1、2×2、3×3、4×4 格式

• 鹰眼播放功能：针对鹰眼摄像机的播放模式，可实现鹰眼拼接播放效果。

• 鱼眼播放功能：针对鱼眼摄像机的播放模式，可进行鱼眼展开[34]播放效果。

• 局部放大功能：正常播放文件状态下，框选需要局部放大的区域，通过软件实现局部放大播放的效果。

• 截图功能：在视频播放过程中，截取当前显示的视频画面，并保存为图片文件，支持 JPEG 和 BMP 格式。

• 连拍功能：在视频播放过程中，连续截取指定间隔的视频图片，并保存为图片文件，支持按时间间隔、帧间隔进行截图，连拍最大张数为 200 张。

• 剪切功能：按照选择的时间点将本地文件从原有录像文件中裁剪出来，单独保存为一个录像文件。

• 转码功能：按照设置的参数，将本地文件、视频流转换成指定要求的视频文件，转码输出支持的封装格式有 HIK、MPEG2-PS、MPEG2-TS、RTP、MP4、3GPP、MOV、AVI、FLV、ASF，视频编码格式有 H.264、MJPEG，音频编码格式有 MPEGA、AAC、G711A、G711U、G722、G726、PCM、NONE。

• 合并功能：将音视频编码格式及封装格式一致的多个文件，按照一定顺序合并成一个文件。

• 串流功能：将本地文件、网络流、桌面流（播放器所在计算机的桌面画面）通过播放器转换成网络流的形式进行发布，以供其他播放器等客户端进行取流预览，支持的

34 鱼眼展开：鱼眼相机获取的图像由于产生了形变，无法通过直接拼接得到全景图像，鱼眼展开将不同角度的图像进行特征匹配和形变，使它们可以被拼接。

协议有 RTSP、HLS、RTMP。

7.3.2 设备网络搜索软件

1. 软件概述

SADP 是一款用于搜索在线设备的软件。该软件可以搜索同一局域网内同网段所有在线的海康威视设备，并且可以获取设备的相关信息，例如设备型号、设备版本、IP 地址、设备序列号等。SADP 也可以用于激活设备、修改设备的网络参数、恢复或重置设备的密码等，是一款实用的工具软件。SADP 软件下载如图 7-29 所示。

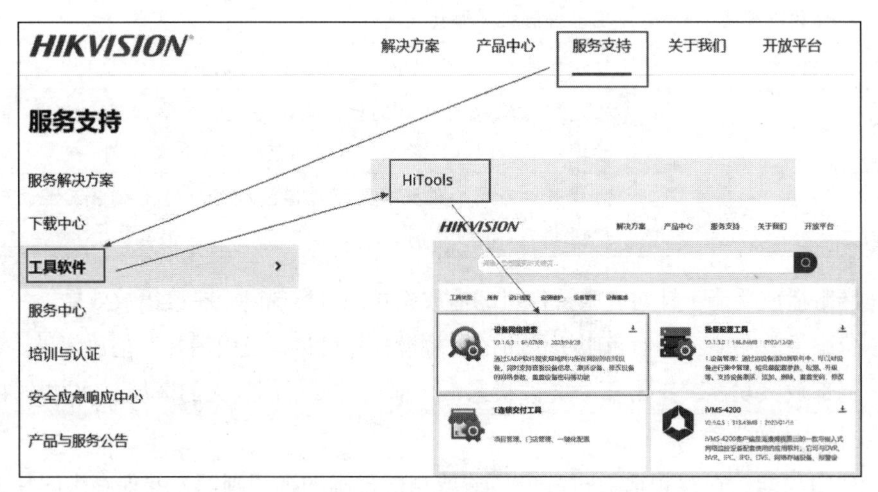

图 7-29

2. 运行环境

- 操作系统：Microsoft Windows 10/Windows 8/Windows 7/Windows 2008（32/64 位系统）、Windows XP SP3（32 位系统）。
- CPU：Intel Pentium4 3.00GHz 或以上。
- 内存：1GB 或更高。
- 显卡：RaDeon X700 Series。
- 显存：256MB 或更高。
- 分辨率：支持 1024px × 768px 或更高。

3. 功能应用

SADP 常用于项目建设初期、后期维护场景。项目建设初期，SADP 可以快速对局域网下设备进行激活、网络配置，以及导出设备信息等操作；项目维护阶段，SADP 可以在不熟悉的网络环境下，快速获取对应的设备信息，发现需要维护的设备，以及恢复设备密码等。SADP 显示界面及功能介绍分别如图 7-30、表 7-6 所示。

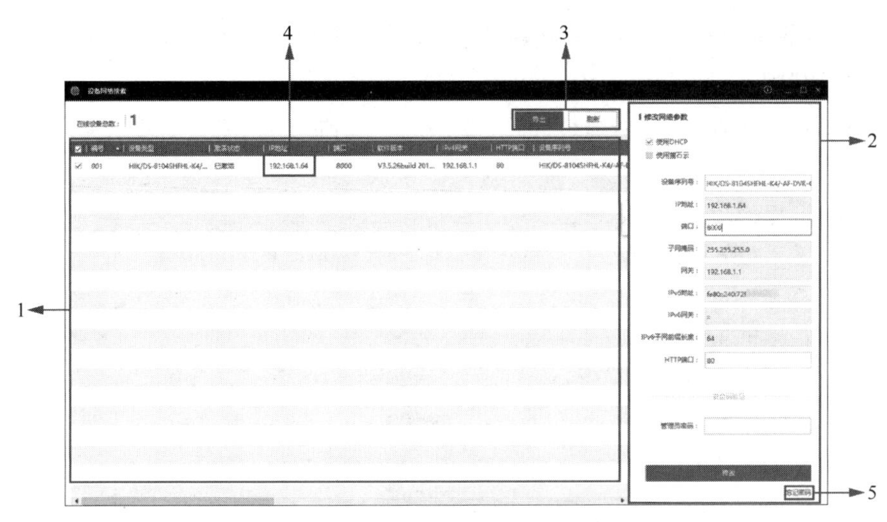

图 7-30

表 7-6　SADP 界面功能介绍

序号	名称	功能
1	设备搜索结果展示区域	可查看具体的设备型号、版本信息、IP 地址等，支持选中设备进行后续操作
2	设备网络参数操作区域	未激活设备：可对设备进行激活操作，设置密码和密码恢复方式，也可对设备萤石云、Wi-Fi 等功能进行配置（需设备支持）。 已激活设备：调整网络相关参数，如 IP 地址、网关等
3	导出和刷新	导出：以 Excel 文件的形式导出软件当前所检索到的所有设备信息，文件中包含设备列表中所有设备的编号、设备类型、IP 地址、端口、软件版本等信息。 刷新：手动刷新检索结果
4	快速访问功能	双击对应设备的 IP 地址，可以快速打开浏览器访问对应设备
5	恢复密码入口	可通过导入导出密钥方式、GUID 方式、安全问题方式（需设备支持）进行密码恢复操作（详细方法在后文讲解）

7.3.3　安防计算类工具

在安防项目中，需要提前计算许多重要参数（例如网络带宽、存储空间、布线长度等）并规划相关配件。下文将以网络带宽计算和录像容量计算为例，介绍海康威视相关安防计算类工具的使用方法。

1. 网络带宽计算工具

安防已全面进入网络时代，网络带宽计算是安防项目的基础。我们以一个基础的项目为例：某厂区需要采购一批监控设备，对厂区的两个楼层进行监管。由于监控要求不同，该厂分别采购了两类仅支持 H.264 编码的摄像机：5 个最大分辨率支持 400W 的摄像机和 12 个最大分辨率支持 200W 的摄像机。那么该项目需要使用千兆的交换机还是百兆的交换机呢?

海康威视官网和“海康威视 Online”微信小程序均提供网络带宽计算工具，如图 7-31 所示。

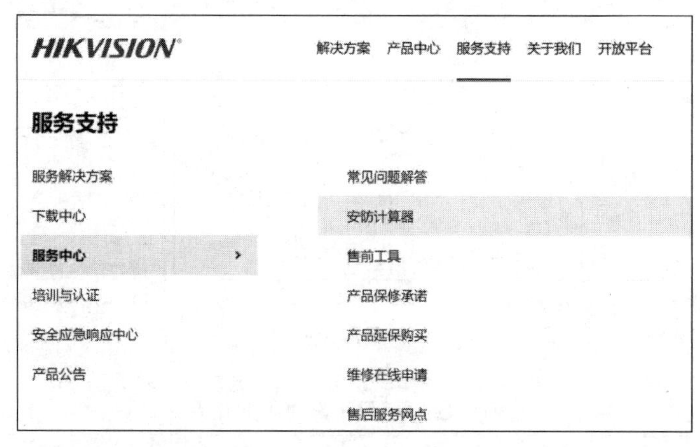

图 7–31

下面以“海康威视 Online”微信小程序为例，介绍网络带宽计算工具的使用步骤。

① 在微信中打开“海康威视 Online”小程序，选择“安防工具”，如图 7-32 所示。

② 进入安防工具的主界面，选择“带宽计算”，如图 7-33 所示。

③ 进入“带宽计算”界面，如图 7-34 所示。

图 7–32

图 7–33

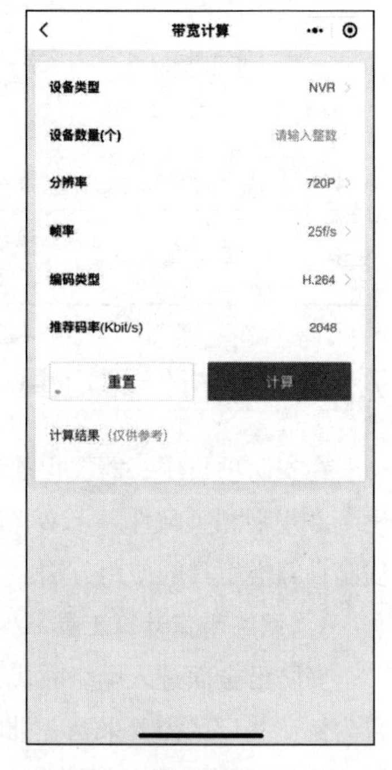

图 7–34

④ 选择当前需计算带宽的前端设备类型（默认为 IPC），输入前端设备的数量，根据当前 IPC 的分辨率、帧率、编码类型选择对应项目，点击“计算”后，在计算结果中显示“所需带宽”的推荐值，如图 7-35 所示，根据该推荐值可对交换机等网络设备进行选型。

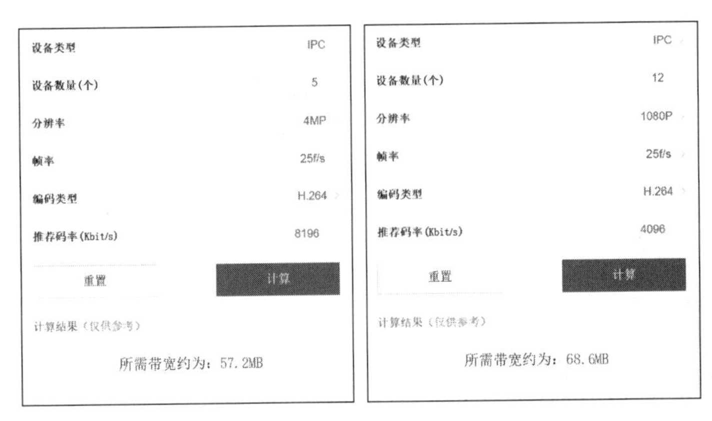

图 7-35

根据计算结果，示例项目所需带宽为 57.2+68.6=125.8（MB），因此建议选择千兆交换机。

2. 录像容量计算工具

录像是视频监控系统不可或缺的功能，网络视频监控系统的视频信息通常保存在硬盘录像机的硬盘上。录像容量决定所需硬盘的空间大小，是选择硬盘的依据。因此，计算录像容量也是视频监控系统工程必不可少的工作内容。

通过海康威视官网中的“安防计算器”或“海康威视 Online”微信小程序“安防工具”中的“录像容量”，可以对录像容量进行计算。

下面以“海康威视 Online”微信小程序为例，介绍相关工具的使用方法。假设现场有 44 个摄像头，采用 H.265 编码（码率近似为 2Mbit/s），视频存储时间为 60 天。在“安防工具”中选择“录像容量”后，在“录像容量”界面中输入相应值，点击“计算”，则可得到推荐的录像容量，如图 7-36 所示。

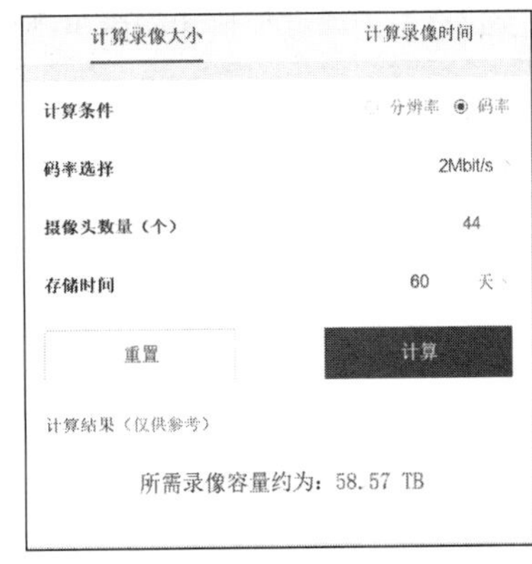

图 7-36

工具计算结果为 58.57TB。在得到了存储所需的容量后，需要选择硬盘。硬盘在实际存储的过程中，由于文件碎片等原因会有一定的损耗，实际可存储空间不能达到标准数值。以 6TB 硬盘为例，全新的 6TB 硬盘在格式化后可用空间一般在 5700GB 左右，为满足现场的存储需求，需要 11 块 6TB 硬盘。

• 存储空间：

1B（Byte，字节）= 8bit（比特）;

1KB = 1024B ;

1MB = 1024KB；

1GB = 1024MB；

1TB = 1024GB。

• 码率基本公式：

$$码率（Kbit/s）= \frac{文件大小（KB）\times 8}{时间（s）}$$

• 码率换算：

1Kbit/s = 1024bit/s；

1Mbit/s = 1024Kbit/s；

1Gbit/s = 1024Mbit/s。

本章总结

本章主要介绍了综合安防系统中常用的 iVMS-4200 客户端、萤石云视频 App 以及其他几种辅助型工具软件的功能应用。由于综合安防系统中涉及设备的种类和数量众多，要想实现对设备统一有效的管理和运维，熟练掌握上述各类软件的操作非常必要。

思考与练习

1. iVMS-4200 客户端当前支持哪些设备类型？
2. 简述 iVMS-4200 客户端的主要功能。
3. 萤石云视频 App 支持哪些操作？
4. 现有一栋 24 层的大楼，每个楼层的电梯厅需要加装 2 个分辨率为 1080P 的摄像机（H.265 编码，码率 2Mbit/s），当地要求大楼录像最少需要存储 60 天。若采购 6TB 的硬盘，需要多少块才能满足现场需求？

第 8 章

综合安防工程的布线

• 学习背景

线缆是综合安防系统布线工程的基础性材料，线缆选型是否准确、施工是否规范将直接决定系统的安全性和可靠性。综合安防系统中常用的线缆有电力电缆和通信信号线缆等，不同线缆的性能、布线方法以及应用特点均有所不同。

管槽也是布线工程的重要组成部分。管槽通常包括线槽、管道和桥架，可对各类线缆起到保护作用，是布线质量的重要保证，因此要十分重视管槽系统的设计和施工操作。

布线工程中，需用到较多的工具，根据应用性质的不同，可分为施工工具和检测工具，准确地选择工具进行施工和检测，也是作业人员必不可少的工作技能之一。

安防工程的整体实施过程都离不开国家或地方相关标准的参照和指导，尤其是标准中的部分强制性条款，作业人员必须熟悉且严格遵守，否则工程将无法通过验收。

• 关键知识点

✓ 综合安防工程常用线缆的识别与应用
✓ 综合安防工程常用管槽的识别与应用
✓ 综合安防工程布线施工常用工具
✓ 布线施工规范

8.1 综合安防工程常用线缆

1. 电源电缆

综合安防系统所需电源类型主要是直流电和交流电，常见的供电方式有点对点供电、集中供电和以太网供电。

（1）电源类型

直流电（direct current，DC），又称“恒流电”，恒定电流是直流电的一种，直流电是大小（电压高低）和方向（正负极）都不随时间（相对范围内）变化的电流，比如干电池提供的就是直流电。

交流电（alternating current，AC）是指电流大小和方向随时间周期性变化的电流，在一个周期内的平均电流为零。交流电被广泛运用于电力的传输，通常生活中使用的市电就是具有正弦波形的交流电。

（2）供电方式

① 点对点供电。点对点供电是指直接引用交流 220V 电源，根据终端设备工作电压范围按需选配电源适配器，由电源适配器将电源转换至符合终端设备用电要求的供电方式。点对点供电采用交流 220V 直接传输的方式，在传输过程中电压损耗低、抗干扰能力强，但每个点均需安装电源，相对来讲，施工复杂，线缆成本高。

例如，网络摄像机工作电压为 12V，需要单独在网络摄像机端加电源适配器，图 8-1 所示为网络摄像机标签，图 8-2 所示为电源适配器。

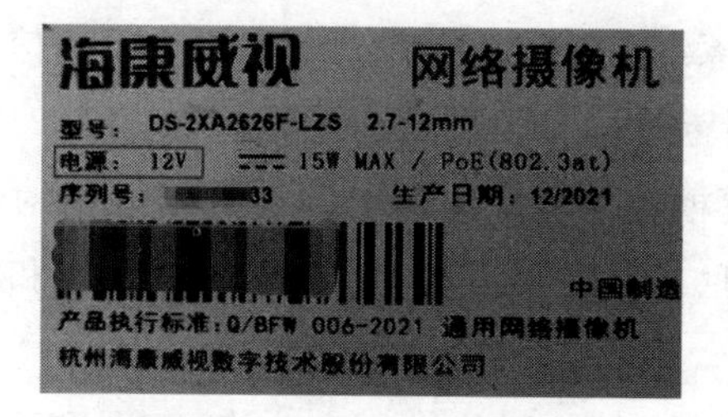

图 8–1

图 8–2

② 集中供电。集中供电是指将电源设备集中安装在电力室或电池室，电能经统一变换分配后向各终端设备供电的方式。该方式的优点在于可对供电进行统一的控制和管理，减少工程线缆的使用，美化工程走线等。在应用时，需确保集中供电设备总容量大于后级各负载业务容量之和，也需考虑前级线缆线径应满足后级所有负载的电流线径需求。

例如，在监控室或者某个中间点，先在 AC 220V 电源处接 DC 12V 开关电源，再通过电源线从 DC 12V 开关电源分别接到各个监控设备，从而完成对监控设备的集中供电。相较于点对点供电，集中供电施工更方便，维护更便利，但因采用直流低压供电，传输过程中抗干扰能力较差、传输距离过远，会导致电压损耗较高。

③ 以太网供电。在综合安防系统中，若有支持以太网供电的设备，则可直接选择用以太网供电。

以太网供电部署灵活，能在确保现有综合布线安全的同时保证网络的正常运作，最大限度地降低成本，但对网线质量要求较高，传输距离有限。

目前以太网供电标准应用最多的现行国际标准有 IEEE 802.3af 和 IEEE 802.3at。两者在输出功率和电压上有本质的区别，主要适用于不同功率要求的受电端设备。主要参数见 2.4.2 小节表 2-2“802.3af 和 802.3at 对比”。更详细内容可以参见行业标准《以太网供电（PoE）系统工程技术标准》。

以太网供电设备有 PoE 中跨、PoE 分离器、PoE 交换机等，如表 8-1 所示。

表 8-1　以太网供电设备

以太网供电设备	外观	说明
PoE 中跨		应用于普通交换机与网络终端设备之间，可以通过网线给网络终端设备供电
PoE 分离器		将电源分离成数据信号和电力，有两根输出线，一根是电力输出线，一根是网络数据输出线即普通网线。电力输出线可以匹配各种 DC 输入的非 PoE 受电终端，普通网线直接接到非 PoE 受电终端的网口
PoE 交换机		为网络终端传输数据信号的同时，还能为网络终端提供直流电

（3）线缆选材

电源线都存在一定的电阻，使线路在输电时产生电压损耗。电压损耗主要和传输线缆的电阻率、线径、横截面积、传输距离等有关。

① 电阻计算。电阻计算公式：

$$R=\frac{\rho L}{S}。$$

其中 ρ 为电阻率，L 为材料的长度，S 为横截面积。从公式可以看出，在材料和横截面积不变时，材料的电阻大小与材料的长度成正比，长度越长，材料电阻越大；在材料和长度不变时，横截面积越大，电阻越小。

例如，采用 200m 长的 RVV2×1.0 的铜线作为电源线，已知铜线的电阻率为 0.01851Ω · mm^2/m，则该电源线的电阻阻值 R=0.01851×200÷1×2=7.404（Ω）。

② 传输距离计算。例如，为一只要求工作电压为 AC 12V，工作最大电流为 0.5A 的摄像机供电时，用 AC 15V 电源进行远端供电，采用 RVV2×1.0 的铜导线进行供电传输，线路最大长度如何计算？

解：$U=IR$，其中 U 为电压，I 为电流，R 为电阻。通过公式，可以计算出电源导线电阻值，R=（15-12）÷0.5=6（Ω）。

通过电阻计算公式推出导线长度 $L=R\times S\div\rho$，即 L=6×1÷0.01851=324（m）。

RVV2×1.0 为 2 芯 1.0mm^2 的导线，所以实际传输距离减半，即 162m。

若需要通过传输距离来快速选择线径，也可以通过查询线径与传输距离表来估算。如当线径大小一定，AC 24V 电压损耗率低于 10%（对于交流供电的设备），推荐的最大传输距离如表 8-2 所示。由表 8-2 可得，一台设备额定功率为 80W，安装在离变压器

35ft（英尺，1ft = 0.3048m，约合 10m）远处，需要的最小线径大小为 0.8000mm。

表 8-2 AC 24V 线径与传输距离（单位：m）关系

传输功率 /W	线径 /mm			
	0.8000	1.000	1.250	2.000
10	283（86）	451（137）	716（218）	1811（551）
20	141（42）	225（68）	358（109）	905（275）
30	94（28）	150（45）	238（72）	603（183）
40	70（21）	112（34）	179（54）	452（137）
50	56（17）	90（27）	143（43）	362（110）
60	47（14）	75（22）	119（36）	301（91）
70	40（12）	64（19）	102（31）	258（78）
80	35（10）	56（17）	89（27）	226（68）
90	31（9）	50（15）	79（24）	201（61）
100	28（8）	45（13）	71（21）	181（55）
110	25（7）	41（12）	65（19）	164（49）
120	23（7）	37（11）	59（17）	150（45）
130	21（6）	34（10）	55（16）	139（42）
140	20（6）	32（9）	51（15）	129（39）
150	18（5）	30（9）	47（14）	120（36）
160	17（5）	28（8）	44（13）	113（34）
170	16（4）	26（7）	42（12）	106（32）
180	15（4）	25（7）	39（11）	100（30）
190	14（4）	23（7）	37（11）	95（28）
200	14（4）	22（6）	35（10）	90（27）

当线径大小一定，DC12V 电压损耗低于 15% 时，推荐的最大传输距离如表 8-3 所示，线径适用于单根、实心、圆形的铜线。

表 8-3 DC 12V 线径与传输距离（单位：m）关系

传输功率 /W	线径 /mm			
	0.8000	1.000	1.250	2.000
10	97（28）	153（44）	234（67）	617（176）
20	49（14）	77（22）	117（33）	308（88）
24	41（12）	64（18）	98（28）	257（73）
30	32（9）	51（15）	78（22）	206（59）

续表

传输功率 /W	线径 /mm			
	0.8000	1.000	1.250	2.000
40	24（7）	38（11）	59（17）	154（44）
48	20（6）	32（9）	49（14）	128（37）
50	19（6）	31（9）	47（13）	123（35）
60	16（5）	26（7）	39（11）	103（29）
70	14（4）	22（6）	33（10）	88（25）
80	12（3）	19（5）	29（8）	77（22）
90	10.8（3.1）	17（5）	26（7）	69（20）
100	9.7（2.8）	15（4）	23（7）	62（18）
110	8.9（2.5）	14（4）	21（6）	56（16）
120	8.1（2.3）	13（4）	20（6）	51（15）
130	7.5（2.1）	11.8（3.4）	18（5）	47（14）
140	7（2）	11（3.1）	17（5）	44（13）
150	6.5（1.9）	10.2（2.9）	16（4）	41（12）
160	6.1（1.7）	9.6（2.7）	15（4）	39（11）
170	5.7（1.6）	9（2.6）	14（4）	36（10）
180	5.4（1.5）	8.5（2.4）	13（4）	34（10）
190	5.1（1.5）	8.1（2.3）	12（4）	32（9）
200	4.9（1.4）	7.7（2.2）	11.7（3.3）	31（9）

（4）电源连接器

电源连接器是指电源线连接综合安防设备的机械设备，综合安防系统中常用的电源连接器规格有品字接头、Φ5.5mm 圆头、接线端子、RJ-45 接口。

① 品字接头：如图 8-3 所示，从左到右分别为母头、公头和两者的连接图，常用于有 AC 供电要求的硬盘录像机、人员通道、显示设备、服务器以及电源适配器等硬件的连接。

图 8–3

② Φ5.5mm 圆头：常见于有 DC 供电要求的摄像机供电接口，直径 5.5mm，摄像机

是受电端，其接口为母头。圆头电源连接器如图 8-4 所示。

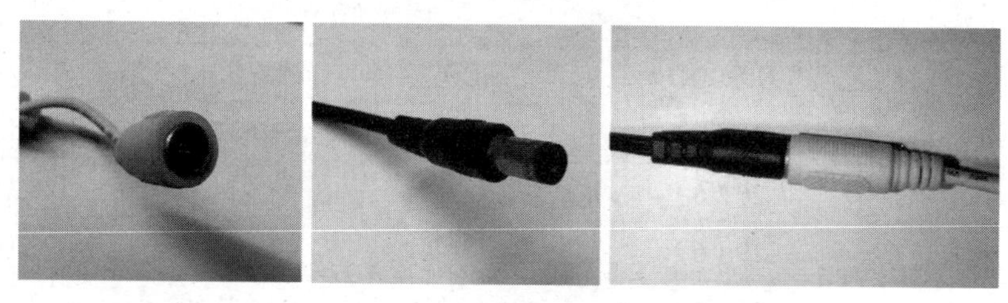

图 8–4

③ 接线端子：DC 供电与 AC 供电均有使用，通常为两芯或三芯的绿头端子（间距 3.81mm），同时配有正极、负极、接地的线束标记，优点是方便与两线式的电源适配器进行接线。两线式电源适配器与接线端子连接如图 8-5 所示。

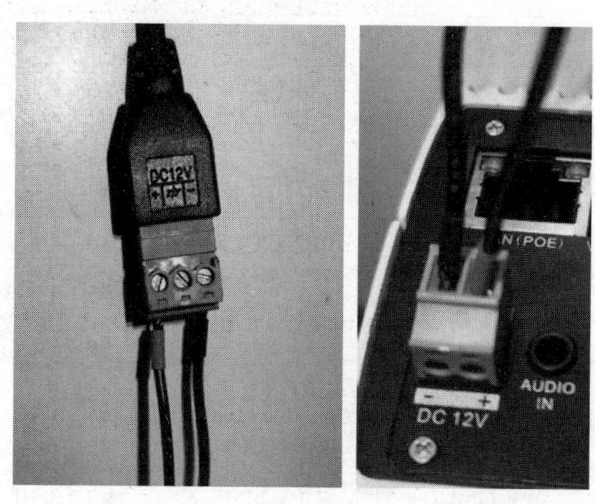

图 8–5

④ RJ-45 接口：在使用 PoE 供电时，通过双绞线与 PoE 供电端相接。RJ-45 电源连接器如图 8-6 所示。

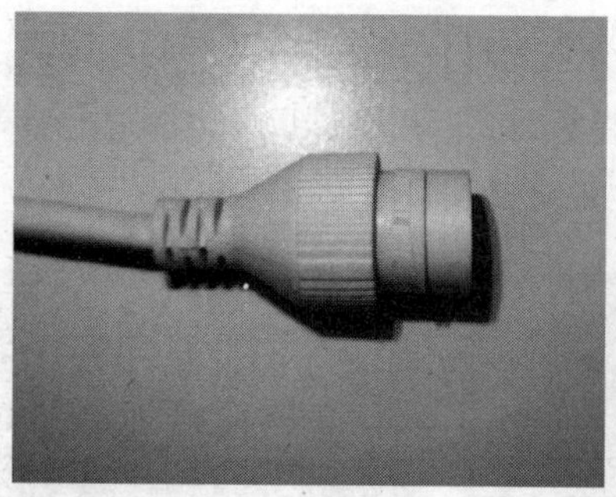
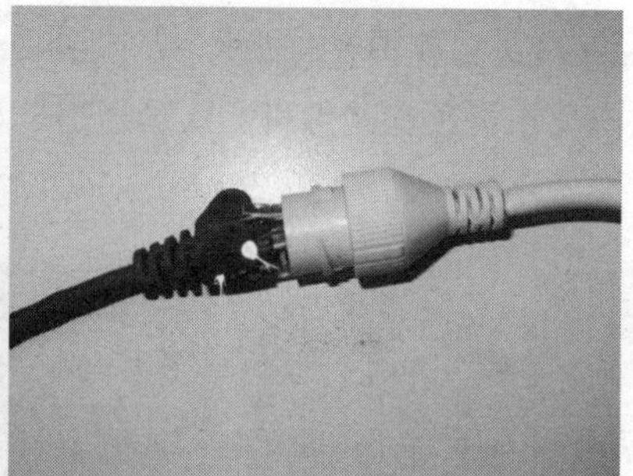

图 8–6

2. 通信信号线缆

通信信号线缆指的是传输除电源信号以外其他信号的线缆。综合安防系统通常包括视频监控系统、入侵报警系统、门禁系统、停车场安全管理系统、可视对讲系统等，系统功能丰富，信号类型多种多样，常见的有视音频信号、报警信号以及控制信号等，实际工程中要根据传输信号的类型以及系统性能要求对线缆进行选择。

综合安防工程中常见的通信信号线缆有同轴电缆、双绞线、光缆和其他信号电缆等。

（1）同轴电缆

同轴电缆（coaxial cable）是指有两个同心导体，导体和屏蔽层共用同一轴心的电缆。常见的同轴电缆结构如图8-7所示。因其具有屏蔽性能好、抗干扰能力强等特点，被广泛应用于数据传输与图像传输中。

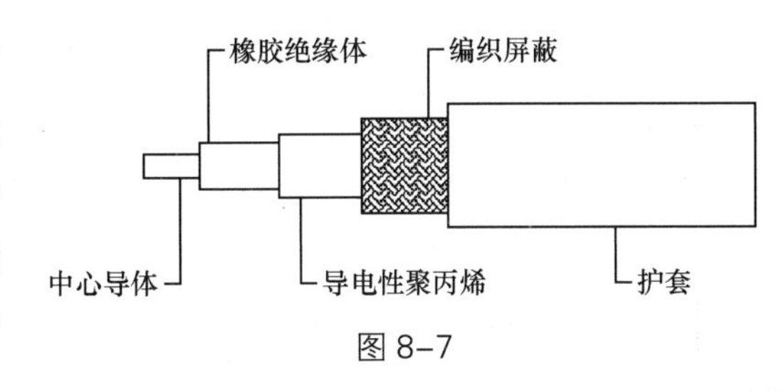

图8–7

① 同轴电缆的类型。同轴电缆可分为两种基本类型，即基带同轴电缆和宽带同轴电缆。

• 基带同轴电缆。基带同轴电缆的特征阻抗为50Ω，多用于直接传输数字信号，数字信号可在电缆上双向传输，数据传输速率一般为10Mbit/s。

常用的基带同轴电缆有RG-8（粗缆）和RG-58（细缆），两者最直观的区别在于电缆直径不同。粗缆标准距离长、可靠性高，适用于比较大型的局域网，但因其两端头设有用于削弱信号反射作用的终端器，其安装和接头制作较为复杂、造价较高，在中小型局域网中较少使用；细缆比较简单、造价较低，但由于安装过程中要切断电缆，当接头较多时容易产生接触不良的隐患。

由于基带同轴电缆均为总线拓扑结构，当一个触点发生故障时，会影响到整根线缆上的所有机器，故障的诊断和修复都较复杂，因此，当前基带同轴电缆逐渐被非屏蔽双绞线或光缆所取代。

• 宽带同轴电缆。宽带同轴电缆通常用于传输模拟信号，其特征阻抗为75Ω，频率可达300MHz～400MHz，传输距离可达1km，通常一条带宽为300MHz的电缆可支持150Mbit/s的数据传输速率，常用宽带同轴电缆有RG-59。

宽带同轴电缆由于其通信频带宽，能将语音、图像、图形、数据同时在一条电缆上进行传送，在综合安防系统中常用于视频和音频传输。

在实际工程中，为了延长传输距离，要使用同轴放大器。同轴放大器对视频信号具有一定的放大作用，并且能通过均衡调整对不同频率成分分别进行不同大小的补偿，使接收端输出的视频信号失真尽量小。但是，同轴放大器并不能无限制级联，一般在一个点到点系统中同轴放大器最多只能级联2个到3个，否则无法保证视频传输质量。因此，在综合安防系统中使用同轴电缆时，为保证图像质量，一般将传输距离限制在400m～500m。

② 同轴电缆连接器。同轴电缆连接器通常被称为射频（radio frequency，RF）连接器，根据连接器的物理尺寸和同轴电缆的兼容性进行分类，其可分为标准型、小型、超小型和微型。

标准型连接器有UHF、N型、C、SC、HN、7/16、APC-7（7mm）等，其中常见的为UHF和N型连接器。UHF连接器采用螺纹式连接界面，由于其特性阻抗不确定，适用的频率有限（最多到300MHz），常用于低频通信设备。N型连接器也采用螺纹式连接界面，特性阻抗为50Ω，也有75Ω的版本，两个版本不具有匹配性。普通的特性阻抗为50Ω的N型连接器，工作频率可达到11GHz。N型连接器可用于局域网、广播电台、卫星通信设备等。

小型连接器有BNC、TNC、SHV、MHV、MINI-UHF等，其中常见的为BNC和TNC连接器。BNC连接器采用卡扣式连接界面，有50Ω和75Ω两种版本，且两种版本可以进行匹配。BNC连接器可应用在许多领域，如网络系统、安全防范系统，是最通用的同轴电缆连接器。TNC连接器基本上是特性阻抗为50Ω的螺纹式连接界面的BNC连接器，工作频率可达11GHz。TNC连接器可应用在航空领域，可在剧烈振动环境下工作。

超小型连接器有SMA、SMB、SMC、APC-2.4（2.4mm）、APC-3.5（3.5mm）、K（2.92mm）等，其中常见的为SMA、SMB和SMC连接器。SMA连接器采用螺纹式连接界面，特性阻抗为50Ω，最高工作频率可达26.5GHz。SMA连接器常用于各种宽屏微波系统。SMB连接器采用推入式连接界面，特性阻抗有50Ω和75Ω两个版本，工作频率分别可达4GHz和2GHz。SMB连接器主要应用在射频或数字信号的连接。SMC连接器采用螺纹式连接界面，特性阻抗为50Ω，工作频率可达10GHz。SMC可应用在小尺寸及高振动环境中，通常用于微波电话。

微型连接器有MCX、MMCX、SSMA、SSMB、SSMC等。其中，MCX连接器采用推入式连接界面，特性阻抗为50Ω，工作频率可达6GHz。MCX连接器尺寸和重量比SMB的减少了约30%，适用于尺寸小、重量轻的应用场景，通常用于GPS、蜂窝电话和数字遥感系统等。

（2）双绞线

双绞线是综合布线工程里十分常见的传输介质，也是局域网中使用十分普遍的传输介质。双绞线由两根具有绝缘保护层的铜导线组成，把两根绝缘的铜导线按一定密度互相绞在一起，可降低信号干扰程度。如果把一对或者多对双绞线放在一个绝缘套管中，便成了双绞线电缆。与其他介质相比，双绞线在传输距离、信号宽度和数据传输速率等方面均有一定限制，但价格较为低廉。

① 双绞线的类型。

• 根据结构区分，双绞线可以分为非屏蔽双绞线（unshielded twisted pair，UTP）和屏蔽双绞线（shielded twisted pair，STP），屏蔽双绞线按屏蔽结构又可以细分为以下几种：

FTP——铝塑复合带屏蔽的双绞线（foil twisted pair）;

SFTP——铜丝编织 + 铝塑复合带屏蔽的双绞线（shielded foil twisted pair）;

ASTP——铠装型屏蔽双绞线（armored shielded twisted pair）。

因为双绞线传输信息时要向周围辐射，信息很容易被截获，所以需要花费额外的代价加以屏蔽，以减小辐射，这就是我们常说的屏蔽双绞线。屏蔽双绞线的电缆外层包裹有一层金属屏蔽层，如图 8-8 所示，可以减少辐射，防止信息被截获，也可以减少衰减和噪声，提供更加洁净的电子信号，因此屏蔽双绞线比同类的非屏蔽双绞线具有更高的传输速率。但由于屏蔽双绞线的屏蔽层和外屏蔽层都要在连接器处与连接器的屏蔽金属外壳可靠连接，交换设备、配线架均需要良好接地，因此屏蔽双绞线的材料成本和安装成本均较高。

非屏蔽双绞线无金属屏蔽层，只有一层绝缘胶皮包裹，如图 8-9 所示。相对来说，非屏蔽双绞线价格低、重量轻、易弯折、易安装，便于组网。因此，除非有特殊需要，通常在综合布线系统中更多采用非屏蔽双绞线。

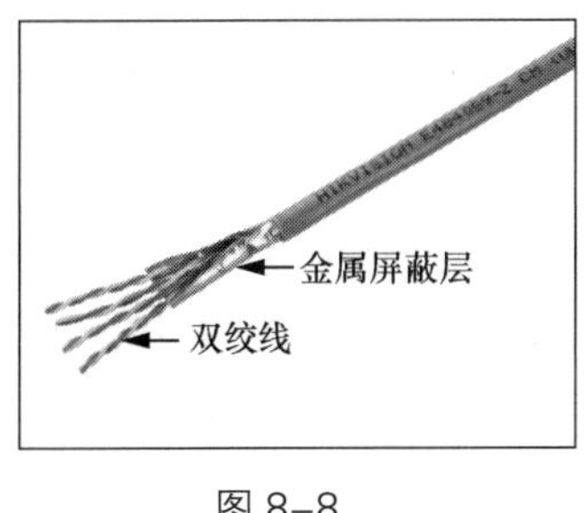

图 8–8

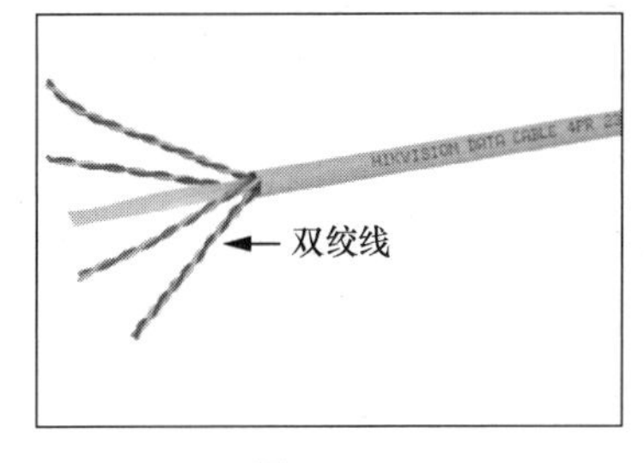

图 8–9

• 根据传输性能指标区分，双绞线可分为 3 类、4 类、5 类、超 5 类、6 类、超 6 类等。其中，3 类、4 类和 5 类双绞线在市场上基本上被淘汰，此处不做介绍。

超 5 类线简称 Cat.5e，该类双绞线衰减和串扰小，可提供坚实的网络基础，传输带宽为 100MHz，适用于百兆位以太网环境，是目前安防网络布线的主流线缆。

6 类线简称 Cat.6，该类双绞线的传输带宽为 250MHz，传输性能高于 5 类、超 5 类双绞线，适用于传输速率高于 1Gbit/s 的应用场景，应用于高清安防网络布线的线缆。

超 6 类线简称 Cat.6e，该类双绞线通常被称为“增强型 6 类线”，在抵抗外部串扰等方面的性能比 6 类线更好。与 6 类线相比，超 6 类线的外径更大、质量更重、最小弯曲半径也更大，传输带宽可以支持到 500MHz，配合万兆交换机，传输速率可达 10Gbit/s，可以满足超高清监控网络的应用要求。

双绞线的类型数字越大，技术越先进，带宽越宽，价格也就越贵。双绞线的类型也可以通过查看在外皮上的标注进行区分，标准类型按照“CATx”（x 表示数字）的方式进行标注，如 5 类线会在外皮上标注“CAT5”。如果是改进版，就按照“CATxe”方式标注，如超 5 类线就标注为“CAT5e”。

• 根据对数区分，双绞线可以分为 2 对、4 对、25 对、50 对、100 对。在局域网中使用较多的是 2 对、4 对的双绞线电缆，但在综合布线垂直主干线子系统中也会用到 25 对、50 对甚至 100 对的大对数语音电缆，在安防网络里不太使用。大对数双绞线如图 8-10 所示。

图 8–10

② 双绞线的线芯序列。

在双绞线标准中应用最广的是 EIA/TIA-568A 和 EIA/TIA-568B，通常称为 A 类线接法和 B 类线接法，这两个标准最主要的不同就是芯线序列的排列。

EIA/TIA-568A 的线序颜色依次为绿白、绿、橙白、蓝、蓝白、橙、棕白、棕。

EIA/TIA-568B 的线序颜色依次为橙白、橙、绿白、蓝、蓝白、绿、棕白、棕。

③ 双绞线的连接方法。

双绞线有两种连接方法：正常连接和交叉连接。

正常连接是将双绞线的两端均依次按橙白、橙、绿白、蓝、蓝白、绿、棕白、棕的顺序（EIA/TIA-568B 标准）压入水晶头内。用这种方法制作的网线用于计算机与集线器的连接。

交叉连接是将双绞线的一端按 EIA/TIA-568B 标准压入水晶头内，另一端按 EIA/TIA-568A 标准压入水晶头内。用这种方法制作的网线用于计算机与计算机的连接或集线器的级联。

④ 双绞线连接器。

双绞线通常使用 RJ 系列连接器，包括 RJ-45 和 RJ-11，两者都由 PVC 外壳、弹片、芯片等部分组成，因为其外表晶莹透亮，所以通常称其为“水晶头”，如图 8-11 所示。在语音和通信中有 3 种不同类型的模块，分别是四线位结构（4P4C）、六线位结构（6P6C）和八线位结构（8P8C）。RJ-11 代表四线位或六线位结构模块，RJ-45 代表八线位结构模块。

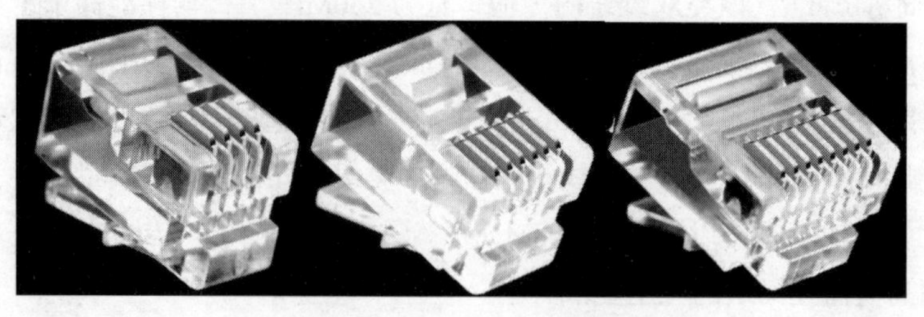

图 8–11

RJ-45 水晶头通常用于数据传输，是以太网不可缺少的一环，一般用在双绞线两端，用来连接各种网络设备，如计算机、路由器、交换机、硬盘录像机、网络摄像机等。

RJ-11 水晶头在外观上比 RJ-45 水晶头的体积小，通常用于连接电话和调制解调器。

（3）光缆

光缆由一捆光纤组成，一般情况下每根光缆可以包含 2、4、8、12、24、48 或更多根独立的光纤。

光纤是光导纤维的简称，它利用光在玻璃或塑料制成的纤维中的全反射原理实现光传导。光纤由中心的纤芯、外围的包层和涂覆层组成，一般为双层或多层的同心圆柱形细丝，为轴对称结构，如图 8-12 所示。

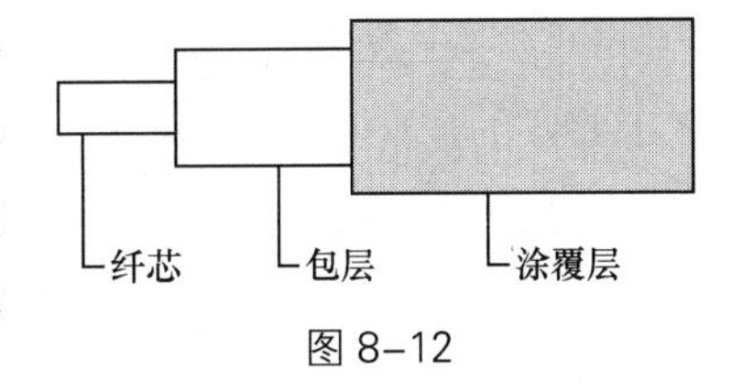

图 8–12

纤芯：折射率较高，用来传送光信号。

包层：折射率较低，与纤芯一起形成全反射条件，为光信号的传输提供反射面和光隔离，可使光线在内部全部反射，同时起到一定的机械保护作用。

涂覆层（塑料护套）：强度大，能承受较大冲击，进一步确保光纤的机械性能和传输性能。

① 光纤的类型。

光纤按照传输模式的不同，可分为单模光纤和多模光纤。

单模光纤（single-mode optical fiber，SMF）：只传输一种模式的光纤，即只能传输基模（最低阶模），不存在模间时延差。单模光纤中心玻璃芯径一般为 8μm ～ 10μm，传输波长为 1310nm 或 1550nm 的光，传输距离在 1km 以上，适用于远距离传输。单模光纤一般采用黄色外护套。

多模光纤（multi-mode optical fiber，MMF）：支持多种模式在光纤中传输。多模光纤中心玻璃芯径为 50μm 或 62.5μm，适用于短距离传输（1000m 以内）。多模光纤一般采用橙色或者绿色外护套。

在综合安防系统中，一般按照传输距离来选择合适的光纤类型，如表 8-4 所示。

表 8–4　光纤类型与传输距离

传输距离	建议线缆
≤ 1km	多模光纤
1km ～ 20km	单模光纤

② 光纤连接器。

光纤连接器是用来对光缆进行端接的，主要功能是把两条光缆的纤芯对齐，提供低损耗的连接，是光纤的末端装置。光纤连接器按照结构可以分为 ST、SC、FC、LC 等接头连接器，如图 8-13 所示。

ST 接头连接器有一个卡口固定架和一个 2.5mm 长圆柱体，外壳为圆形，固定方式为螺丝扣，安装方便，但容易折断。

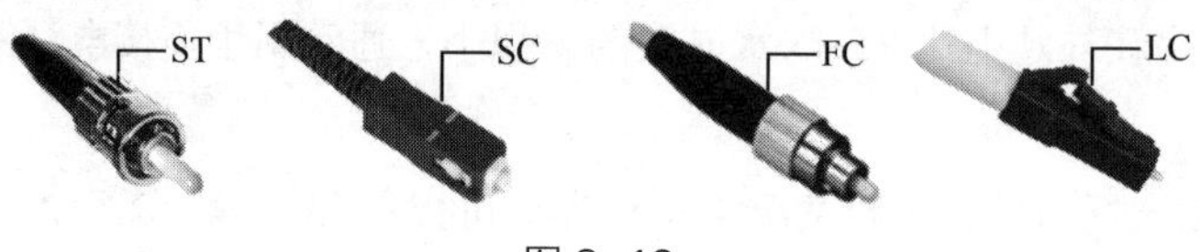

图 8–13

FC 接头连接器是单模光纤中常见的连接设备之一，其使用 2.5mm 的卡套，外壳是圆形带螺纹的金属接头，相对塑料接头其可插拔次数更多，安装时需先对准卡口后旋紧，安装不方便，在多数应用中 FC 接头连接器已经被 SC 接头连接器和 LC 接头连接器替代。

SC 接头连接器具有 2.5mm 卡套，是插拔式的设备，采用插针与耦合套筒的结构尺寸与 FC 型的完全相同。SC 接头是标准方形接头，可直接插拔，使用方便，且耐高温、不易氧化，被广泛使用。

LC 接头连接器所采用的插针和套筒的尺寸为 1.25mm，是普通 SC 接头连接器、FC 接头连接器等所用尺寸的一半。这样可以提高光纤配线架中光纤连接器的密度，满足市场对连接器小型化、高密度连接的使用需求。

（4）其他线缆

除上述线缆外，弱电部分经常采用 RV 和 FV 系列线缆来传输信号。

① 线缆类型。

开关量信号线缆：传输开关量信号要求使用铜芯聚氯乙烯绝缘连接软电线（RVV）电缆。电缆芯直径要求为 0.5mm ～ 1.0mm，两芯传输，传输距离控制在 100m 内。RVV 线缆组成如图 8-14 所示。

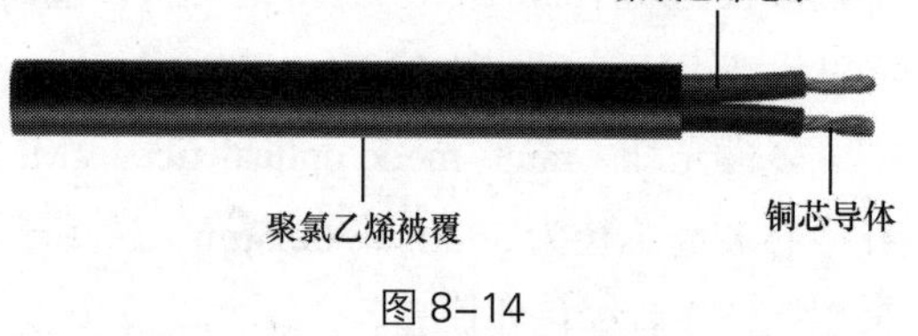

图 8–14

RS-485、RS-232 信号线缆：采用 RS-485 或 RS-232 协议传输信号时，为减少外电磁场的干扰，一般使用带屏蔽层的 RVVP 线材，电缆芯直径要求为 0.75mm ～ 1.0mm，两芯或三芯传输。RVVP 线缆组成如图 8-15 所示。

地感线圈信号线缆：线圈应使用环形线圈，需耐高温、抗腐蚀、防水，宜使用多芯低阻抗软铜线（FVN）电缆。单芯铜线直径约 0.5mm，导电总截面积约为 1.5mm^2（如 7 芯铜线），外包聚丙烯或交键聚乙烯作为绝缘层，绝缘层的平均厚度为 0.8mm ～ 1.0mm；电缆外径不大于 4mm，其性能指标应满足超低压（32VA 以下）电缆的要求。FVN 线缆组成如图 8-16 所示。

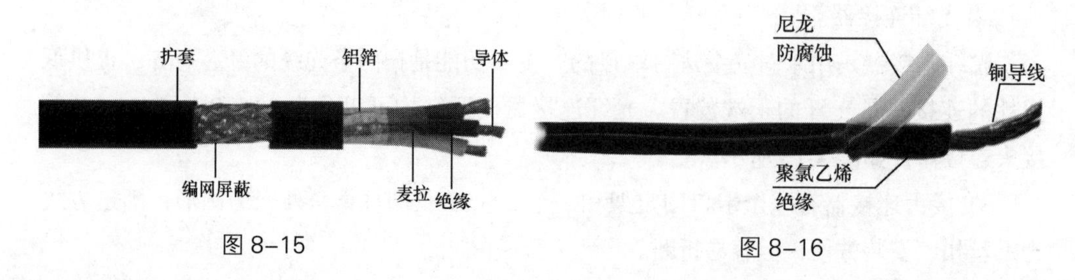

图 8–15

图 8–16

② 接线端子。

RV 系列线材常用的接线端子主要是叉型冷压端子和管型冷压端子。叉型冷压端子一般用于接十字螺丝端子排，如图 8-17 所示，而管型冷压端子一般用于接一字螺丝端子排，如图 8-18 所示。

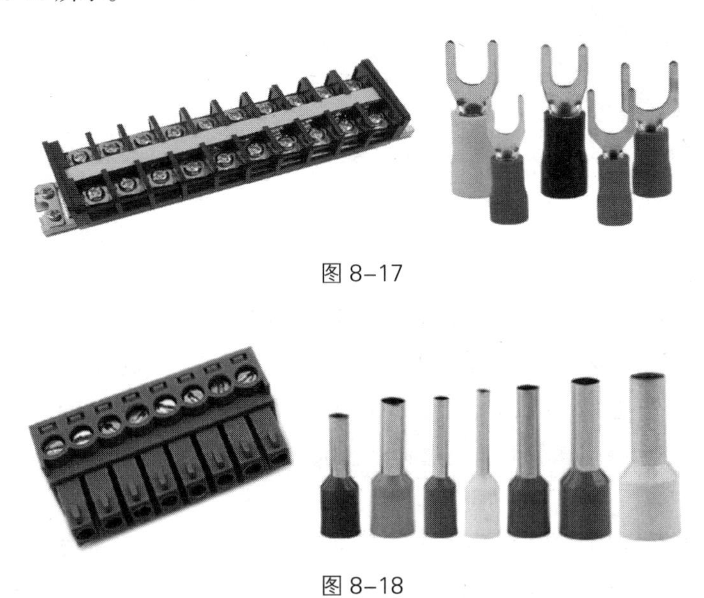

图 8–17

图 8–18

接线时需同时符合以下要求：导线规格和端子规格完全匹配；接线前需要剥去导线绝缘层，露出金属丝长度合适（过长会有金属丝散落，过短会导致端子头不能压牢）；接线端子用标签做好标识。

8.2　综合安防工程常用管槽

布线工程中除了线缆，管槽也是重要的组成部分。管槽通常包括线槽、管道和桥架，管槽可对各类线缆起到保护作用，是布线质量的重要保证，因此要十分重视管槽系统的设计和施工操作。

1. 线槽

线槽有金属线槽和 PVC 线槽两种。金属线槽由槽底和槽盖组成，每根长度一般为 2m，槽与槽连接时使用相应尺寸的铁板和螺丝固定。金属线槽一般使用的规格有 50mm × 100mm、100mm × 100mm、100mm × 200mm、100mm × 300mm、200mm × 400mm 等，如图 8-19 所示。

PVC 线槽是布线工程中广泛使用的一种材料，也由槽底和槽盖组成，槽底和槽盖通过卡槽紧密相扣。PVC 线槽品种规格比金属线槽更多，从型号上来区分有 PVC-20 系列、PVC-25 系列、PVC-30 系列、PVC-40 系列、PVC-40Q 系列、PVC-60 系列等。与 PVC

线槽配套的连接件有阳转角、阴转角、直接、堵头、平弯、三通等。PVC 线槽及部分线槽连接件如图 8-20 所示。

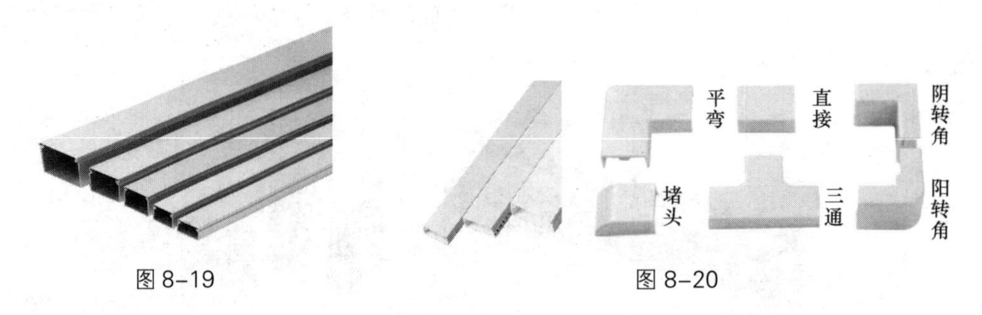

图 8-19　　图 8-20

2. 管道

线槽在明线敷设中使用得较多，管道则在暗线敷设中比较常见，按照材质的不同，管道可分为金属管和塑料管，如图 8-21 所示。

金属管以其外径（mm）标记规格，常用的规格有 D16、D20、D25、D32、D40、D50、D63 等。在选择金属管时，要选择外径大一些的，一般管内填充物占 30% 左右，便于穿线。

塑料管分为 PE 阻燃导管和 PVC 阻燃导管。PE 阻燃导管是一种塑制半硬导管，外观为白色，按外径分 PE 阻燃管有 D16、D20、D25、D32 等规格。它具有强度高、耐腐蚀、挠性好、内壁光滑等优点，明、暗装穿线兼用。PVC 阻燃导管是以聚氯乙稀树脂为主要原料，加入适量的助剂，经加工设备挤压成型的刚性导管，小管径 PVC 阻燃导管可在常温下进行弯曲，便于用户使用。按外径分 PVC 阻燃管有 D16、D20、D25、D32、D40、D45、D63、D25、D110 等规格。

3. 桥架

桥架由支架、托臂和安装附件等组成，可分为槽式电缆桥架、托盘式电缆桥架、梯级式电缆桥架、网格电缆桥架等结构。桥架可独立架设，也可以敷设在建筑物和管廊支架上，具有结构简单、造型美观、配置灵活和维修方便等特点。全部零件需进行镀锌处理，若是安装在建筑物外露天的桥架，且邻近海边或属于腐蚀区，则材质必须具有防腐、防潮、附着力好、耐冲击强度高的物性特点。桥架如图 8-22 所示。

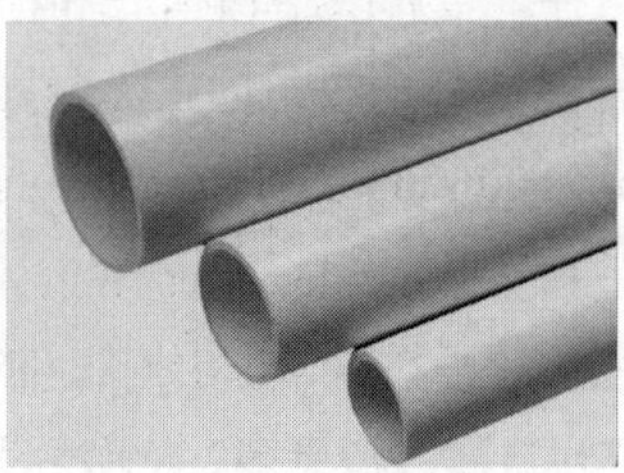

图 8-21

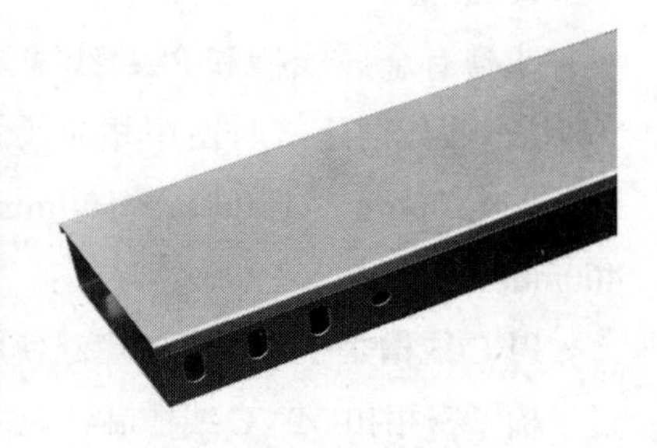

图 8-22

8.3　布线施工常用工具

在综合安防系统布线工程中，需用到较多的工具，根据应用性质的不同，可分为施工工具和检测工具。准确地选择工具进行施工和检修，也是作业人员必不可少的工作技能之一。

1. 施工工具

施工工具指在综合安防系统布线施工过程中使用到的拆装工具、测量工具、电动工具和线缆专用工具。

（1）拆装工具

拆装工具作为辅助拆卸工具，常见形态有螺丝刀、尖嘴钳、扳手、内六角螺丝刀等，如图 8-23 所示，主要用于设备螺丝和线材的拆装。

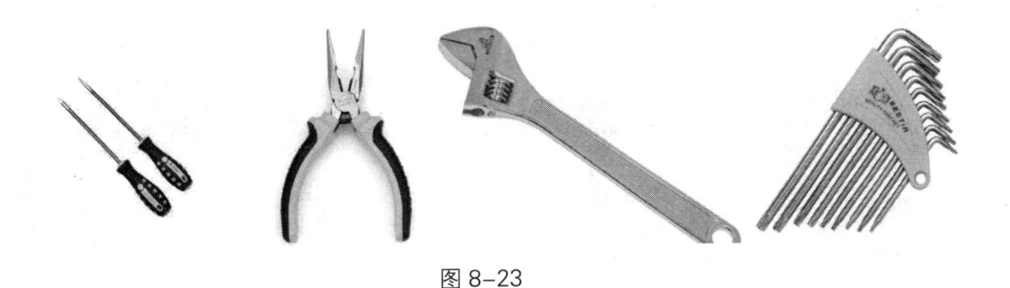

图 8-23

（2）测量工具

测量工具是用于测量长度、温度、时间、质量、力、电流、电压、电阻等的工具。常见的长度测量工具有卷尺和激光测距仪，主要用于耗材长度的测量和施工现场环境距离的测量；常见的电流、电压和电阻测量工具为万用表，如图 8-24 所示。

图 8-24

（3）线缆专用工具

线缆专用工具是用于线缆制作的相关工具，常见的工具有剥线钳、打线钳、网线钳、光纤剥线钳等，如图 8-25 所示。

剥线钳用于剥除线材的绝缘层（外包皮）；打线钳用于信息接口的制作，将线卡至信息模块内；网线钳用于压接 RJ-45 水晶头，可辅助剥线；光纤剥线钳用于剪剥光纤的保护套，有3个剪口，可依次剪剥尾纤的外皮、中层保护套和树脂保护膜。

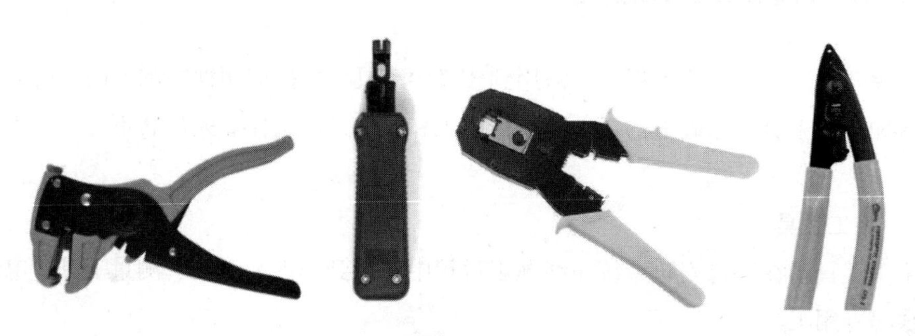

图 8–25

（4）电动工具

在管槽施工中，需要使用电动工具来辅助进行大量的管槽切割、连接和固定等工作，常用的有切割机、冲击钻、手枪钻、充电起子等，如图 8-26 所示。

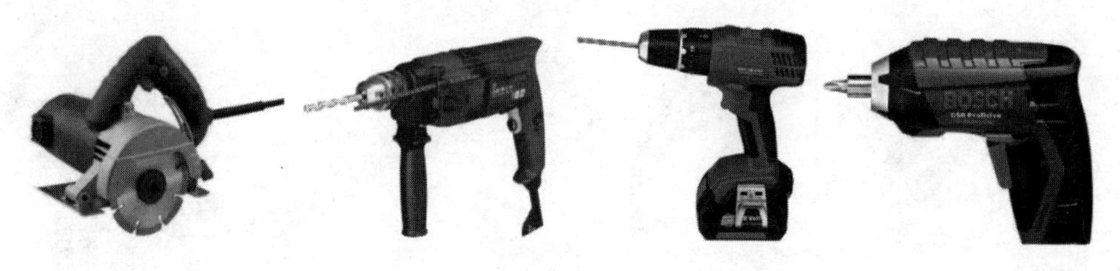

图 8–26

切割机通常由砂轮锯片、护罩、手把等组成，主要用于桥架、管槽施工中的切割；冲击钻主要用于对混凝土地板、墙壁、砖块、石料、木板和多层材料上进行冲击打孔，在更换钻头后可以在木材、金属、陶瓷和塑料上进行钻孔；手枪钻通过更换钻头既可以在桥架或线槽上钻孔，也可以在木材和塑料上钻孔；充电起子可当作螺丝刀使用，配合各类钻头可完成拆卸、安装螺丝的操作。

2. 检测工具

检测工具主要是指检测线缆质量和布线施工质量的工具，常见的有网络电缆检测仪、光纤打线笔、光功率计、视频监控测试仪等，如图 8-27 所示。

网络电缆检测仪可以对双绞线 1、2、3、4、5、6、7、8、G 线对逐根（对）测试，并可区分判定哪一根（对）错线、短路和开路。注意 RJ-45 接头铜片没完全压下时不能测试，否则会使端口永久损坏。

光纤打线笔又称光线故障定位仪、红光笔、光纤笔等，通过发射出稳定的红光，与光接口连接后进入多模光纤和单模光纤，实现光线故障检测功能。

光功率计是用于测量绝对光功率或通过一段光纤的光功率相对损耗的仪器。

视频监控测试仪又称工程宝，是视频监控系统安装调试常用工具，常用功能有视音频信号测试、网线测试、云台控制功能测试等。

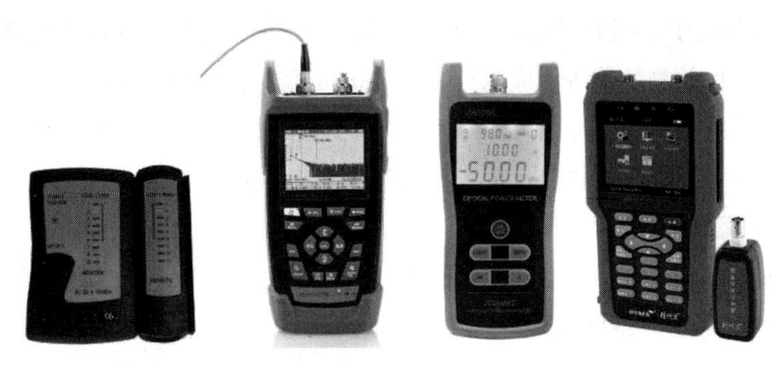

图 8-27

8.4　布线施工规范

安防工程的整体实施过程都离不开国家或地方相关标准的参照和指导，尤其是标准中的部分强制性条款，作业人员必须熟悉且严格遵守，否则工程将无法通过验收。

1. 布线规范

布线设计决定了信号是否能稳定、高质量地传输。在布线设计上，应符合国家标准《综合布线系统工程设计规范》（GB 50311—2016）的有关规定，也可以参考行业标准 GA/T 1297—2021《安防电缆》，注意事项可参考以下内容。

① 根据现场使用环境、传输距离等因素，选择合适的传输方式，在条件满足的情况下，优先选择有线传输方式。

② 传输方式优先保证视频信号的稳定、准确和安全。

③ 重点保护单位或高风险保护对象使用的设备应采用专用的传输网络。

④ 设计传输线缆时应充分考虑衰减特性、传输速率、带宽、最远传输距离等限制性条件，保留冗余空间。如无法满足，应考虑在适当位置加装放大器、中继器等装置。

⑤ 进行非网络布线时注意具有强磁场、强电场的电气设备对信号传输的电磁干扰。如无法避免，线缆需要增加屏蔽层防护，并保持一定距离。具体可参考《安防线缆应用技术要求》（GA/T 1406—2017）中相关规定执行。

⑥ 进行网络布线时综合安防线缆与其他管线间距应满足防信号干扰的要求，不能共管。

⑦ 综合安防线缆应该避开恶劣环境或者管道易损坏的地段。

⑧ 综合安防线缆按照接线图纸布线完成后，确保线缆不裸露。例如，手井内的线缆要用塑料软管包裹，从立杆横臂到视频监控摄像机内的线缆需全部传入塑料软管，软管接头做防水处理。

⑨ 空旷地带必须采用密封钢管埋地方式进行布线，并对钢管进行接地，禁止采用架空方式布线。

⑩ 在特殊环境中，例如对防爆有要求的煤矿、井下、化学煤气罐场，应该增加传输线缆的保护管，保护管防护等级应当符合 GB 3836 中规定的现场防爆等级要求。

⑪ 如有以太网供电应用，则要根据所选用的设备功率和布线长度综合考虑所选的网线规格，可以参考《以太网供电（PoE）系统工程技术标准》。

2. 施工环境检查

根据相关标准，综合安防工程布线施工环境检查主要包括以下 3 个方面。

① 工程所用线缆、器材型式、规格、数量、质量在施工前应进行检查，无出厂检验证明材料或者与设计不符时，不得在工程中使用。

② 对土建工程预留暗管、地槽和孔洞进行检查，数量、位置、尺寸等均应符合工艺设计要求。

③ 根据设计规范和工程的要求，应对建筑物垂直通道的楼层及弱电间做好安排，并检查其建筑和环境条件是否具备。

3. 开槽布管

安防系统中，大部分线缆需要置于线管内，如果线管需要铺设在墙面或地面，需要提前开槽并在结束前封填。开槽布管需要遵照以下规范。

① 开槽需要遵循路线最短原则；不破坏原有强电原则；不破坏防水原则。

② 根据线缆数量与规格的多少确定 PVC 管的数量与规格，进而确定槽的宽度。一般 Φ32 的管子可以穿 3 ～ 4 根线，Φ40 的管子可以穿 4 ～ 5 根线。注意线头不能太粗，线头较粗的情况下需根据现场的情况选用管径较大的线管。

③ 开槽深度根据现场选取的穿线管直径来确定，建议穿线管直径加 30mm，用于回填。

④ 封槽后的墙面、地面不得高于所在平面；对于水泥地面，要求使用水泥回填的方式进行封槽；对于大理石地面，要求使用大理石回填或者铝合金装饰条回填的方式进行封槽，如用户允许，建议使用铝合金装饰条回填方式进行封槽，便于后续的维护。

⑤ 线管弯曲时，角度不能低于 90°。

⑥ 强弱电禁止同管走线，强弱电线管间距不少于 0.5m。

4. 线缆敷设

（1）双绞线敷设

根据相关标准，综合安防工程中双绞线的敷设需要遵照以下要求。

① 管线施工前应消除管内的污物和积水，同时核对型号规格、程式、路由及位置与设计规定是否相符。

② 在同一管内包括绝缘在内的导线截面积总和应该不超过内部截面积的 40%。双绞线的布放应平直，不得产生扭绞、打圈等现象，不应受到外力的挤压和损伤。

③ 双绞线在布放前两端应贴有标签，以表明起始和终端位置，标签书写应清晰、端正和正确。电源线、信号电缆、对绞电缆、光纤及建筑物内其他监控系统的双绞线应分

离布放。

④ 各双绞线间的最小净距应符合设计要求，布放时应有冗余。在交接间、设备间对绞电缆预留长度一般为 3m ～ 6m，工作区为 0.3m ～ 0.6m。

⑤ 在牵引过程中，吊挂双绞线的支点相隔间距不应大于 1.5m，布放双绞线的牵引力应小于双绞线允许张力的 80%。

（2）光纤敷设

根据相关标准，综合安防工程中光纤的敷设需要遵照以下要求。

① 光纤的纤芯是石英玻璃，因此光纤对弯曲半径的要求比双绞线的更高，2 芯或 4 芯水平光纤的弯曲半径应大于 25mm。其他芯数的水平光纤、主干光纤和室外光纤的弯曲半径应至少为光纤外径的 10 倍。

② 光纤一次牵引长度通常不应大于 1000m。超长距离时，应将光纤盘成倒“8”字型分段牵引或者在中间适当地点增加辅助牵引，以牵引方式敷设光纤时，主要牵引力应加在光纤的加强芯上。

（3）串口通信线缆敷设

在综合安防系统中，常用 RVV（P）线缆作为串口通信线缆通信，RVV（P）类线缆敷设需要遵照以下要求。

① 串口通信线在布线时不能与强电同管走线，平行走线时至少大于 50cm，交叉时间隔物厚度应大于 6cm，间隔 25cm。

② 串口通信线最远布线距离受协议限制，常用的 RS-485 协议理论最远距离不超过 1200m，RS-232 协议理论最远传输距离不超过 15m，Wiegand 协议理论最远传输距离不超过 150m。

③ 所有线必须布到位，只能多预留，不可少线，走线必须明确标识，便于设备接线。

（4）电源线敷设

综合安防系统中的设备供电常用的有 220V 强电，24V、12V 和 5V 弱电两类。电源线敷设要求如下。

① 电源线敷设时需要做到实际接地。

② 布线时，线径的选择要根据布线距离、负载电压计算得出。线路传输过程中会产生压降：

$$\Delta U = I \times R = I \times \frac{\rho L}{S}$$

其中，I 为电流，R 为电阻，ρ 为电阻率，I 为线缆长度，S 为线缆截面面积。

终端负载电压需要控制在设备的工作电压范围内。

第 9 章

安全生产

安全生产指在执行和完成生产任务的过程中遵守相关规范要求，防止发生人身伤害、财产损失、环境破坏等事故。我国现行安全生产方针是“安全第一，预防为主，综合治理”。它要求作业人员把安全作为第一要事，通过制定安全规范、采取技术防范措施来消除安全隐患，确保在安全的前提下进行生产。

综合安防系统设备的勘测、安装、维护环节涉及室外高处、临时用电等作业，需要作业人员具备安全防范意识，遵循安全生产的规则要求。本章围绕综合安防系统的施工安全规范，通过“通用安全要求”“设备操作安全要求”两部分内容，系统介绍综合安防系统勘测施工的相关安全知识。

9.1 通用安全要求

· 学习背景

综合安防系统的广泛应用决定了其勘测施工环境的复杂多样。作业人员必须充分了解现场环境特点和常用劳动防护用品的使用方法，熟悉安全施工规范及要求，遵守相关安全规定，确保自身及他人的人身安全。

· 关键知识点

✓ 作业人员安全义务

✓ 高处作业安全

✓ 道路施工安全

✓ 轨道交通环境施工安全

✓ 用电安全

✓ 机械结构调试安全

✓ 电池使用安全

9.1.1 作业人员安全义务

根据《中华人民共和国安全生产法》，作业人员为保障现场作业安全，有义务遵守相关规定，具体如下。

① 遵章作业和服从管理。严格遵守相关规章制度和操作规范，服从管理。

② 正确佩戴和使用劳动防护用品，如防静电绝缘手套、安全帽、安全带、绝缘鞋等。

③ 接受安全生产教育和培训。负责综合安防系统设备安装、操作、维护的人员必须经过严格培训并取得认证或资质，掌握操作安全规范和设备正确的安装实施方法。安装、操作和维护过程必须严格按照设备操作说明书叙述的步骤顺序执行；设备安装完成后应及时清理安装区域的包装箱、包装袋、线材等物品；设备安装完成后应指导运维人员按照规范要求，及时对设备进行例行检查和维护，保障系统持续安全稳定运行。

④ 特殊作业、特种设备操作人员应具备符合场景要求的特殊作业资质，比如高处作业、高压作业、特种设备操作等的资质。

⑤ 安全隐患报告义务：发现安全隐患或者其他不安全的因素的时候，应立即终止操作并向现场安全管理人员和本单位负责人汇报，及时处置。

此外，综合安防系统的设备大部分都是联网应用的，这使得网络安全越来越重要，所以综合安防系统从业人员也应具备基本网络安全知识和技能。

9.1.2 高处作业安全

高处作业指在距离着落高度（如地面）2m 及以上可能坠落的高处进行的作业。据事故调查统计，约 80% 的死亡事故发生在 2m ～ 16m 的高度。因此，针对不同作业阶段、气候条件和环境条件，必须采取科学有效的措施，保障高处作业安全。具体安全措施如下。

① 作业人员患有高血压、心脏病、恐高症等职业禁忌病症或存在其他不适合高处作业的情况，禁止高处作业。

② 进行高处作业前，必须检查所用登高工具和安全用具（如梯具、脚手架、登高车、安全绳、安全帽、防滑鞋等），确保其安全有效。并在作业场地设置围栏，悬挂明显警示标志，安排监护人员，确保在作业环境安全可靠的前提下开始作业，严禁冒险作业。

③ 进行高处作业时，作业人员必须将安全帽、安全带、安全绳穿戴整齐，裤脚扎牢，不可穿光滑的硬底鞋。安全带强度要足够，安全绳要系在同一作业面上，挂在坚固的建筑结构或者金属结构上，且必须做到“高挂低用”，如图 9-1 所示。

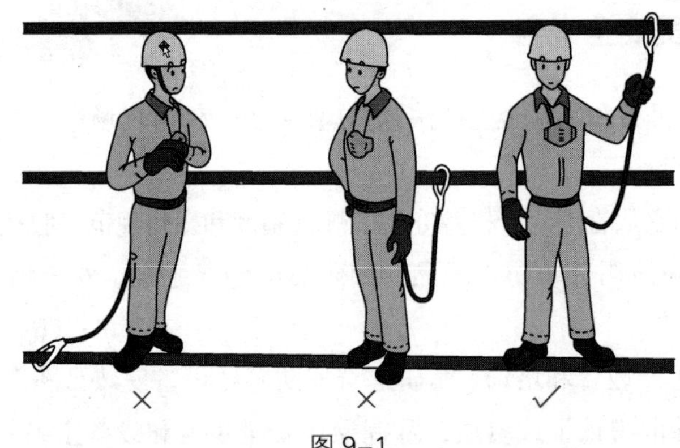

图 9-1

④ 靠近电源（低压）线路作业时，要确认断电后方可进行作业，且距离电线 2m 以上，禁止在高压线下作业。

⑤ 高处作业所用的工具、零件、材料等必须放入工具袋。上下攀登时，手中不能持有物件。作业完毕时及时清理干净，不可随意丢放，以防坠物伤人。

⑥ 夜间作业必须要有足够的照明设施，否则禁止作业。

⑦ 当结冰积水时，必须清除冰水并采取防滑措施后才可作业。

⑧ 遇到恶劣天气，如大风、大雨、大雪、大雾、沙尘等，禁止作业。

⑨ 高处作业时应集中精力，双脚踩牢固，保持重心稳定。不得在高处打闹、休息睡觉。禁止酒后登高作业。

高处作业安全标志如图 9-2 所示。

当心坠落

必须戴安全帽

必须系安全带

图 9-2

9.1.3 道路施工安全

在道路上安装调试设备时，须采取相应的安全措施以保障道路施工安全。具体安全措施如下。

① 道路施工时，施工路段前方（来车方向）须放置施工警示牌、反光路锥。

② 在车流量较大或夜间施工时，需安排专人指挥交通，且交通指挥员和作业人员必须穿反光背心、戴安全帽。

③ 工程车须停在平坦、无倾斜的路面，可通过加装三角木、止退器等措施提高车辆

稳定性。

④“前方道路施工”警示牌放置在距离施工位置 300m ～ 350m 处。

⑤“减速慢行”警示牌放置在距离施工位置 150m 处。

⑥ 反光路锥从距离施工点最远端按照缓倾斜线放置，给司机缓冲的空间，以便沿着路锥改道。

⑦ 夜间进行作业时应布置照明设施和警示频闪灯，其他夜间的安全设施必须具备反光性或发光性。

9.1.4　轨道交通环境施工安全

轨道交通环境（如地铁、铁路等环境）施工易发生临时用电触电、临边作业坠落、交叉作业物体打击等事故。在此类环境中施工，务必注意作业安全。具体安全措施如下。

① 现场施工时必须走安全通道。

② 作业区严禁吸烟。

③ 任何情况下酒后均不得进入施工现场。

④ 不随意进入危险区域。

⑤ 电路安装、维修必须由专职电工操作。

⑥ 行走、上下时应严格遵守“五不准”原则：严禁从正在起吊、运吊的物件下通过；严禁在作业层追跑打闹；严禁在没有防护的构筑物上行走；严禁站在小推车等不稳定的物体上作业；严禁攀登起重臂、绳索、脚手架和龙门架等。

⑦ 在设备调试作业过程中，务必注意施工现场可能存在建筑落物，注意规避出入口进出车辆。

9.1.5　用电安全

综合安防系统中低压和弱电供电的设备，安装实施过程中须严格按照相关电气规范标准作业。作业人员需要掌握基本用电安全知识，包括人体触电机理，接地保护原理，电路系统断路器、漏电保护器的基本作用。

人体常见的 3 种触电形式是单相触电、双相触电和跨步电压触电，如图 9-3 所示。单相触电是指人体的某一部位接触带电设备或相线时，电流通过人体流入大地的触电现象。双相触电是指人体同时触及带电设备或线路中的两相导体而发生的触电现象。跨步电压触电是指人体走近落地的高压带电体时，前后两腿间因跨步引起的触电现象。

接地保护的原理是通过低压电阻接地，使设备漏电时，绝大部分电流通过接地电阻流入大地，从而达到把故障电压限制在安全范围内的目的，如图 9-4 所示。

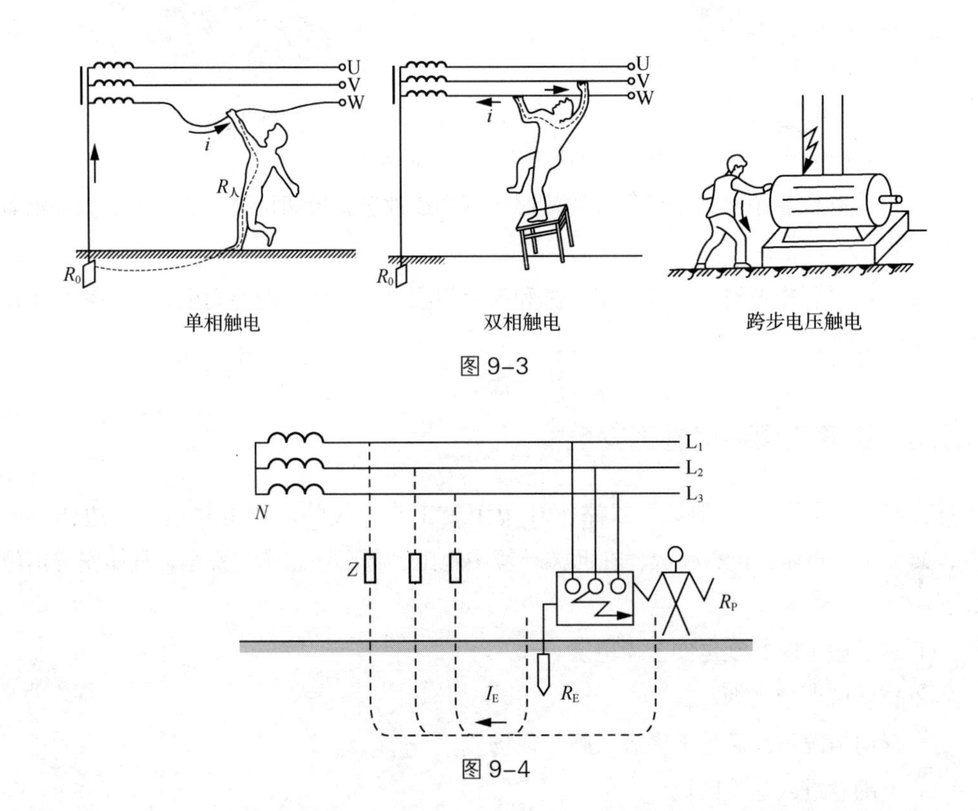

图 9–3

图 9–4

断路器又叫“空气开关”，在电路中接通、分断和承载额定工作电流和短路、过载等故障电流，并能在线路和负载发生过载、短路、欠压等情况时迅速分断电路，进行可靠的保护。为防止电气线路发生短路引起过热起火等安全事故，配电箱应配有断路器。

漏电保护器具备漏电保护功能，当人触碰到带电体时，电流互感器产生磁通，从而断开电路，确保人身安全。为了防止漏电引起的电击事故，配电箱应配备漏电保护器。

从业人员在进行用电操作时，具体安全措施如下。

① 现场作业需要接电时，需要由有资质的电工操作。

② 接触任何配电箱、设备或端子金属外壳之前应用万用表测量接触点电压，确认无危险后方可继续作业。

③ 施工中需要断电或送电时，需要关注相同线路是否有其他作业人员，要在确认无隐患后再通电、断电。

④ 在设备拆卸工作中，先断电再拆卸，同时在电源线接头处做好绝缘措施，防止线路短路。涉及带有风扇部件的设备维修时，先断开风扇电源，避免无意间接触导致机械伤害。

⑤ 除集中供电外，禁止设备配套电源适配器给其他多台设备供电，以免引起线路过热起火。

⑥ 配电箱里加装断路器和漏电保护器，如室外视频监控立杆、道闸、出入口前置供电等都需要加装。

⑦ 配电箱保持干净整洁、走线规范。定时巡检，线路老化、设备老旧时须及时

更换。

⑧ 下雨天禁止带电作业。

9.1.6 机械结构调试安全

安装调试过程中，要注意弹簧结构件、尖角结构、机械连接处、设备金属边缘可能引起的夹手、划伤等机械伤害。具体安全措施如下。

① 安装调试道闸前注意设置路障，防止往来车辆发生砸车或道闸杆件误动作造成伤害。

② 安装带有激光补光器件的设备时，不可长时间近距离直视激光光源。

9.1.7 电池使用安全

综合安防系统中使用电池的设备，在仓储、运输和安装过程中需要注意电池使用安全。具体安全措施如下。

① 安装人员要具备基本电工知识，掌握基本的接线知识，如接线时不能有裸露线材和端子的情况等。

② 设备电池使用环境（如温 / 湿度）要在产品规定范围内。

③ 安装环境应通风顺畅，避免堆积杂物或易燃易爆物品。

④ 避免安装在低洼处。

⑤ 安装和调试过程中如发现电池有变热、变色、变形、散发气味、漏液等情况，应停止使用，且在发现漏液或者散发难闻气味时立即远离。

⑥ 安装过程中需要轻拿轻放，严禁碰撞、敲击、投掷。

⑦ 独立太阳能光伏系统可增加接闪器、引下线、接地装置和电涌保护器。在高处安装的太阳能板应设避雷针（一级防雷 30m 以上部分做接地）。防雷设置标准参照《光伏发电站防雷技术要求》（GB/T 32512—2016）和《太阳能光伏系统防雷技术规范》（QX/T 263—2015）。

⑧ 阳光下安装太阳能光伏供电设备时，注意不要同时接触组件的正、负两极，以免产生电击。

9.2 设备操作安全要求

· 学习背景

综合安防系统包含多个子系统，因而也包含多种设备。作业人员必须要充分了解设备的搬运、安装、调试以及使用方法和要求，严格按照相关规定进行各项操作。这不仅能确保设备的安全使用，还可以改善设备的应用效果，提高设备的可靠性和延长设备的使用寿命。

• 关键知识点

✓ 设备安装环境要求

✓ 电气安全

✓ 室外设备安装安全

✓ 高处设备安装安全

✓ 较重设备搬运安全

✓ 设备维护安全

9.2.1 设备安装环境要求

综合安防系统选用的设备和材料应满足其使用环境（如室内 / 外温度、湿度、大气压、振动等）的要求，否则，轻则导致设备功能异常、效果无法达标，重则导致设备损坏、财产损失。所以，在设备安装实施前，务必详细勘测了解安装应用的环境情况，针对不同的环境，选择不同设备并进行相应防护，具体如下。

① 在滨海地区、岛屿、船舶等盐雾环境下工作的系统设备、部件、材料，应具有耐盐雾腐蚀的性能。

② 在具有腐蚀性气体和易燃易爆环境下工作的系统设备、部件、材料，采取符合国家现行标准规定的保护措施。

③ 在有声、光、热、振动、强电磁等干扰环境下工作的系统设备、部件、材料，应采取相应抗干扰或隔离措施。

④ 安装在室外的设备、部件、材料，应根据现场环境要求做防晒、防淋、防尘、防浸泡等设计。设备一般外壳防护等级不低于IP65[35]。若将室内不防水设备安装至室外，可能导致设备进水、腐蚀损坏。

⑤ 摄像机普遍采用感光传感器成像，不可将设备正对强光源，如太阳等。长时间正对强光源会导致传感器件损伤，成像异常。

⑥ 摄像机、拾音器的安装地点和安装高度应满足目标场景范围要求。如在室内环境，则需要视场角较大的设备；在走廊、过道等环境，则需要纵深垂直角度范围较大的设备。

⑦ 摄像机安装地点选择，需充分结合现场光照条件、设备低照度性能、补光设计和用户对夜间视频图像质量等的要求综合考虑。

⑧ 智能摄像机安装前应充分考虑设备对安装位置、角度、距离、是否遮挡、图像质

35 IP 等级：针对电气设备的外壳对异物侵入防护等级，其格式为 IPXX，其中 XX 为两个阿拉伯数字，第一标记数字表示接触保护和外来物保护等级，第二标记数字表示防水保护等级。

量等的要求，做好环境勘测工作。否则会对整体视频 / 图像效果，智能识别、智能分析等智能检测和应用产生比较大的影响。

⑨ 各类探测器安装位置、高度等，应符合对所选产品特性、警戒范围和环境影响的要求。

⑩ 安装感应式识读装置时，应注意可感应范围，不得靠近高频、强磁场环境。

⑪ 安装室外高处设备时，注意检查安装环境立杆、墙壁的承重和抗风能力。

⑫ 控制显示等设备屏幕应避免光线直射，不可避免时考虑采取避光措施。

⑬ 安装机房内部、墙内设备时应采取通风散热措施。

⑭ 安装显示屏支架底座时，应直接安装在承重混凝土地面上。如需安装在静电地板上，须对地板下方做加固处理。

⑮ 保证显示墙安装地面无明显坑洼，地面平整度误差不大于 3mm。

⑯ 显示屏内部设计非常精密，要避免在潮湿和屏幕前后方温差大的环境中长时间工作，维护通道与屏幕前方温差不大于 2℃。

9.2.2 电气安全

在综合安防系统设备的安装实施中，电气安全非常重要。实施过程中错误的操作、不规范的动作都可能导致设备故障、损坏，甚至出现人身伤害等严重的后果。因此，在设备安装实施过程中，一定要严格遵守相关的电气安全要求。

1. 接地

接地主要包括工作接地、防雷接地和保护接地。

工作接地指设备在正常工作情况下，为保障电气设备可靠运行，将电力系统某一点接地，常见为电源中性点直接接地。它能有效避免出现电源干扰、电压波动异常的问题。

防雷接地指发生故障时，提供对地最小电阻电流通路，使保护电器迅速工作，切断故障电路。

保护接地指在故障情况下，对可能出现对地电压的设备外露可导电部分进行接地，一般指金属外壳接地。出现绝缘损坏时，外壳接地可以降低人的接触电压，避免造成人身触电事故。

为保障安全，电气工程中都要采取保护接地。对于使用三芯插座的设备，必须确保三芯插座中接地端子和保护接地连接良好。室内机房设备要确保保护接地已经按照建筑物对应的规范进行可靠接地；室外设备需要确保按规范做好接地。

2. 防雷

室外设备（如云台摄像机、鹰眼、制高点球机等）一般安装在建筑物顶端、塔顶等制高点或空旷环境中，遭受雷电的风险很大，需要做好以下防护措施。

直击雷电风险指设备安装位置完全暴露在雷电下，有被雷电直接击中的风险。针对直击雷电风险，需要安装接闪器，使得设备处于接闪器的滚球范围内，从而避免直击雷电风险。

地电位反击风险指当设备周围物体遭受直击雷电，而设备与该物体共地时，由于该物体泄放路径阻抗过大，形成的瞬态电流和高压会直接通过接地线反击到设备内部，从而损坏设备。针对地电位反击风险，设备需要单独接地，不与接闪器共用接地。

雷电电磁脉冲指空旷环境下，当云层和云层放电或者云层对大地放电时，产生的电磁脉冲会通过空间耦合到设备走线上，从而损坏设备。为了避免雷电电磁脉冲，需要对接入设备的线缆穿金属管屏蔽，且金属管需做接地处理。

当线缆远距离传输时，通过远端传输过来的浪涌能量也是一个巨大的风险。所以针对长距离传输的线缆，一般要求埋地，不允许架空敷设。同时在进入设备的每条线路上安装防雷器。

室外环境近处如有接闪器或者更高建筑物，遭受直击雷风险较小，遭受间接雷风险较高，安装时要做好接地和安装防雷器。

3. 基本交流和直流供电要求

不规范的设备供电操作可能导致电击、火灾、设备损坏等事故。因此，一定要按照安全规范操作常规电源系统。

① 采用交流适配器和直流适配器给设备供电时，都需要满足设备最大额定功率，并预留一定余量，保证设备持续稳定工作。

② 连接用电设备之前，需要确保输入电压在设备额定工作电压范围内。

③ 连接直流用电设备之前，需要确保电源线缆和端子的极性正确。

④ 电源线长距离传输使线路分压到设备端电压不足，会导致设备工作异常。不同线缆电阻率不同，传输功率不同，建议电源适配器就近供电。

⑤ 集中供电时，务必要计算好所有负载设备最大功率，并考虑远距离压降影响。

9.2.3 室外设备安装安全

设备安装在室外环境时，需注意设备和线缆的防水。

① 安装和拆卸设备过程中，如需打开设备查看内部结构，在关闭时，务必安装好密封圈，保持密闭性能。

② 摄像机等带有尾线端子的设备，尾线往往经过防水设计，安装过程中剪断尾线或剪掉不用端子的尾线都可能引发设备气密性下降，导致进水。设备尾线连接好后，务必采用防水胶带对尾线做规范防水处理，密封所有接口。

③ 室外立杆和自制摄像机支架时，立杆本身要考虑防水。摄像机一般安装于立杆高位，防止雨水倒灌。

④ 电源适配器等供电设备及线缆需要做好防水保护。

9.2.4 高处设备安装安全

对于综合安防系统中安装在室外立杆、建筑、铁塔等高处环境的设备，须确保设备安装牢固可靠，安装过程及以后不会出现物体跌落，以免设备损坏和造成人员伤害。

① 安装摄像机前，应充分调查当地道路规范，避免设备被过往车辆刮擦或碰撞导致跌落。

② 带有安全绳的设备，安装过程中务必将安全绳挂好再行拆卸和安装。

③ 自制设备连接支架时，要确保支架强度足够高。

④ 安装在楼顶、铁塔等室外高处环境的设备，要充分评估设备和安装结构件抗风能力，确保满足要求。

⑤ 禁止设备安装在高处潜在振动平台或设备上。

9.2.5 较重设备搬运安全

安装较重设备，且安装环境较恶劣时，须注意设备搬运安全，防止搬运过程中振动导致的设备外观破损、结构件损坏，及人员意外伤害等情况。

机柜、云台摄像机等偏重的大型设备往往采用木质包装箱或者其他包装保护措施以减少运输过程中的振动损坏。在实施过程中，需要采用原包装进行运输，安装完毕后合理收纳外包装，以便日后维护时继续使用。应避免直接裸机或简单包装运输，防止设备在运输过程中因振动而损坏。

针对出入口、道闸等设备，一般需要多人配合，使用叉车等工具搬运。搬运过程中需注意防止夹伤和压伤。

9.2.6 设备维护安全

综合安防系统设备往往需要长时间不间断工作，对稳定性要求很高，因此需要定期进行维护、检查和检修，保障系统正常、稳定运行，延长使用寿命。

① 严格遵守管理规范，进机房前需按照要求办理相关手续。

② 进行设备操作时需要征得用户同意，与用户充分沟通维护操作时间段，避开用户业务高峰期和敏感时间段。

③ 开机箱，操作面板，插拔板卡、控制器、硬盘等部件均需要做好防静电工作，如佩戴防静电手环等。

④ 更改配置前备份重要数据、设备日志，严禁随意进行初始化、删除和重设操作，避免数据遭到破坏。

⑤ 如发现圆柱锂电池盖帽生锈等情况，必须进行报废处理，否则将影响电池的密封性。

⑥ 电池漏液是指电池中的电解液漏出，通常会散发刺鼻的气味。电解液有很强的腐蚀性，可能导致电池保护板、外壳等部件损坏。如果是聚合物电池则会鼓包，这类电池必须报废。如果电解液渗漏到皮肤或衣物上，立刻用清水清洗。

⑦ 摄像机设备安装完毕并正常工作后，需要定期维护，主要包括设备清洁、线路维护及排查。

⑧ 摄像机镜头表面镀有防反射镀膜，发现镜头脏污后先使用吹气球或软毛刷清除镜头表面的灰尘，避免擦拭过程中灰尘颗粒划伤镜头表面的防反射镀膜。再用软棉布或镜头拭纸蘸取酒精或镜头擦拭液，轻轻从中间向边缘擦拭镜头表面。注意不要用力挤压镜头表面，擦拭液也不可蘸取过多，保证擦拭布湿润但擦拭液不能被挤出为宜。

⑨ 球形摄像机的透明罩由透明塑料制成，沾有灰尘、油脂、指纹会导致设备图像性能下降，影响成像效果，所以需要定期清理长时间裸露在室外环境的设备；安装和拆卸设备镜头和透明罩时，需要轻拿轻放，避免接触到墙面、地面等较硬物体；请勿使用湿布大力擦拭透明罩和镜头表面，以免造成永久损坏；请勿使用纸张擦拭，因为纸中含有坚硬的钙类化合物，易划伤透明罩；切勿使用碱性清洁剂洗涤。

⑩ 显示屏四周做装修时，装饰墙与屏体之间至少预留 2mm 的缝隙作为屏幕边缘热胀冷缩的安全范围。同时，顶部和两侧装饰材料建议设计成可拆卸结构，方便后期屏幕维护检修拆卸，禁止顶部装饰材料依托在屏幕上。

⑪ 显示墙后设置至少 0.5m 的维护通道，并设置可独立控制的灯光。

⑫ 维护通道后方及屏幕周边存在玻璃墙或窗户时，应使用加厚型遮光布做窗帘，用于遮光、隔热，避免阳光直射。

⑬ 显示墙与维护通道的地面使用静电地板或涂刷地面防尘漆，能有效防止地面灰尘积聚导致屏幕进灰及影响设备散热。

⑭ 维护通道与显示屏前方应具备良好的循环通风散热条件。

⑮ 显示墙正面和维护通道的温 / 湿度基本一致，避免存在明显的温度 / 湿度差。空调送风口不能直接对着屏幕，防止屏幕冷热不均导致异常。

⑯ 屏体内部设计非常精密，要避免在潮湿环境中长时间工作，否则易使电路板产生氧化腐蚀，导致屏体损坏。理想的工作环境温度为（22 ± 5）℃，湿度为 30% ～ 70%，无冷凝。

⑰ 如果发现液晶屏表面有污垢，应当使用准确的方法将污垢清除，使用的介质最好是柔软、非纤维材质的，比如脱脂棉、镜头拭纸或柔软的布等。可使用的清洁剂包含异丙醇、乙烷。禁止使用酒精一类的化学溶液，如丙酮、乙醇、甲苯、氯甲烷等物质。也不能用粗糙的布或纸类，这类物质容易使屏体产生刮痕。

⑱ 定期检查设备线路，确保线路正常。

⑲ 为了保证设备的安全性，须定期对系统进行网络安全评估。

本章总结

任何工程项目，安全管理都是最重要的环节，其重点在于杜绝人的不安全行为与物和环境的不安全状态。本章结合综合安防系统工程的实际情况，介绍了以保护人身安全为目的的通用安全要求，和以保护设备安全为目的的设备操作安全要求。同时保障作业人员人身安全和系统设备安全，是综合安防工程实施的前提，需要得到充分重视。

思考与练习

1. 常见的登高安全措施有哪些?
2. 在室外道路上安装调试综合安防系统设备时，需要采取哪些安全措施?
3. 作业人员用电操作时有哪些注意事项?
4. 在轨道交通环境安装维护综合安防系统设备时，需要采取的安全措施有哪些?
5. 在建筑顶端、塔顶等空旷环境中安装室外摄像机等设备时，需要做好哪些防雷措施?